有機デバイスのための塗布技術
Printing Technologies for Organic Devices

《普及版／Popular Edition》

監修 竹谷純一

シーエムシー出版

はじめに

　塗布の技術によって半導体デバイスを製造することには，実に様々な現象がかかわっている。どんな濃度の溶液を用意して，どのくらいのスピードで，どんな特徴をもった表面に塗布するのか，そうして溶媒を除去した後に溶質を構成物とする薄膜を形成する過程に加えて，その結果得られる薄膜に，電荷を注入して，それがうまく伝導するようにしなければならない。そこには，化学・物理学・工学の多様な学問領域の要素を含みつつ，領域の垣根にとらわれない自由な発想による工夫が集まっていて，いずれもが新鮮な輝きを放っている。その上，これまでに分かっていることをベースとして，さらに優れた方法や新しいデバイスを開発する余地が多いため，新しく研究を開始する場合にも比較的短期間で成果が得られそうな魅力を感じさせる。本書の各章は，「有機デバイスのための塗布技術」に関して，半導体及び金属配線材料などの化学，電子伝導機構や界面電子状態の物理からプロセス及び装置開発などのエンジニアリングにわたる広範囲の最新技術を含む。

　有機デバイスを塗布法で作製することの産業上のメリットは，室温付近で溶液を乾燥させるという極めて簡単で短時間のプロセスで半導体層が構築されることにある。一方で，半導体としての最大限の性能を安定して発揮させるためには，有機半導体層の界面には決まった条件で決まった量の電荷が注入されて，決まった量の電流が流れなければならない正確さも要求される。単純な溶液プロセスで，優れたデバイス性能を実現する精緻な界面を実現するという一見困難に思えることを実現するには，有機半導体の分子が自己凝集し，素早く決まった集合体構造を自発的に作る「自己組織化」を利用することが本質的に重要である。即ち，有機分子が勝手に構造を作る性質を用いて，生産効率と信頼性の両方に優れた半導体製造プロセスの開発が可能となる。集合体の構造を規定する分子自身の設計，自己組織化するのに適した塗布のプロセス及びそれを実現する設備，高度に組織化した有機半導体薄膜の電子状態と高移動度の電子伝導機構を理解することにより，早期に「プリンテッドエレクトロニクス」と称される次世代産業に結びついていくことを期待する。

2012年4月

大阪大学

竹谷純一

普及版の刊行にあたって

　本書は2012年に『有機デバイスのための塗布技術』として刊行されました。普及版の刊行にあたり，内容は当時のままであり加筆・訂正などの手は加えておりませんので，ご了承ください。

2018年11月

シーエムシー出版　編集部

執筆者一覧（執筆順）

竹谷　純一　　大阪大学　産業科学研究所　先進電子デバイス研究分野　教授
工藤　一浩　　千葉大学　大学院工学研究科　教授
尾坂　格　　　広島大学　大学院工学研究院　助教
瀧宮　和男　　広島大学　大学院工学研究院　教授
金原　正幸　　岡山大学　異分野融合先端研究コア　助教（特任）
山田　容子　　奈良先端科学技術大学院大学　物質創成科学研究科　准教授
中山　健一　　山形大学　大学院理工学研究科　准教授
金井　要　　　東京理科大学　理工学部　物理学科　准教授
吉本　則之　　岩手大学　工学部　マテリアル工学科　教授
辻　佳子　　　東京大学　環境安全研究センター　准教授
丸本　一弘　　筑波大学　数理物質系　物質工学域　准教授；
　　　　　　　㈳科学技術振興機構　さきがけ研究員
中山　泰生　　千葉大学　先進科学センター　特任講師
山下　敬郎　　東京工業大学　大学院総合理工学研究科　教授
安原　賢　　　MPM数値解析センター㈱　取締役センター長
石井　佑弥　　北陸先端科学技術大学院大学　マテリアルサイエンス研究科
村田　英幸　　北陸先端科学技術大学院大学　マテリアルサイエンス研究科　教授
植村　隆文　　大阪大学　産業科学研究所　先進電子デバイス研究分野　助教
塚越　一仁　　㈳物質・材料研究機構　国際ナノアーキテクトニクス研究拠点
　　　　　　　主任研究者
李　昀　　　　㈳物質・材料研究機構　国際ナノアーキテクトニクス研究拠点
　　　　　　　ポスドク研究員
劉　川　　　　㈳物質・材料研究機構　国際ナノアーキテクトニクス研究拠点
　　　　　　　MANAリサーチアソシエイト

三 成 剛 生	㈱物質・材料研究機構　国際ナノアーキテクトニクス研究拠点　MANA研究者
伊 藤 　 学	凸版印刷㈱　総合研究所　ディスプレイ研究室　課長
永 瀬 　 隆	大阪府立大学　大学院工学研究科　電子・数物系専攻　助教
濱 田 　 崇	ノースダコタ州立大学　客員研究員（元　㈱科学技術振興機構　研究員）
小 林 隆 史	大阪府立大学　大学院工学研究科　電子・数物系専攻　助教
松 川 公 洋	㈱大阪市立工業研究所　電子材料研究部　研究主幹
内 藤 裕 義	大阪府立大学　大学院工学研究科　電子・数物系専攻　教授
水 上 　 誠	山形大学　有機エレクトロニクスイノベーションセンター　准教授
時 任 静 士	山形大学　有機エレクトロニクス研究センター　副センター長，教授
松 本 栄 一	キヤノントッキ㈱　R&Dセンター　技術開発グループ　課長
生 島 直 俊	武蔵エンジニアリング㈱　DS事業本部　技術部門長
八 木 繁 幸	大阪府立大学　大学院工学研究科　物質・化学系専攻　応用化学分野　准教授
中 澄 博 行	大阪府立大学　大学院工学研究科　物質・化学系専攻　応用化学分野　教授
榎 本 信太郎	㈱東芝　研究開発センター　表示基盤技術ラボラトリー　主任研究員
松 尾 　 豊	東京大学　大学院理学系研究科　特任教授
花 輪 　 大	巴工業㈱　化学品本部　化成品部第二課　主事
Shane Cho	KH Chemicals Co., Ltd.　Technical Marketing　Director

執筆者の所属表記は，2012年当時のものを使用しております。

目　　次

第1章　塗布技術が支える有機デバイスの将来　　工藤一浩

1	はじめに ……………………… 1	3	有機デバイスの新しい応用展開 ……… 6
2	塗布技術と有機デバイス ……………… 2	4	まとめ ……………………………… 8

第2章　塗布型材料

1 塗布プロセス用有機半導体材料

　　………………尾坂　格，瀧宮和男… 9

　1.1　はじめに ……………………… 9

　1.2　低分子系材料 ……………………… 9

　1.3　高分子系材料 ……………………… 13

　1.4　今後の展望 ……………………… 21

2 室温塗布プロセス用金属ナノ粒子

　　……………………… 金原正幸… 24

3 光変換型前駆体法による有機デバイス

　　の開発 ………… 山田容子，中山健一… 32

　3.1　はじめに―前駆体法とは ………… 32

　3.2　ペンタセンジケトン前駆体の合成

　　　と光物性 ……………………… 34

　3.3　ペンタセン光前駆体を用いた塗布

　　　・光変換型有機トランジスタ … 37

　3.4　光変換ペンタセンの薄膜構造 …… 38

　3.5　おわりに ……………………… 39

第3章　塗布型有機デバイスにおける表面・界面ダイナミクス

1 導電性高分子薄膜界面の電子構造

　　……………………… 金井　要… 42

　1.1　はじめに ……………………… 42

　1.2　導電性高分子薄膜の電子構造の直

　　　接観測 ……………………… 42

　1.3　P3HT（poly（3-hexylthiophene））

　　　薄膜の電子構造 ……………… 44

　1.4　Polyfluorene誘導体薄膜の電子構造

　　　……………………… 51

　1.5　まとめ ……………………… 56

2 有機半導体薄膜の結晶の解明

　　……………………… 吉本則之… 59

　2.1　はじめに ……………………… 59

　2.2　有機結晶の特徴 ………………… 59

　2.3　有機薄膜の構造解析 …………… 59

　2.4　膜の厚み方向の構造評価 ……… 60

　2.5　すれすれ入射X線回折 ………… 62

　2.6　表面X線回折でみたオリゴチオフ

　　　ェンの結晶成長 ……………… 63

　2.7　磁場を利用した有機半導体溶液成

長の制御 ……………………… 64
2.8　おわりに ……………………… 67
3　有機材料の結晶化プロセスと構造評価
　　　……………………… **辻　佳子** … 68
3.1　結晶成長 ……………………… 68
3.2　固相中の構造形成および構造評価
　　　……………………………… 69
3.3　液相中の構造形成 …………… 71
3.4　液相中の構造評価 …………… 73
3.5　低分子有機半導体薄膜の構造形成
　　　……………………………… 73
3.6　まとめ ………………………… 75
4　低電圧駆動塗布型有機トランジスタの
　　電子スピン ………… **丸本一弘** … 78
4.1　はじめに ……………………… 78

4.2　イオンゲルを用いた有機トランジス
　　　タの動作原理とESR法の利点 …… 78
4.3　イオンゲルを用いた高分子TFT作
　　　製と素子特性評価 …………… 80
4.4　イオンゲルを用いた高分子TFTの
　　　ESR研究 …………………… 81
4.5　まとめと今後の展望 ………… 84
5　有機半導体結晶の光電子分光
　　　……………………… **中山泰生** … 87
5.1　はじめに ……………………… 87
5.2　光電子分光法の原理とチャージア
　　　ップ問題 …………………… 87
5.3　結晶性有機薄膜の光電子分光 … 89
5.4　有機半導体単結晶の光電子分光 … 90

第4章　高移動度を目指した設計・解析・評価方法

1　高性能有機FETにおける有機半導体の
　　分子設計 ………… **山下敬郎** … 95
1.1　はじめに ……………………… 95
1.2　p型有機半導体 ……………… 95
1.3　n型有機半導体 ……………… 100
1.4　おわりに ……………………… 104
2　電子材料の塗布流動解析
　　　……………………… **安原　賢** … 107
2.1　はじめに ……………………… 107
2.2　塗布流動解析方法の現状 …… 107
2.3　シミュレーションWGに関して …… 112
2.4　スロット塗布解析事例の紹介 …… 112
2.5　今後の展望 …………………… 115
2.6　最後に ………………………… 116

3　エレクトロスピニング法を用いたπ共役
　　系高分子ナノファイバーの作製と分子配
　　向状態評価 … **石井佑弥，村田英幸** … 117
3.1　はじめに ……………………… 117
3.2　本数制御したπ共役系高分子ナノ
　　　ファイバーの作製 …………… 117
3.3　平均ファイバー直径の制御 …… 119
3.4　ナノファイバーからの高度偏光発
　　　光 ……………………………… 120
3.5　偏光ラマン分光法を用いたπ共役
　　　系高分子鎖の配向度評価 …… 122
3.6　おわりに ……………………… 124
4　高性能有機FETにおけるキャリアの伝
　　導機構 ……… **植村隆文，竹谷純一** … 126

4.1 はじめに ……………… 126

4.2 高移動度有機半導体トランジスタ
のホール効果測定 ………… 127

4.3 有機単結晶トランジスタのホール
効果 ……………………… 131

4.4 DNTT, C_8-BTBT, C_{10}-DNTT ト
ランジスタのホール効果 ………… 132

4.5 ペンタセンFETのホール効果 …… 136

4.6 まとめと今後の展望 …………… 138

第5章　フレキシブル有機デバイス作製技術

1 結晶化を利用した高移動度プリンタブ
ル有機トランジスタ ……… **竹谷純一** …… 141

1.1 はじめに …………………… 141

1.2 気相成長したルブレンの単結晶ト
ランジスタ ………………… 142

1.3 塗布結晶化法による有機単結晶ト
ランジスタ ………………… 145

2 溶液から自己二層分離法で造る結晶有機
トランジスタ …… **塚越一仁, 李　昀,**
劉　川, 三成剛生 … 149

2.1 はじめに …………………… 149

2.2 二層分離 …………………… 150

2.3 紙基板上への適応とトランジスタ
特性 ……………………… 152

2.4 おわりに …………………… 155

3 塗布法による透明酸化物半導体TFT
……………………… **伊藤　学** …… 159

3.1 はじめに …………………… 159

3.2 塗布法で作製する半導体 ……… 159

3.3 塗布法による透明酸化物半導体の
報告例 …………………… 161

3.4 低温化への試みと電子ペーパーへ
の応用 …………………… 163

3.5 塗布型透明酸化物半導体の課題 … 163

3.6 おわりに …………………… 165

4 塗布型ゲート絶縁膜の開発と塗布型有
機FETの特性 ……… **永瀬　隆, 濱田　崇,**
小林隆史, 松川公洋, 内藤裕義 …… 167

4.1 はじめに …………………… 167

4.2 塗布型ゲート絶縁膜の要求特性 … 167

4.3 ポリメチルシルセスキオキサン
（PMSQ）の合成と基礎物性 ……… 168

4.4 PMSQ膜を用いた塗布型OFETの
素子性能 …………………… 170

4.5 PMSQ絶縁膜の高機能化 ……… 171

4.6 まとめ …………………… 173

5 有機トランジスタのフレキシブルディス
プレイへの応用
………………… **水上　誠, 時任静士** …… 175

5.1 はじめに …………………… 175

5.2 各種フレキシブルディスプレイの
動向 ……………………… 175

5.3 フレキシブルディスプレイの要素
技術 ……………………… 177

5.4 フレキシブル有機ELディスプレイ
用バックプレーンの試作 ………… 180

5.5 今後の展開 ………………… 182

第6章　装置・応用

1　有機EL製造装置 ………… **松本栄一** …… 184

　1.1　はじめに ……………………… 184

　1.2　有機EL材料 …………………… 184

　1.3　デバイス構造 ………………… 185

　1.4　有機EL製造プロセス ………… 188

　1.5　有機ELの製造装置 …………… 191

　1.6　おわりに ……………………… 193

2　PC制御画像認識付卓上型塗布ロボット

　…………………………… **生島直俊** …… 195

　2.1　はじめに ……………………… 195

　2.2　350PCの構成と基本機能 …… 195

　2.3　高精度ディスペンスとは ……… 195

　2.4　位置補正の実力値 ……………… 196

　2.5　3Dアライメント機能 ………… 196

　2.6　フレキシブルな卓上型ロボット … 197

　2.7　優れたカメラ操作性 …………… 198

　2.8　研究開発向け機能 ……………… 199

　2.9　あらゆる部品配列に対応 ……… 200

　2.10　まとめ ………………………… 200

3　りん光材料を用いた溶液塗布型有機EL
　素子の開発と白色光源への応用

　………… **八木繁幸，中澄博行** …… 202

　3.1　はじめに ……………………… 202

　3.2　溶液塗布型OLED用りん光性有機金
　　　属錯体の開発 ………………… 203

　3.3　強発光赤色りん光性イリジウム
　　　(III)錯体 ……………………… 207

　3.4　強発光性りん光材料を共ドープし
　　　た白色PLEDの作製 …………… 209

3.5　おわりに ……………………… 211

4　塗布型有機EL照明 … **榎本信太郎** …… 213

　4.1　はじめに ……………………… 213

　4.2　均一発光を実現するための基板設計
　　　…………………………………… 214

　4.3　メニスカス塗布法 ……………… 215

　4.4　有機ELパネルの試作と評価 …… 217

　4.5　まとめ ………………………… 218

5　低分子塗布型有機薄膜太陽電池

　………………………… **松尾　豊** …… 220

　5.1　はじめに ……………………… 220

　5.2　低分子塗布型有機薄膜太陽電池の
　　　歴史 …………………………… 220

　5.3　長波長光吸収が可能な低分子電子
　　　供与体 ………………………… 222

　5.4　塗布変換型有機薄膜太陽電池 …… 224

　5.5　おわりに ……………………… 227

6　単層カーボンナノチューブを用いたタッ
　チパネル用透明導電フィルム

　…………… **花輪　大，Shane Cho** …… 230

　6.1　はじめに ……………………… 230

　6.2　代表的なタッチパネル用ITOフィ
　　　ルムまたはコーティング代替材料
　　　の特徴 ………………………… 230

　6.3　単層カーボンナノチューブ（Single
　　　-walled carbonnanotube, SWCNT）
　　　の基本特性 …………………… 233

　6.4　最近のタッチパネルの開発 ……… 236

　6.5　新規材料の対応方向 …………… 237

第1章　塗布技術が支える有機デバイスの将来

工藤一浩*

1　はじめに

　有機半導体材料を用いた光電子デバイスは無機半導体デバイスに比べ，性能面，安定性の面から実用化には多くの課題があったが，図1に示すように，高い性能を示す研究報告が相次ぎ，最近では特に有機薄膜を用いた発光デバイス（EL：Electroluminescence, LED：Light Emitting Diode），太陽電池（SC：Solar Cell），薄膜トランジスタ（TFT：Thin Film Transistor）の進展[1]が目覚しい。また，液晶のみならず有機ELテレビや白色照明パネルも実用化される一方で，開発当初はキャリア移動度が10^{-5} cm^2/Vs程度[2]であった有機TFTも最近の研究の進展により飛躍的に性能が向上[3]し，フレキシブルディスプレイやセンサ応用など有機TFTの活躍の場が急速に広がって

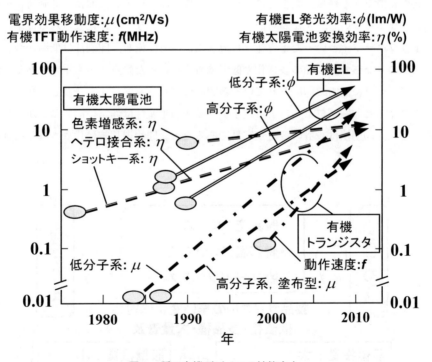

図1　種々有機デバイスの性能向上

---

*　Kazuhiro Kudo　千葉大学　大学院工学研究科　教授

いる。特に、フイルム化技術と高精細印刷技術は我が国が世界に誇る先端技術分野であり、この技術のエレクトロニクス応用[4,5]が近年高い関心を集めている。印刷技術は究極の超低環境負荷プロセスであると考えられ、低エネルギー消費によって超短時間でデバイスが製造できると期待される。また、初期投資額が大幅に低減でき、ターンラウンド時間も著しく短縮できるなど、新製品開発・製造の際の競争力を強化できる。また、印刷はリサイクル可能なプラスチックとのプロセス親和性が良く、環境問題が重要性を増している現代社会では益々その重要性を増してきている。さらに、インクジェットなどマスクレスのパターニング手法は、オンデマンド回路形成などへ応用が広がりつつあり、プリンテッドエレクトロニクス[5]が飛躍的に発展する予兆を感じさせる。本格的な実用化のフェーズを迎えた高精細印刷技術とエレクトロニクス応用に関する現状把握と課題抽出することによって、研究開発のさらなる進展を期待するとともに、プリンテッドエレクトロニクスを支える基礎技術が今後、環境、エネルギー、バイオ、医療など、広範囲の応用分野において高いポテンシャルを有していることを述べたい。

2　塗布技術と有機デバイス

有機材料の特徴である軽量、柔軟性に加え、印刷技術などによる大面積、低価格化を目指した研究に注目が集まっている。すなわち図2に示すように、シリコンに代表される従来の真空、高温、フォトリソグラフィといった半導体プロセスに比べて、塗布、印刷法は低温かつ省エネルギー、低コストのみならず、製品の多様化や低環境負荷といった観点からも重要である。低コスト化については、一日に国内で印刷されている新聞紙の部数、家庭にまで普及した数多くのプリンタの台数を考えると印刷プロセスによる電子デバイスの生産性は非常に高いことが容易にイメージできる。また、印刷法は設計の変更が容易であるため新聞や週刊誌に代表されるように多様な

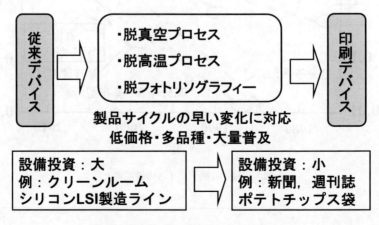

図2　低コスト・プリンタブルデバイス

第1章　塗布技術が支える有機デバイスの将来

製品をオンデマンドで生産できる特徴がある。一方，身の回りにある壁，床，衣服などの表面は電子的機能を付随していない。すなわち，曲面を含む商品やパッケージなどの種々表面へ印刷エレクトロニクスを適用することによって，電子機器，情報システムの大転換が見込まれる。また，基材をフイルムにするとロール化も可能であるため，将来有機半導体回路をロール・ツー・ロール（Roll to Roll）で大量に安価で印刷できるようになることが期待されている。広義の印刷としてパターンを直接形成する方法と膜を均一に形成後にパターン化する方法があり，代表的な印刷方式は活版印刷（フレキソ），平版印刷（オフセット），凹版印刷（グラビア），孔版印刷（スクリーン）などと呼ばれている。また，インクジェット法は特定の場所のみにインク化した有機材料を噴射する手法であり，材料の使用効率が高いことと，複数の噴射ノズルを用意することで生産性もかなり高いものが開発されている。また活版印刷の一部ともいえるが，シリコンプロセスなどの微細加工技術による型版を用いるマイクロコンタクトプリンティング（ナノインプリント法）[6,7]と呼ばれる圧着成形法やナノビーズなどを粘着テープで引きはがすコロイダルリソグラフィ法[8]などは，微細パターンの形成が必要な場合には有望な手法である。このように材料・製造コストが安い印刷法で種々表面にエレクトロニクス機能を導入できれば，大きなインパクトを社会に与えることになるだろう。図3に古典的な活版印刷と有機デバイスへの適用が期待されるインクジェット法，ナノインプリント法，コロイダルリソグラフィ法，およびロール・ツー・ロール，ラミネート化技術の適用による大面積フイルム製造法のイメージ図を示した。しかしながら，一般的な印刷でパターニングすることが可能となる材料は，溶剤に溶解させてインキ化する必要があ

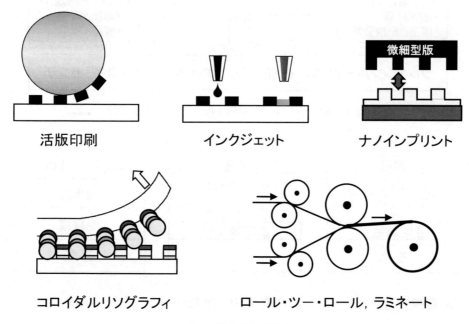

図3　代表的印刷技術

り，各印刷法に適した濃度と粘度が重要な因子となる。一方，有機デバイスをプラスチック基板上に作製する場合，電極材料，絶縁膜，半導体膜層のおける材料・溶媒選択と積層化時の界面の混合化と剥離現象を押さえる必要がある。

一方，有機半導体材料は無機半導体に比べて導電率，キャリア移動度が低い物がほとんどであり，有機デバイスを実用化するためにはその動作性能の向上が課題となっている。すなわち，これまで知られている有機半導体を単純に無機系デバイス構造に導入したのでは効率，動作速度，電力面で十分な特性を得ることは難しい。この課題を解決するために，図4に示す①材料物性の向上と新材料の探索，②有機材料に適した評価技術，③デバイス構造の改善，④新しいプロセス技術によるデバイスの高機能化が進められている。図5に有機デバイスの代表例である太陽電池，有機EL，有機薄膜トランジスタの代表的デバイス構造を示す。各デバイスにおいて電極からのキ

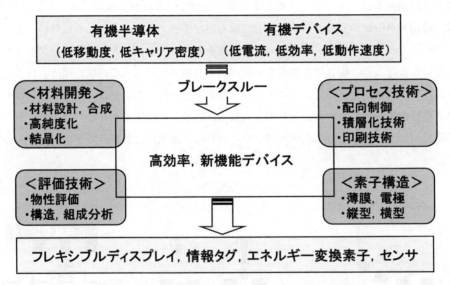

図4　有機デバイスの性能向上化を目指した研究開発

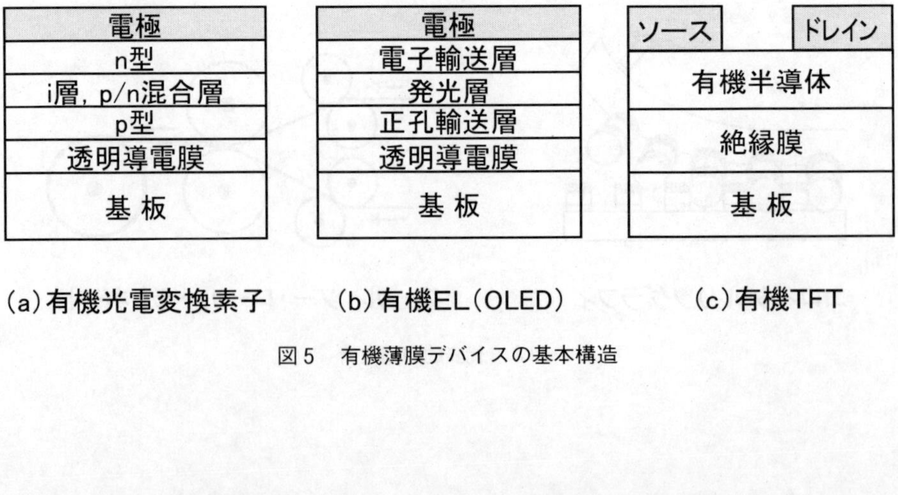

(a) 有機光電変換素子　　(b) 有機EL (OLED)　　(c) 有機TFT

図5　有機薄膜デバイスの基本構造

第1章 塗布技術が支える有機デバイスの将来

ャリア荷注入，取り出し，発生・再結合，輸送現象が重要な要因となり，材料合成・精製技術，評価技術，素子構造，プロセス技術のさらなる研究開発が進められている。

機能性有機材料の開発として，図6に示すような新しい有機半導体材料の開発や有機半導体材料の高純度化，さらには薄膜作製プロセスの制御による単結晶化[9,10]により，高いデバイス性能が報告されるようになっている。一方，素子構造面からは，キャリア荷注入，取り出し効率の向上のために電極材料に適したバッファ層挿入による多層膜構造[1,11]やキャリアの輸送距離を極力短くした縦型構造[12~14]により，図1に示したデバイスの性能が飛躍的に向上している。しかしながら，その分子レベルでの新機能性確認と具体的な集積化分子デバイスの実現にはまだ多くの課題があり，走査プローブ顕微鏡（SPM）技術による分子配向評価や光電子分光法などによる界面電子準位評価，さらには，分子系の電子機能の確認と分子操作の観点からも新しい作製・評価技術の展開が必要である。有機材料系，無機材料系ともに，プロセス温度の上昇に従いデバイス性能が上がる傾向があり，同一材料でもアニール処理などの温度によって大きく性能が左右される。特に金属微粒子系の導電性インクでは，配線の電気抵抗は回路パターン形成後の熱処理によって導電性が著しく向上するため，情報タグ用などの応用ではプラスチック基板上への電子回路配線，アンテナ回路形成において問題となる。図7に無機系材料を含むプロセス温度を示す。また，有機薄膜においては無機系半導体で使われているエッチング加工や高温プロセスの適用が難しく，微細化と高集積化，さらには，均一性，および素子の寿命，安定性といった克服すべき課題も多

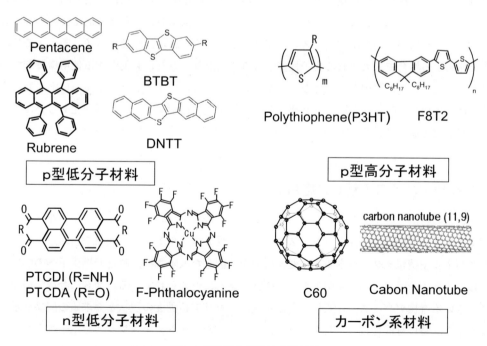

図6　代表的な機能性有機材料

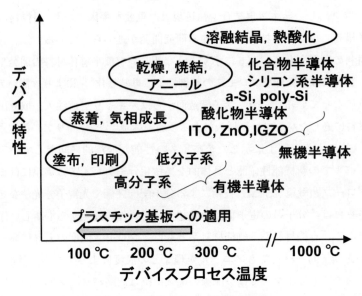

図7 デバイスプロセス温度と特性

い。このように有機デバイスの開発には高機能を有する分子デザインに加えて，表面・界面における分子オーダでのナノ制御と薄膜表面を有効利用する大面積デザインとの融合がキーポイントとなる。また，有機半導体薄膜を実用的電子デバイスに応用するためには，有機物質のもつ本来の機能性を引き出し，目的とするデバイスに合致した素子構造設計が重要である。例えば，有機トランジスタを増幅，駆動用デバイスとして使用する場合と論理回路でのスイッチ・メモリ素子として使用する場合で求められる素子性能が大きく異なり，さらに目的とする使用環境下での安定性，均一性といった要因が重要となる。すなわち，有機デバイスを多様な用途に応用展開するためには，使用目的に合った設計と必要最小限の素子性能を示すデータの共通化あるいは標準化の整備が必要となっている。

3 有機デバイスの新しい応用展開

有機材料の特徴をいかした様々なフレキシブル携帯機器やウエアラブルデバイスなどへの応用に期待が集まっている。有機トランジスタと発光，受光素子やアンテナ回路を組み込んだディスプレイパネルや情報タグ，エネルギー変換機能を意図した太陽電池，熱電変換素子への応用，さらには分子素子や医用・バイオ関連の応用研究が盛んに進められている。図8に今後実用化が期待されている有機デバイスの代表例と印刷精度，キャリア移動度の現状と要求値の関係を示す。

その中で，特に有機材料のフレキシブル性をいかしたシートディスプレイや電子ペーパーの実用化が期待されている。発光型では有機EL，非発光型では電気泳動型のマイクロカプセルを利用

第1章　塗布技術が支える有機デバイスの将来

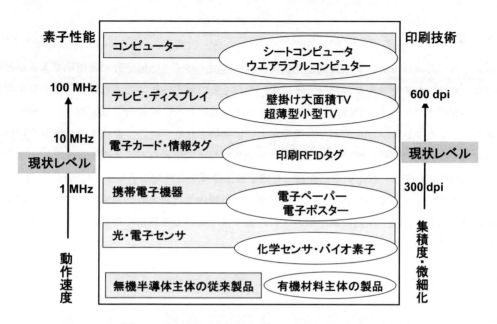

図8　印刷技術，素子性能と期待される有機デバイス

したものがその代表例である。いずれの場合でも有機物のフレキシブル性と薄膜，軽量といった特徴をいかしたデバイスとするにはアクティブ駆動素子としての使用できる有機トランジスタの開発が望まれている。また，プラスチックカード自身に情報の受発信・記録ができるICカードや商品ごとに流通情報を入出力できる情報タグへの応用が期待されている[15]。情報を電磁波で入出力できる情報タグは微小なシリコンチップを埋め込んだ無線タグが中心であるが，種々形状を有する物品に適合する流通・商品管理，床，壁，衣服につけられたフレキシブル情報タグによるセキュリティと管理システム分野を中心に期待を集めている。このような応用分野は今後の安全・安心，老齢化社会において，低価格化とは別の観点から重要な課題である。

一方，種々物質に対する有機分子の特異な選択機能を利用したセンサデバイスの研究も活発に進められている。例えば犬の臭覚が現在でも犯罪捜査に使われているように，高感度の生体識別機能を利用したバイオミメティックデバイスやDNA，ウイルス検査など医療・臨床分野で必要な医用センサ分野でも注目されている。また，遺伝子解析の分野ではDNAを用いた分析・解析システムが注目され，種々感染症や病気に関する遺伝的要素まで検出できる集積化デバイス（DNAチップ）の開発[16]が進んでいる。

このように，有機エレクトロニクスには環境・エネルギー問題，安全・安心社会の実現に向けた要素技術を含んでおり，新機能有機材料と分子ナノテクノロジーを基盤とする有機電子デバイスから次世代に繋がる環境・エネルギー，バイオエレクトロニクス分野への展開が活発になってきている。

4 まとめ

本章で述べた塗布技術による有機エレクトロニクスがデバイス応用分野で実用化できるかどうかについてはまだ予測できない部分も多いが，少なくとも塗布技術による有機単結晶や高配向性を有する有機薄膜デバイスでは無機系デバイスに肩を並べる特性が報告されており，有機材料の特徴をいかしたフレキシブルデバイス開発が大いに期待される。一方，有機半導体材料を用いた新規デバイス構造の研究が展開されており，ディスプレイ応用からバイオ素子にまで広がる応用分野で開発研究が進められている。今後，有機半導体薄膜を実用的なデバイスに応用する上では，特定の機能性分子を所望の配列をもって配置できる薄膜作製技術と有機薄膜物性に適した評価技術の確立，さらには種々印刷技術を取り入れた低コストプロセス技術の進展により，有機半導体デバイスの新しい応用展開が期待できる。

文　　献

1) 有機半導体デバイス，日本学術振興会情報科学用有機材料第142委員会C部会編，オーム社 (2010)
2) K. Kudo *et al.*, *Jpn. J. Appl. Phys.*, **23**, 130 (1984)
3) C. D. Dimitrakopoulos *et al.*, *Adv. Mater.*, **14**, 99 (2002)
4) S. R. Forrest, *Nature*, **428**, 911 (2004)
5) プリンテッドエレクトロニクス技術最前線，菅沼克昭監修，シーエムシー出版 (2010)
6) S. Y. Chou *et al.*, *Appl. Phys. Lett.*, **67**, 3114 (1995)
7) ナノインプリントの基礎と技術開発・応用展開，平井義彦編，フロンティア出版 (2006)
8) K. Fujimoto *et al.*, *Adv. Mater.*, **19**, 525 (2007)
9) T. Yamada *et al.*, *Nature*, **363**, 475 (2011)
10) K. Nakayama *et al.*, *Adv. Mater.*, **23**, 1626 (2011)
11) 有機EL技術開発の最前線，三上明義監修，技術情報協会 (2008)
12) K. Kudo *et al.*, *Thin Solid Films*, **331**, 51 (1998)
13) M. Uno *et al.*, *Appl. Phys. Lett.*, **93**, 173301 (2008)
14) Y. C. Chao *et al.*, *Appl. Phys. Lett.*, **97**, 223307 (2010)
15) 日経エレクトロニクス (2002年2月25日号) (2005年5月23日号) などに特集されている。
16) バイオセンサーの先端科学技術と応用，民谷栄一監修，シーエムシー出版 (2007)

第2章　塗布型材料

1　塗布プロセス用有機半導体材料

尾坂　格[*1]，瀧宮和男[*2]

1.1　はじめに

　近年のプリンタブルエレクトロニクスの研究の進歩と興味の広がりに伴い，低分子系，高分子系にかかわらず塗布プロセス用（可溶性）有機半導体の重要性が高まっている。低分子系有機半導体では，従来，可溶性材料は，蒸着系材料に比べて特性（キャリア移動度）が低いというのが一般的な認識であったが，近年の分子設計，合成技術やデバイス作製技術の進歩により，可溶性材料でも蒸着系材料を超える移動度（$>10\,cm^2/Vs$）が得られるようになってきている。また，高分子系有機半導体では，従来では$0.1\,cm^2/Vs$程度であった移動度が，最近の数年間で開発された材料では，$1\,cm^2/Vs$に近い，あるいはそれを超える値も報告されている。これらの成果は，塗布有機トランジスタに対する認識を改めさせるものである。

　本節では，可溶性有機半導体について，材料に要求される構造的特徴，物性に主眼を置き，最近筆者らが開発した高性能材料を中心に例に挙げて議論する。

1.2　低分子系材料

　低分子有機半導体を基盤としたトランジスタはその高い特性だけでなく，構造—物性相関の明確性から有機半導体材料における移動度の上限を議論する材料としても興味深い[1]。可溶性低分子材料開発の研究初期においては，可溶性前駆体を用い，塗布後に熱処理，または光照射により不溶性の半導体薄膜を形成する方法が検討されてきた（前駆体法）[2]。一方で，可溶性置換基を拡張π電子系骨格に導入することで可溶性の有機半導体を開発する方法も盛んに行われており，この手法は可溶性置換基の導入位置による分子配列制御や，さらには可溶性置換基自身が持つ自己組織化能を生かした高結晶性の薄膜形成など，学術的にも興味深い側面を持つ。以下に，低分子有機半導体の可溶化における顕著な成功例として，TIPSペンタセンに代表される「分子短軸方向への立体的に嵩高い置換基の導入」とアルキルBTBTに代表される「分子長軸方向への長鎖アルキル基の導入」を挙げ（図1），実際に開発された材料の分子配列と塗布トランジスタにおける特性について紹介する。

1.2.1　TIPSペンタセン系低分子半導体

　2001年に，Anthonyらが報告したTIPSペンタセンは[3]，分子短軸方向に嵩高いトリイソプロピ

＊1　Itaru Osaka　広島大学　大学院工学研究院　助教
＊2　Kazuo Takimiya　広島大学　大学院工学研究院　教授

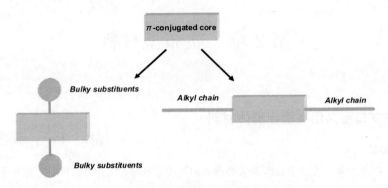

図1　低分子有機半導体の可溶化

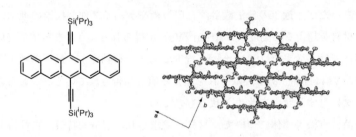

図2　TIPSペンタセンの分子構造と結晶構造

ルシリル（TIPS）基を持つため高い溶解性を示すが，一般的にこのような分子は，①固体中で密なパッキングをとり難い，②母体のペンタセンに見られるような，二次元的電子構造を与えるヘリンボーン型構造をとらない，などの理由から，アセン系のような従来の有機半導体（＝平面π電子系）とは大きく異なる分子構造を持つと言える。実際，この種の分子構造，すなわち，分子短軸方向に嵩高い置換基を持つアセン系化合物では，結晶中において分子間の部分的なπスタックに基づく分子配列をとる（図2）。TIPSペンタセンは，置換基とペンタセン骨格の相対的なサイズのマッチングにより，「レンガ組み（brick-block）構造」と表現される部分πスタック構造をとることで，二次元的な電子構造を実現し，これにより，溶液プロセスにより作製された薄膜トランジスタにおいて高い移動度（$>1.0\,\mathrm{cm^2/Vs}$）を示す[4]。これに対し，トリアルキルシリル部分とπ骨格部分のサイズのバランスが崩れると，一次元的な階段状の部分πスタック構造となり，このような構造を持つ化合物を用いた薄膜トランジスタの移動度は著しく減じられることが報告されている[5]。

ペンタセンと等電子構造を持つヘテロアセンであるアントラジチオフェン（ADT，図3）を用いた場合，二次元的なbrick-block構造を与えるのはトリエチルシリル（TES）基であり，実際TES-ADTは，塗布法により作製した薄膜トランジスタにおいて$1.0\,\mathrm{cm^2/Vs}$を超える移動度を示す[6]。さらに，TES-ADTにフッ素を導入することで材料の安定性のみならずデバイスでの特性も

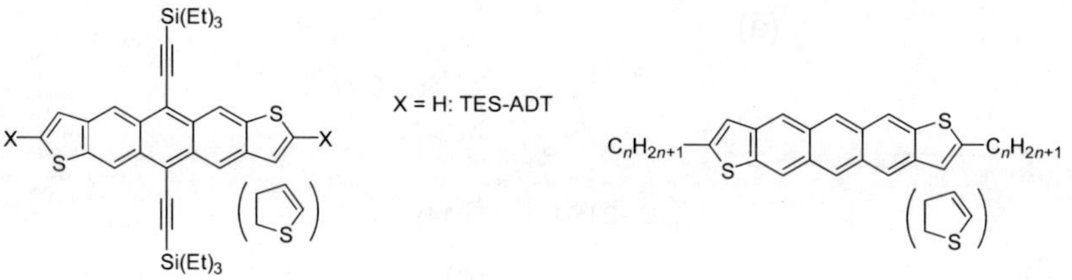

第2章　塗布型材料

図3　アントラジチオフェン（ADT）誘導体

改善（〜1.5 cm^2/Vs）できることがAnthonyらにより報告されており[7]，ここでも同様のbrick-block構造に起因する二次元電子構造が高移動度を与えるための鍵となっている。

1.2.2　アルキルBTBT系低分子半導体

　剛直なπ電子系の分子長軸方向に長鎖アルキル基を持つ構造は液晶分子において多く見られるが，可溶性低分子半導体の開発においても，近年広く検討されている。1998年にKatzらは，チオフェンのα位に長鎖アルキル基を導入したADT系有機半導体（図3）がクロロベンゼンなどの高沸点溶媒に可溶で，塗布により薄膜が形成でき，さらに，この手法で作製した薄膜を用いたトランジスタでも蒸着膜からなるトランジスタと同等の特性を示すことを報告している[8]。一方で，構造解析を基にした分子配列の詳細な検討はなされておらず，有機半導体材料研究における「分子長軸方向への長鎖アルキル基の導入」の意義は必ずしも明らかにされていなかった（図1）。

　筆者らは，ベンゾジチオフェン（BDT）[9]，ベンゾチエノベンゾチオフェン（BTBT）[10]及びそれらのセレン類縁体[11,12]に同様な分子修飾を施した一連の可溶性有機半導体を合成し，その構造，物性，及びデバイス特性を検討した。その結果，アルキルBTBT誘導体（Cn-BTBT）において，スピンコートにより作製した薄膜トランジスタが1.0 cm^2/Vsを超える高い移動度を示すことを見出した（図4）[10]。

　この優れたFET特性を理解するため，単結晶構造解析と薄膜X線回折を用いて薄膜中での分子配列の解析を行った。その結果，スピンコート膜は極めて結晶性の高い膜であることが明らかとなった（図5(a)）。層間距離はアルキル鎖長の伸長に伴い増加しており，モデルから見積もった分子長にほぼ対応していた。さらに，オクチル（C$_8$H$_{17}$），デシル（C$_{10}$H$_{21}$），及びドデシル誘導体（C$_{12}$H$_{25}$）の単結晶構造解析と薄膜X線測定の結果を詳細に比較したところ，薄膜中と単結晶中で同様の分子配列を持つことが明らかとなり，結晶格子のc軸（分子長軸に対応）を基板に立てて，それが層状に重なったラメラ型構造を持つことがわかった[13]。この構造の中で，分子はアルキル鎖部分，BTBT骨格部分がそれぞれ"自己組織化"しており（図5(b)），BTBT層内の配列は低分子有機半導体でしばしば見られるヘリンボーン構造であることが明らかとなった（図5(c)）。図5cから明らかなように，分子間の硫黄原子間にvan der Waals半径の和より短い接触が見られ，分子間の相互作用が極めて強い構造であることがわかる。さらにアルキル鎖の伸長に伴い，上記の分子間硫黄原子間接触距離が短くなるだけでなく，結晶格子長（a軸，及びb軸長）も短くなる

11

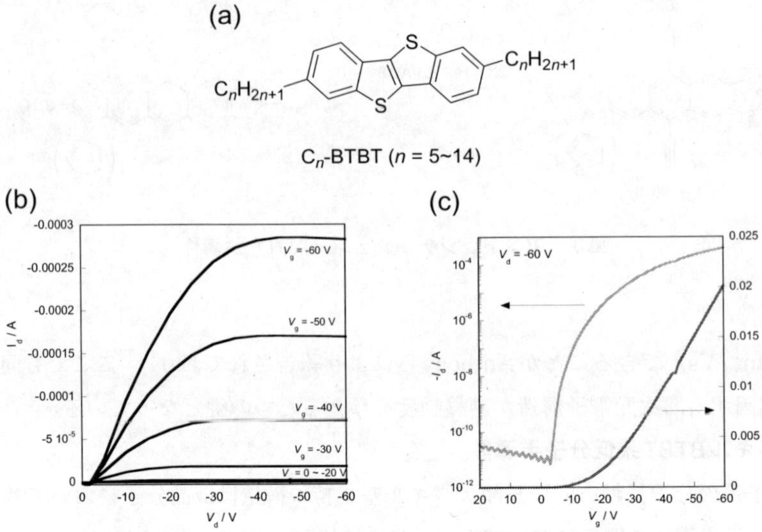

図4 アルキルBTBTの分子構造(a)と，C_{12}-BTBTを用いたFET素子特性（(b)アウトプット特性，(c)トランスファー特性（$V_d = -60$ V））

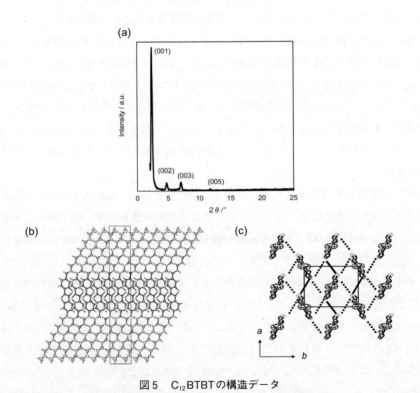

図5 C_{12}BTBTの構造データ
(a)薄膜のXRD，層間距離は38Å程度であり，単結晶構造解析におけるc軸長と一致する，(b)単結晶構造解析により明らかにされたアルキル基の自己凝集に基づく層状構造，(c)BTBT層内の分子配列：分子間S–S接触が認められる（実線：3.54Å，破線：3.63Å）。

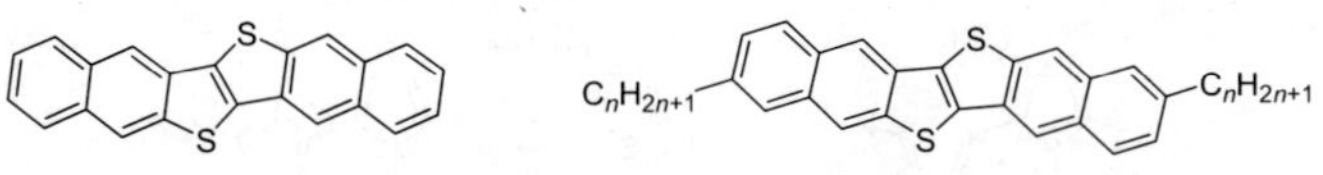

第2章　塗布型材料

DNTT

C_n-DNTT (n = 8, 10, 12)

図6　DNTTとそのアルキル誘導体の分子構造

　ことから，アルキル部分の自己凝集性がこのような結晶構造を安定化していることも示唆された。BTBT層内のヘリンボーン様の配列は面内に等方的な二次元電子構造を与え，このような構造的特徴に基づく固体（薄膜）中での電子構造がアルキルBTBT誘導体の高い素子性能を実現した原因であると考えられる。実際，結晶構造を基にした電子構造の理論的計算によっても，高い移動度を示すことが合理的であることが示されている[1,14]。

　さらに，最近，アルキルBTBTの溶液から単結晶様の薄膜を基板上に直接形成する複数の手法が開発され[15~17]，5 cm^2/Vsを超えるような，塗布プロセスにより作製されたトランジスタとしては極めて高い移動度を示す例も報告されている。中でも，長谷川らによる「ダブルショット・インクジェット法」により形成された単結晶様の薄膜からなるトランジスタは30 cm^2/Vsにも達する高移動度を与えると報告されており[17]，有機半導体の高いポテンシャルを示す好例である。

　BTBT骨格の外側にさらにベンゼン環を縮合したジナフトチエノチオフェン（DNTT）は蒸着により薄膜形成可能な高性能有機半導体であることが報告されている（図6）[18]。このDNTTの分子長軸方向にアルキルBTBTと同様に長鎖アルキル基を導入した誘導体（アルキルDNTT，Cn-DNTT）も合成されたが，室温での有機溶媒に対する溶解性は極めて低いため，BTBT誘導体と同様な手法による溶液からの薄膜形成は容易ではなかった。一方でアルキルDNTTは蒸着による薄膜形成により，多結晶薄膜からなる有機トランジスタとしては極めて高い移動度（8 cm^2/Vs）を実現している[19]。これに対し，竹谷らは，高温のアルキルDNTT溶液を用いる新プロセスを開発することで，基板上に単結晶様のアルキルDNTT薄膜を形成する手法を開発した。この高品質な薄膜を用いることで，蒸着法で作製したものを超えるトランジスタ（移動度～12 cm^2/Vs）が得られること，同時に複数の薄膜を基板の任意の領域に形成できることなどが報告されている[20]。このことは，酸化物半導体に匹敵する高性能トランジスタが，溶液の塗布により，かつ任意のパターンで形成できることを意味しており，つまり，最新の高性能材料と新しいプロセスを組み合わせることで，有機半導体の特徴を具現化でき，プリンタブルエレクトロニクスに新たな可能性をもたらし得ることを示しており，今後の展開が期待される。

1.3　高分子系材料

　高分子系材料（半導体ポリマー）においても低分子系材料と同様，キャリアはπ電子を介して分子間を移動するため，高キャリア移動度達成には如何にしてポリマー鎖間の相互作用を強めるかが鍵である。一般的にπスタック構造を形成する半導体ポリマーにおいては，πスタックの距

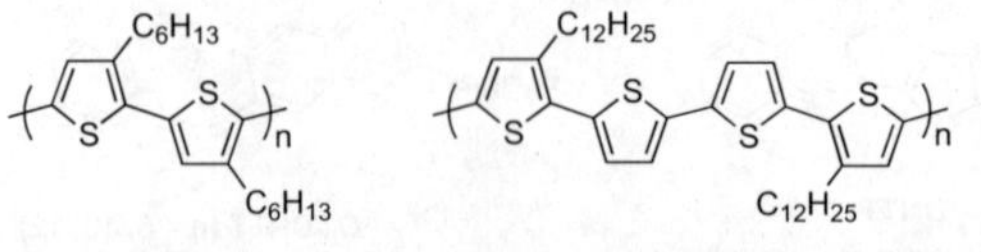

有機デバイスのための塗布技術

図7　位置規則性ポリ3-ヘキシルチオフェン（rrP3HT）と位置対称性ポリチオフェン（PQT-12）

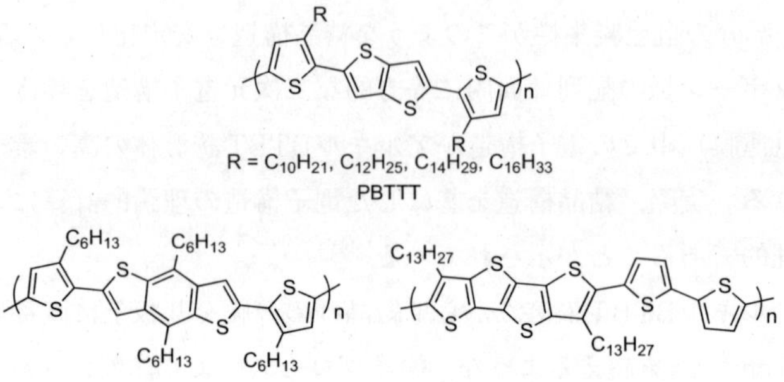

図8　ヘテロアレーンを有する半導体ポリマー

離（ポリマー鎖間距離）を小さくすることが材料開発において一つの指標となる。そのためには，低分子系材料で用いられるようなヘテロアレーンをうまく主鎖骨格に導入することが，高性能材料に向けた一つのアプローチである。一方で，電子過剰性（ドナー性）の芳香環と電子欠損性（アクセプター性）の芳香環を主鎖内に持つドナー・アクセプター型ポリマーは，主鎖の局所的な弱い分極により分子間相互作用が助長されることから，新たなアプローチとして多くの報告がある。しかしながら，いずれのアプローチにおいても，分子間相互作用が強くなることでポリマーの溶解性は低くなるため，これらのバランスをとりながら分子設計することが重要なポイントである。

1.3.1　ヘテロアレーンを有する半導体ポリマー

　高分子系材料では，位置規則性ポリ（3-ヘキシルチオフェン）（rrP3HT；図7）が"標準材料"として用いられてきた。rrP3HTは，非対称構造の3-ヘキシルチオフェンが，ほぼ完全にhead-to-tailに重合制御されることから，平面性の高い主鎖を持つため，薄膜中において結晶性の高い構造を形成する[21]。一方で，PQT（図7）[22]のようにhead-to-head様式の二つのアルキルチオフェンの間にチオフェン環を導入することで，対称性の繰り返しユニットを持つ位置規則性ポリチオフェンが開発されており，この分子設計思想を用いて様々なヘテロアレーンが半導体ポリマーに導入されている[23]。ヘテロアレーンを有するポリマーの代表としては，2006年にMcCullochらが報告したPBTTTが挙げられる（図8）[24]。PBTTTはその剛直な主鎖骨格に由来して，非常に大きな結晶性ドメインを形成し，ポリマーとしては最高のキャリア移動度〜$0.6\,cm^2/Vs$（素子構造最適化により$1\,cm^2/Vs$を示す[25]）。その後，ベンゾジチオフェン（PAAD）[26]やテトラチエノアセン（P2TDC13FT4）[27]など様々なヘテロアレーンを有するポリマーが合成され，rrP3ATを超える移

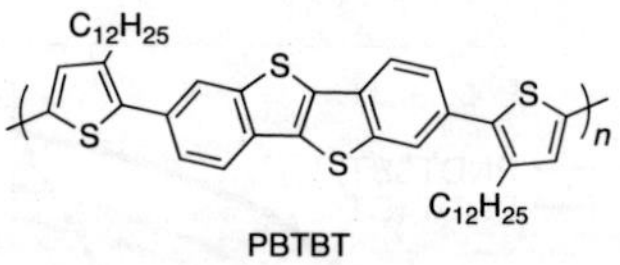

第 2 章　塗布型材料

図 9　BTBT を有する半導体ポリマー（PBTBT）

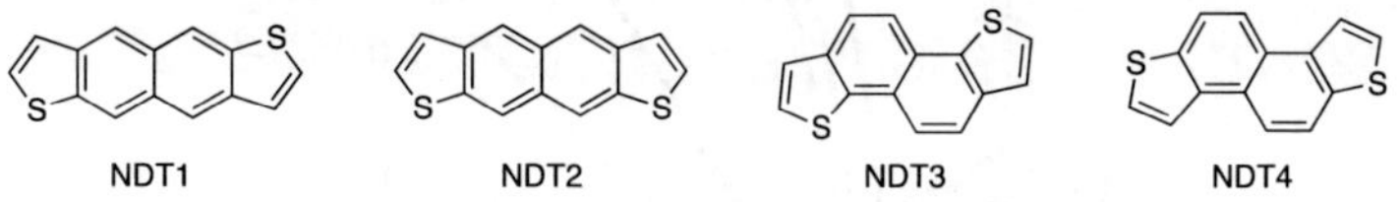

図10　4 種類のナフトジチオフェン異性体

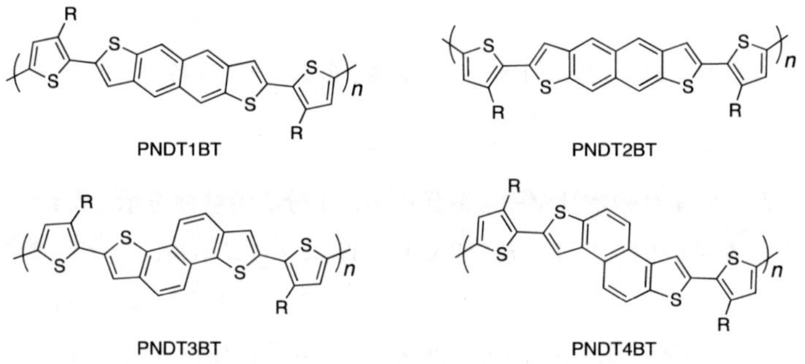

図11　ナフトジチオフェンを有する半導体ポリマー

動度が報告されている（図 8）。しかし一方で，この種のポリマーで PBTTT を超える移動度は得られておらず，これは単にポリマーに導入するヘテロアレーンの π 系を広げる（縮合環数を増やす）だけでは，高性能化に繋がらないことを意味している。

　例えば，先述の BTBT を主鎖に有する半導体ポリマー（PBTBT，図 9）は FET 特性を全く示さないが，これは BTBT の末端のベンゼン環上の水素と隣接するチオフェン環上のアルキル基との立体障害により，主鎖の平面性が崩れ，ポリマーの結晶性が低くなることに起因する[28]。一方で，BTBT の構造異性体であるナフトジチオフェン（NDT1 ～ NDT4，図10）[29]は，末端がチオフェン環であることから，上記のような立体障害はなくなるため，主鎖の平面性は非常に高い[28]。またそれだけでなく，ナフトジチオフェンは，4 種類の構造異性体を選択的に合成することができるため，これらをポリマーに導入することで，ヘテロアレーンの形状や電子状態が FET 特性に及ぼす影響を系統的に評価することができ，半導体ポリマーを開発する上で真に重要なポイントが何であるかを導出するには，格好のモデルとなり得る。

　図11に NDT1 ～ NDT4 を有するポリマー（PNDTmBT；m = 1 ～ 4）の構造を示す[30]。これらのポリマーの分子量はいずれも20000以上（数平均分子量）と，デバイス特性を評価する上で十分

15

有機デバイスのための塗布技術

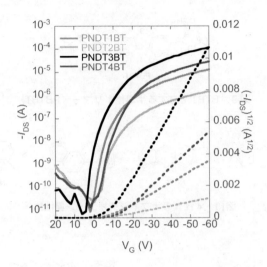

図12 PNDTmBTを用いたトランジスタ素子の電流―電圧特性（$V_{DS}=-60$ V）

に大きい値であった。いずれのポリマーも薄膜作製に十分な溶解性を示したが、アセン型のNDT（NDT1、NDT2）を持つPNDT1BT及びPNDT2BTはクロロホルムなど低沸点のハロゲン系溶媒にも可溶であるのに対して、フェン型のNDT（NDT3、NDT4）を持つPNDT3BT及びPNDT4BTではクロロベンゼンなどの高沸点溶媒を加熱することで可溶であった。図12にこれらのポリマーのボトムゲート・トップコンタクト型FET素子の電流―電圧特性を示す。飽和領域から算出した移動度は、PNDT3BTで最大0.77 cm^2/Vsと最も高く、次いでPNDT4BTが0.19 cm^2/Vs、PNDT1BTが0.055 cm^2/Vsであり、PNDT2BTが0.026 cm^2/Vsと、フェン系NDTを有するポリマーにおいて高い値を示した。これは、アセン系NDT（特にNDT1）が高い特性を示した低分子系材料とは異なる結果であり、ここでも低分子系において高い特性を示すような骨格をポリマーに導入することが必ずしも解にはならないことを如実に表している。

そこで、これらのNDT異性体による素子特性の違いを、構造面から考察するため、ポリマー薄膜のX線回折測定を行った（図13）。いずれのポリマーも、面外方向にのみラメラ構造（100）に由来するピークが観察されることから、基板に対してポリマー鎖が垂直に配向していることが分かるが、PNDT3BT及びPNDT4BTでは（$h00$）由来の高次のピークが、4次及び3次までそれぞれ見られることから、PNDT1BTやPNDT2BTに比べてかなり結晶性が高いことが明らかとなった。また、面内方向の回折パターンでは、PNDT2BTを除くポリマーにおいて、πスタック（010）に由来するピーク（$2\theta=25°$付近）が見え、分子間距離はPNDT1BTが3.7 Åであるのに対し、PNDT3BT及びPNDT4BTでは3.6 Åと小さく、やはりPNDT3BTとPNDT4BTの方が他のポリマーに比べて結晶性が高いことがわかる。この傾向は、トランジスタ特性と非常によく一致している。

筆者らは、このような異性体によって薄膜構造が違うことが何に起因するのか、さらに考察す

第 2 章 塗布型材料

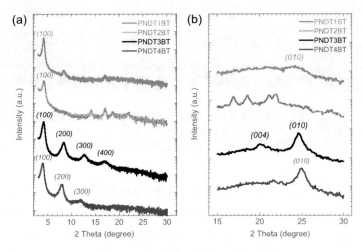

図13　PNDTmBTの薄膜のX線回折パターン
(a)面外測定，(b)面内測定

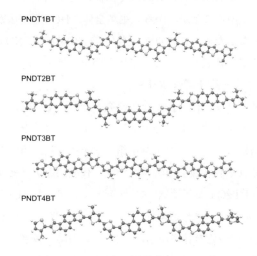

図14　PNDTmBTの主鎖形状（置換基をメチル基として最適化）

るため，分子の形状に着目した（図14）。NDT1及びNDT2は分子そのものは直線型構造であるものの，これらを有するポリマー（PNDT1BT及びPNDT2BT）の主鎖は屈曲した形状であることがわかる。一方で，NDT3及びNDT4は屈曲型構造を有するが，PNDT3BTは擬直線型の形状であり，PNDT4BTは屈曲しているもののピッチの短い形状である。つまり，直線性の高い分子形状を持つために，PNDT3BTは非常に強いπスタック構造を形成するのではないかと考えられる。PNDT4BTは屈曲構造という点は，PNDT1BTやPNDT2BTと同様であるが，ピッチが短く芳香環が空間的に密になっているため，分子間でπ-π相互作用しやすいのではないかと推測される。

17

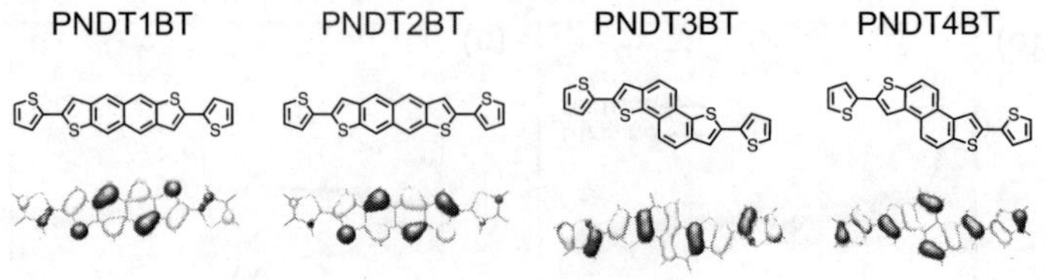

有機デバイスのための塗布技術

PNDT1BT　　　PNDT2BT　　　PNDT3BT　　　PNDT4BT

図15　DFT計算によるPNDTmBTの繰り返しユニットのHOMO

　また，ポリマーの電子状態も，キャリア輸送に関わる重要な要因である。図15にDFT計算によって求めたポリマーのユニット構造のHOMOを示す。HOMOは，PNDT1BT及びPNDT2BTでは原子上に存在し，PNDT3BT及びPNDT4BTではC＝C結合上に存在していることがわかる。これまでの一連の低分子材料の研究から[14]，後者のHOMOの形状はよりπスタック構造を形成する分子に有利な傾向にあることから，NDT3やNDT4がよりポリマーの骨格としては有用であると考えられる。また，前者ではHOMOはほぼNDT部位に局在化しているのに対して，後者ではユニット全体に非局在化していることがわかる。主鎖全体にHOMOが広がっている方が，分子間のπ電子の重なりは大きくなるため，この点からもPNDT3BT及びPNDT4BTの方が，効率的なキャリア移動が見込まれる電子状態を有するのではないかと考えられる。

1.3.2　ドナー・アクセプター型半導体ポリマー

　ドナー・アクセプター型ポリマーは，古くから研究が行われていたが，トランジスタなどのデバイスに応用されたのは，2000年代中盤以降である。ドナー・アクセプター型ポリマーにおいても，多くの場合，基本骨格にはポリチオフェン主鎖（ドナー性）が用いられ，導入するアクセプター性ユニットによってそれぞれ特徴的な特性を示す。代表的なアクセプター性ユニットとしては，チアゾロチアゾール（PTzQTなど）[31]やベンゾチアジアゾール（CDT-BTzなど）[32]のように–C＝N–結合を持つアゾール系ヘテロ芳香環や，ジケトピロロピロール（BBTDPP1など）[33]のような–N（R）–C（＝O）–結合を持つ色素骨格が挙げられる（図16）。筆者らは最近，ベンゾチアジアゾール（BTz）が二つ縮合されたナフトビスチアジアゾール（NTz）に着目した[34]。NTzはBTzに比べて広いπ電子系を有することから，ポリマーに強い分子間相互作用を与えることが期待できる。そこで，それぞれのユニットを有するポリマーを合成し（PBTz4T，PNTz4T；図17），構造とトランジスタ特性の相関関係について調査した[35]。

　合成したポリマーの数平均分子量は，PNTz4Tは52600，PBTz4Tは36100であった。PNTz4Tはクロロベンゼンなどのハロゲン系溶媒を高温加熱することで溶解し，PBTz4Tはクロロホルムのような低沸点ハロゲン系溶媒にも可溶であった。図18にポリマーを用いて作製したトランジスタ素子の電流—電圧特性を示す。これより算出したPNTz4Tのキャリア移動度は，最大で$0.56\,cm^2/$Vsと，PBTz4Tの$0.074\,cm^2/$Vsよりも一桁高い値であった。このことから，NTzは半導体ポリマーのユニットとして，非常に有用であることがわかった。さらに，ポリマー薄膜のX線回折測定

18

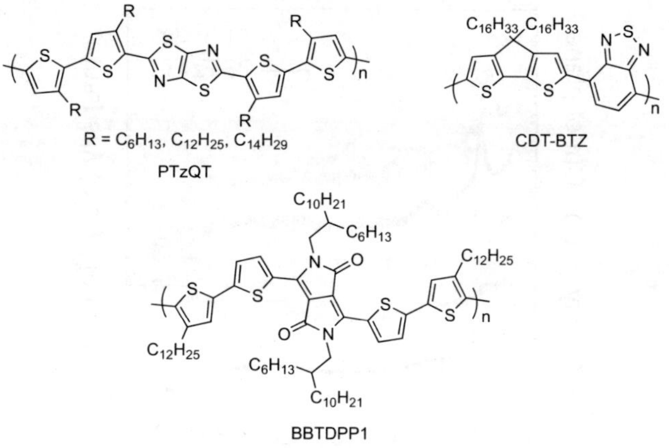

第 2 章　塗布型材料

図16　ドナー・アクセプター型ポリマーの例

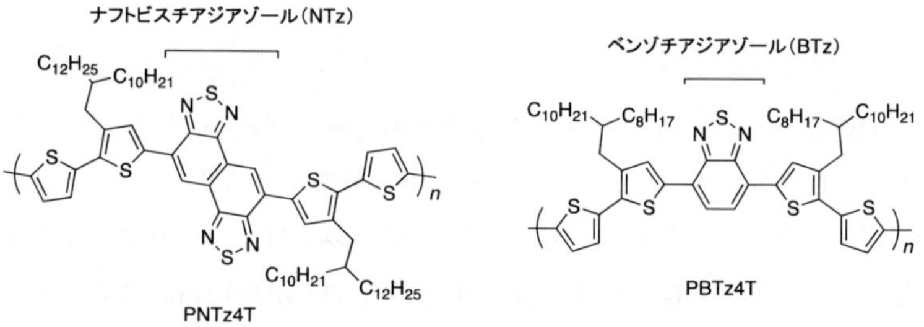

図17　ナフトビスチアジアゾール及びベンゾチアジアゾールを有する半導体ポリマー

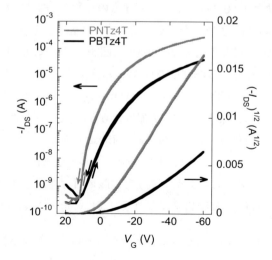

図18　PNTz4T及びPBTz4Tを用いたトランジスタ素子の電流―電圧特性（ドレイン電圧：−60 V）

有機デバイスのための塗布技術

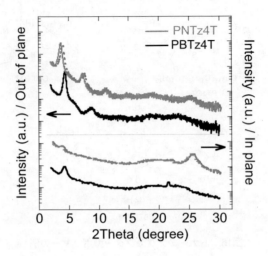

図19 PNTz4T及びPBTz4T薄膜のX線回折パターン
(上) 面外測定, (下) 面内測定

を行ったところ（図19），PNTz4Tはラメラ構造由来のピーク（$h00$）を3次まで与えたのに対し，PBTz4Tでは2次までであったことから，PNTz4Tの方が高い結晶性を有することがわかった（図19（上），面外測定）。また，面内測定（図19（下））PNTz4Tはπスタックに由来する強いピーク（010）を示したが，PBTz4Tではピークは見えず，PNTz4Tが高い結晶性を有することがより顕著に表れている。

このように，PNTz4Tはよりπ系の広がったNTzを用いたことで結晶性が向上し，高いキャリア移動度を有することは明らかである。しかし，一方でこれまで報告されてきたBTzを有するポリマーは比較的高い移動度（$>0.1\,cm^2/Vs$）を示すものも多く，結晶性も含めて，これほどNTzとの差が顕著となるのは意外でもあった。そこで，この構造的な違いをより深く検証するため，ポリマーのユニット部位の単結晶構造解析を行った（図20）。その結果，いずれの分子でも隣接するチオフェン環は，β位の水素とBTz部位の水素との立体障害を避けるため，硫黄原子がBTz部位のベンゼン環を向くように配向していることがわかった。すなわち，C_{2h}対称性を有するNTzでは隣接する二つのチオフェン環は互いに*anti*配置であるが，C_{2v}対称性を有するBTzでは*syn*配置となり，これによりPNTz4T主鎖は直線性の高い形状となるが，PBTz4Tではうねりの大きい形状をとることが示唆された。また，PNTz4Tではアルキル基が常に*anti*配置になるが，PBTz4Tでは*anti*と*syn*配置が存在する。このようなNTzとBTzの対称性に起因する分子形状とアルキル基の配置の違いが，PNTz4TとPBTz4Tの結晶性及び特性の違いに大きな影響を与えていることが推測される。

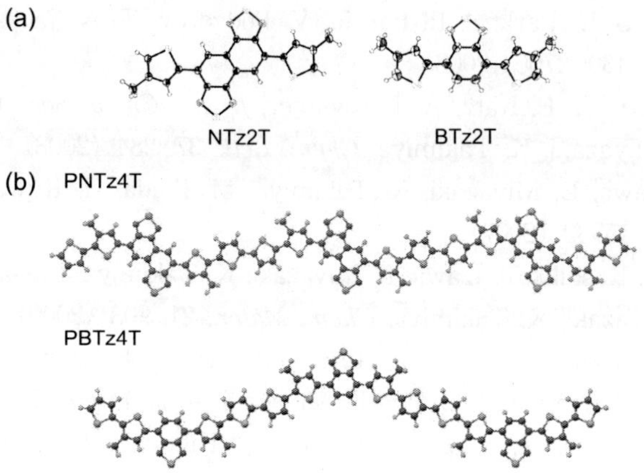

第 2 章　塗布型材料

(a)

NTz2T　　　　BTz2T

(b)　PNTz4T

PBTz4T

図20　PNTz4T及びPBTz4Tのモノマーユニット（NTz2T及びBTz2T）
の結晶構造(a)とそれを基に最適化した主鎖構造(b)

1.4　今後の展望

　本節では，可溶性有機半導体の開発動向について筆者らの研究を中心に述べた。最近5年ほど
での特性向上は目覚ましく，特に低分子系材料では，すでにアモルファスシリコンを凌ぐ特性が
達成されており，有機半導体の可能性が大きく広がってきている。一方で，耐熱性などにおいて
利点を持つ高分子系材料は，将来的にはプリンタブルエレクトロニクスにおける"本命材料"とも
目されており，低分子材料に匹敵する特性を持つものも報告されてはいるが，かなり成熟された
低分子材料に比べてまだまだ改良の余地が残っている。今後の本分野の発展には，高性能材料は
もとより，材料に合わせたプロセス技術の開発も必要不可欠であり，それにはプリンタブルエレ
クトロニクスに関わる様々な分野の研究者間の連携が重要な鍵となるであろう。

文　　　献

1)　J. E. Northrup, *Appl. Phys. Lett.*, **99**, 062111（2011）

2)　P. T. Herwig, K. Müllen, *Adv. Mater.*, **11**, 480（1999）

3)　J. E. Anthony, J. S. Brooks, D. L. Eaton, S. R. Parkin, *J. Am. Chem. Soc.*, **123**, 9482（2001）

4)　S. K. Park, T. N. Jackson, J. E. Anthony, D. A. Mourey, *Appl. Phys. Lett.*, **91**, 063514
　　（2007）

5)　J. E. Anthony, *Chem. Rev.*, **106**, 5028（2006）

6)　M. M. Payne, S. R. Parkin, J. E. Anthony, C.-C. Kuo, T. N. Jackson, *J. Am. Chem. Soc.*,
　　127, 4986（2005）

有機デバイスのための塗布技術

7) S. Subramanian, S. K. Park, S. R. Parkin, V. Podzorov, T. N. Jackson, J. E. Anthony, *J. Am. Chem. Soc.*, **130**, 2706 (2008)

8) J. G. Laquindanum, H. E. Katz, A. J. Lovinger, *J. Am. Chem. Soc.*, **120**, 664 (1998)

9) T. Kashiki, E. Miyazaki, K. Takimiya, *Chem. Lett.*, **37**, 284 (2008)

10) H. Ebata, T. Izawa, E. Miyazaki, K. Takimiya, M. Ikeda, H. Kuwabara, T. Yui, *J. Am. Chem. Soc.*, **129**, 15732 (2007)

11) S. Shinamura, T. Kashiki, T. Izawa, E. Miyazaki, K. Takimiya, *Chem. Lett.*, **38**, 352 (2009)

12) T. Izawa, E. Miyazaki, K. Takimiya, *Chem. Mater.*, **21**, 903 (2009)

13) T. Izawa, E. Miyazaki, K. Takimiya, *Adv. Mater.*, **20**, 3388 (2008)

14) K. Takimiya, S. Shinamura, I. Osaka, E. Miyazaki, *Adv. Mater.*, **23**, 4347 (2011)

15) T. Uemura, Y. Hirose, M. Uno, K. Takimiya, J. Takeya, *Appl. Phys. Express*, **2**, 111501 (2009)

16) C. Liu, T. Minari, X. Lu, A. Kumatani, K. Takimiya, K. Tsukagoshi, *Adv. Mater.*, **23**, 523 (2011)

17) H. Minemawari, T. Yamada, H. Matsui, J. y. Tsutsumi, S. Haas, R. Chiba, R. Kumai, T. Hasegawa, *Nature*, **475**, 364 (2011)

18) T. Yamamoto, K. Takimiya, *J. Am. Chem. Soc.*, **129**, 2224 (2007)

19) M. J. Kang, I. Doi, H. Mori, E. Miyazaki, K. Takimiya, M. Ikeda, H. Kuwabara, *Adv. Mater.*, **23**, 1222 (2011)

20) K. Nakayama, Y. Hirose, J. Soeda, M. Yoshizumi, T. Uemura, M. Uno, W. Li, M. J. Kang, M. Yamagishi, Y. Okada, E. Miyazaki, Y. Nakazawa, A. Nakao, K. Takimiya, J. Takeya, *Adv. Mater.*, **23**, 1626 (2011)

21) R. D. McCullough, *Adv. Mater.*, **10**, 93 (1998)

22) B. S. Ong, Y. Wu, P. Liu, S. Gardner, *J. Am. Chem. Soc.*, **126**, 3378 (2004)

23) I. Osaka, R. D. McCullough, *Acc. Chem. Res.*, **41**, 1201 (2008)

24) I. McCulloch, M. Heeney, C. Bailey, K. Genevicius, I. MacDonald, M. Shkunov, D. Sparrowe, S. Tierney, R. Wagner, W. Zhang, M. L. Chabinyc, R. J. Kline, M. D. McGehee, M. F. Toney, *Nat. Mater.*, **5**, 328 (2006)

25) (a) B. H. Hamadani, D. J. Gundlach, I. McCulloch, M. Heeney, *Appl. Phys. Lett.*, **91**, 243512 (2007) (b) T. Umeda, D. Kumaki, S. Tokito, *J. Appl. Phys.*, **105**, 024516 (2009)

26) H. Pan, Y. Li, Y. Wu, P. Liu, B. S. Ong, S. Zhu, G. Xu, *J. Am. Chem. Soc.*, **129**, 4112 (2007)

27) H. H. Fong, V. A. Pozdin, A. Amassian, G. G. Malliaras, D. -M. Smilgies, M. He, S. Gasper, F. Zhang, M. Sorensen, *J. Am. Chem. Soc.*, **130**, 13202 (2008)

28) I. Osaka, T. Abe, S. Shinamura, E. Miyazaki, K. Takimiya, *J. Am. Chem. Soc.*, **132**, 5000 (2010)

29) (a) S. Shinamura, E. Miyazaki, K. Takimiya, *J. Org. Chem.* **75**, 1228 (2010)(b) S. Shinamura, I. Osaka, E. Miyazaki, A. Nakao, M. Yamagishi, J. Takeya, K. Takimiya, *J. Am. Chem. Soc.* **133**, 5024 (2011)

30) I. Osaka, T. Abe, S. Shinamura, K. Takimiya, *J. Am. Chem. Soc.*, **133**, 6852 (2011)

31) (a) I. Osaka, G. Sauve, R. Zhang, T. Kowalewski, R. D. McCullough, *Adv. Mater.*, **19**, 4160 (2007) (b) I. Osaka, R. Zhang, G. Sauve, D.-M. Smilgies, T. Kowalewski, R. D.

第 2 章　塗布型材料

McCullough, *J. Am. Chem. Soc.*, **131**, 2521（2009）

32)　[a] M. Zhang, H. Tsao, W. Pisula, C. Yang, A. Mishra, K. Müllen, *J. Am. Chem. Soc.*, **129**, 3472（2007）[b] H. N. Tsao, D. M. Cho, I. Park, M. R. Hansen, A. Mavrinskiy, D. Y. Yoon, R. Graf, W. Pisula, H. W. Spiess, K. Müllen, *J. Am. Chem. Soc.*, **133**, 2605（2011）

33)　[a] L. Bürgi, M. Turbiez, R. Pfeiffer, F. Bienewald, H.-J. Kirner, C. Winnewisser, *Adv. Mater.* **20**, 2217（2008）[b] Y. Li, S. P. Singh, P. Sonar, *Adv. Mater.*, **22**, 4862（2010）

34)　[a] S. Mataka, K. Takahashi, Y. Ikezaki, T. Hatta, A. Tori-i, M. Tashiro, *Bull. Chem. Soc. Jpn.* **64**, 68（1991）[b] M. Wang, X. Hu, P. Liu, W. Li, X. Gong, F. Huang, Y. Cao, *J. Am. Chem. Soc.*, **133**, 9638（2011）

35)　I. Osaka, M. Shimawaki, H. Mori, I. Doi, E. Miyazaki, T. Koganezawa, K. Takimiya, *J. Am. Chem. Soc.*, **134**, 3498（2012）

2 室温塗布プロセス用金属ナノ粒子

金原正幸*

　近年，有機トランジスタや太陽電池などの各種半導体デバイスを印刷によって製造する機運が高まっている。塗布プロセスでは従来の真空をベースとする製造方法に比較して明らかな利点があるためである。真空プロセスをベースにした製造方法では，巨大な真空チャンバーなどの製造装置の初期導入コストが莫大であり，かつリソグラフィーをベースとした方法によって高価な材料は後から削り取られ，製品として使われる量は1％以下と言われている。これに比較し，塗布プロセスでは真空を必要としないため，装置のコストは比較的安く，また必要な部分に必要なだけ材料を塗布しデバイスを作ることが可能なため，初期導入コストおよびランニングコスト両面からメリットがある。特に，このような塗布プロセスは，例えばPC用のCPUなどに用いられる大規模集積回路（LSI）のような極微細加工の実現はほとんど不可能である反面，太陽電池のような大面積を必要とするデバイスの製造にこそ真価を発揮する。塗布プロセスに必要十分な基板や材料などの検討を行えば，真空プロセスに比較して1/10にも達するコスト削減効果を発揮できると考えられている。すなわち，塗布プロセスで各種デバイスを実用化するキーワードは「低コスト」および「大面積」であると言える。これは例えばJR駅構内で利用可能な「Suica（スイカ）」などのRFIDのようなトランジスタを大量に製造する場合も，一つ一つは小さくても大量に作れば「大面積」と考えて差し支えない。この大面積化に対する基板コストは大変シビアであり，トータルの性能面でバランスのとれたPET（ポリエチレンテレフタレート）などの比較的安い基板の利用が求められている。PETに代表される低価格基板は耐熱性に乏しく，一旦加熱すると基板が変形し元に戻らず，特に大面積ではこの影響が顕著である。デバイス性能を犠牲にしない範囲内で，なるべく低温でのプロセスが望まれている。

　各種半導体デバイスを低温塗布プロセスで製造するためには，半導体，電気回路および電極（透明電極を含む）それぞれを形成するための塗布材料が必要となる。しかしながら，現在のところ低温塗布プロセスで半導体デバイスを製造可能な現実的な材料は有機半導体材料に限られている。実際に，これまでも有機半導体を用いた「塗布型デバイス」は数多く作られてきた。ところが，有機半導体の性能を発揮させるためには従来は真空蒸着電極以外の選択肢はなく，塗布型デバイスは有機半導体のみの部分的な塗布で作られるケースが圧倒的多数である。近年，導電性高分子や金属ナノ粒子などの電極および配線を形成できる材料が広く供給されているにもかかわらず，特性の良いデバイスに用いられない点を整理すると，前者は導電率の不足と材料の不安定性が，後者は150℃以上の高い熱処理温度と電極─半導体間の界面抵抗が問題となっている。特に従来の材料では，単に電気を流せばよい配線用途には十分であっても，界面の電荷注入が必要不可欠な電極として良好な機能を果たすことが難しい。もし，低温塗布で界面抵抗の小さい電極を形成

＊　Masayuki Kanehara　岡山大学　異分野融合先端研究コア　助教（特任）

第2章　塗布型材料

できる材料ができれば，各種デバイスを低温プロセスで製造するために必要不可欠な材料となりうる。本節では熱処理などの後処理を一切必要としない，常温での塗布乾燥によって電極および配線を形成可能な常温導電性金属ナノ粒子を取り上げる。

金属ナノ粒子はこれまで最も有望とされてきた溶液導電材料である[1]。金属ナノ粒子はその広大な表面積による本質的な不安定性のため，配位子によって安定化されない限り速やかに凝集し沈殿を形成する。一般的に配位子として用いられる化合物は，脂溶性金属ナノ粒子ではアルキル基を有するアミン，カルボン酸およびチオールなど，水溶性ではクエン酸塩およびポリビニルピロリドンなどの水溶性ポリマーである。いずれの分子も絶縁性であるため，金属ナノ粒子は塗布乾燥させた後，配位子を除去するための150℃程度以上の熱処理を必要とする。このプロセスではナノ粒子表面の配位子が除去される過程で必ず体積収縮を伴うため，クラックや多孔質膜の形成が生じ，このような荒れた表面には高密度の電荷トラップ準位が形成されるため，配線用途では十分でもデバイス用電極としては好ましくない。これまでの研究では，配位子をできるだけ小さくし，焼成温度を下げるアプローチが多かった。しかしながら，ナノ粒子を安定化するためにはある程度かさ高い配位子が必要であり，小さい配位子はナノ粒子の溶液安定性を劇的に低下させるため，安定性と低温焼結性の両立は難しい。

上記の問題は，配位子の除去を必要としない，すなわち塗るだけで導通する金属ナノ粒子ができれば解決するはずである。我々は，このような材料を作るため，大きなπ共役系分子の利用を検討した。金属ナノ粒子表面に，環状π共役系分子の共役平面を可能な限り近接させて貼り付けた構造を作れば，有機π軌道を導電性が有利な方向性でナノ粒子の周囲全方位に配置できるため，粒子間のキャリア輸送が改善されると考えた。我々はこのようなナノ粒子を，有機π共役平面がべったり糊付けされている意味をこめて「π接合ナノ粒子」と名付けた（図1）。このコンセプトで合成した初めての材料が，図2に示すポルフィリン誘導体SC_0Pによって保護された金ナノ粒子である[2]。結論から述べると，このSC_0P保護金ナノ粒子の導電性は悪く，室温で溶液を塗布乾燥させた薄膜の導電性はおおよその見積もりで10^{-5} S/cm程度のものであった。塗布薄膜は使い古

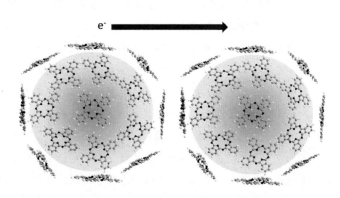

図1　π接合金属ナノ粒子の模式図
配位分子はフタロシアニン

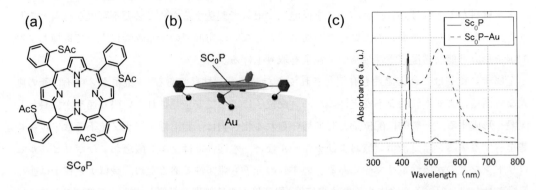

図2 (a)SC₀Pの分子構造，(b)SC₀P保護金ナノ粒子の配位構造模式図，(c)SC₀PおよびSC₀P保護金ナノ粒子のUV-Visスペクトル
SC₀Pに見られる420nmの鋭い吸収帯（Soret帯）がSC₀P保護金ナノ粒子ではかなりブロード化している様子がわかる

しの銅貨のような色で，かろうじて金属光沢を有していた。しかしながら，SC₀P保護金ナノ粒子溶液のUV-Visスペクトルでは，420nm付近のソーレー帯と呼ばれる特徴的な吸収帯の吸光度が減少し，かつブロード化していることがわかった（図2）。これは金ナノ粒子コアと有機π共役系との直接の軌道間相互作用（軌道の混成）の存在を示唆しており，分子設計によってはさらに良好な導電性が得られる可能性があるように思えた。

次に合成した分子は図3(a)に示すフタロシアニン（Pc 1）である。フタロシアニンはテトラフェニルポルフィリンに比較して平面性が高く，より近接して金ナノ粒子に配位できると考えた。この分子によって保護された金ナノ粒子塗布薄膜はまるで金箔のような美しい金光沢を示し，先のポルフィリン保護金ナノ粒子に比較して3桁の導電率向上が見られた。塗布薄膜の金光沢と一気に向上した導電性から，π接合を駆使してさらに優れた導電性材料を作れると確信に変わった瞬間であった。ここで良好な導電性を与えるπ接合金属ナノ粒子の条件について考察すると，我々は以下の条件すべてを満たす必要があると考えている。①π共役系有機配位子の高い平面性，②溶解性と必要最低限の側鎖および，③π共役系配位子と金属ナノ粒子コアとのバンドマッチングである。以下，順に解説する。金属ナノ粒子コアと有機π共役系分子間の軌道の混成を最大限発揮させるためには，なるべく近接したπ共役系の配位が必要である。そのためには①の配位子の平面性が重要になる。次に，ナノ粒子塗布膜の導電性を考えると，粒子同士が接近することが重要である。そのためには配位子の側鎖はない方が良い。しかし，フタロシアニンは側鎖なしではほとんどの溶媒に不溶であり，これによって保護されたナノ粒子も結果的に不溶性となる。一般的に，配位子が良い溶解性を示したとしても，このような分子で保護されたナノ粒子が溶けるとは限らない。なぜなら，ナノ粒子は有機単分子に比べてかなり大きく，多数の配位子を伴った状態で溶解する必要があるからで，ナノ粒子の研究ではこの溶解性で苦労させられる場合が非常に

第2章 塗布型材料

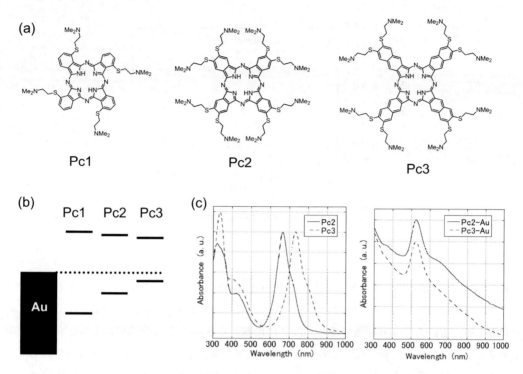

図3 (a)Pc1, Pc2およびPc3の分子構造, (b)Pc1～3と金フェルミ準位とのエネルギー準位関係, (c)Pc2, Pc3, Pc2およびPc3保護金ナノ粒子のUV-Visスペクトル

多い。特に，今回はもともと溶解性に乏しいフタロシアニンをターゲットにしているため，溶解性と最低限の側鎖との両立が極めて困難かつ重要であった。結果として末端に複数のジメチルアミノ基を置換し，酸性条件下でアンモニウム塩を形成させ，ナノ粒子そのものを水溶性にするアプローチで②を満たすことができた。最後に③に関して，我々はπ接合金属ナノ粒子の電荷輸送は，金属ナノ粒子コアとの軌道の混成によって金属化した，ナノ粒子表面の有機π共役系を通したものであると考えている。この軌道の混成を分子軌道理論から考えると，混ざり合う軌道はなるべくエネルギー準位が近い方が強い軌道の混成を作るはずである。π接合ナノ粒子を考えると，配位子のHOMOもしくはLUMOが，金属ナノ粒子コアのフェルミ準位に近い場合により強い軌道の混成を与えると予想される。これらの観点からPc1の構造を見ると，平面性は高いものの，側鎖が環に近いα位に置換されているため，ナノ粒子表面に配位した場合に分子内立体反発で側鎖がナノ粒子の外側に向かって立ち上がった構造になる。このような構造では立体反発によってナノ粒子間の接近が妨げられる。また，この分子では金のフェルミ準位がPc1のHOMO-LUMO準位の中間付近に位置し，効果的な軌道の混成は期待できない（図3(b)）。

この問題点を解決するために改良したフタロシアニンがPc2とPc3である。環の遠い位置（β位）に側鎖を置換したために，配位子間の立体反発が軽減され，かつ置換された側鎖がPc1の2

有機デバイスのための塗布技術

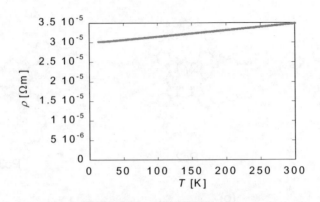

図4　Pc 2保護金ナノ粒子の温度依存導電特性

倍あるため，より強い電子供与効果によってHOMO準位が上昇し，金コアのフェルミ準位に近づくことが予想された。図3(b)に金とのエネルギー準位関係を示すように，この効果は，ナフタレン骨格を有するPc 3でより顕著であり，Pc 2に比較してさらにHOMO準位が上昇し，金フェルミ準位との差はわずか0.3 eV程度である。また，Pc 2保護金ナノ粒子のUV-Visスペクトルにおいては，Pc 2に見られる660 nm付近のQ帯による吸収がかなりブロード化し，Pc 3保護金ナノ粒子においてはほとんど消失する程度までのブロード化が観察された（図3(c)）。金コアと有機π共役系との極めて効果的な軌道間混成が確認できる。実際にPc 2およびPc 3保護金ナノ粒子を薄膜化したところ，4端子法による測定ではPc 1に比較して5桁程度の導電性の向上が見られた。Pc 2およびPc 3保護金ナノ粒子はそれぞれ，1600 S/cmおよび7000 S/cmの非常に高い導電率を示した[3]。この値は，粒径15 nm程度の金ナノ粒子水溶液を室温で塗布乾燥させた直後に得られる値であり，一切の後処理を行っていない。常温プロセスで直ちに得られる導電率として，あらゆる溶液材料を凌駕する世界最高の常温導電材料である。図4に示すPc 3保護金ナノ粒子塗布膜の温度依存導電特性から，10 Kの低温までリニアに抵抗率が減少する金属的導電性を有することがわかる。従来，このような金属的導電性は，ナノ粒子薄膜中の粒子間距離が0.5 nm以下で十分に各粒子の波動関数の重なりがある場合に限られる[4]。このような短い粒子間距離は，各金属ナノ粒子間を$n \leq 4$のアルカンジチオール（$HS(CH_2)_nSH$）で架橋させた場合に相当する。単一のナノ粒子を保護する場合には，少なくともn-ブチル基よりも短鎖の有機配位子で保護しなければならない計算になるが，このような小さな分子では安定なナノ粒子は得られない。我々のπ接合ナノ粒子は，分子量の大きい大環状π共役系分子によって保護されるため，極めて安定な金属ナノ粒子溶液を与え，さらに塗って乾かすだけでこのような金属的導電性が発現する，従来にない特徴を有する。図5に示す走査型電子顕微鏡写真から，塗布乾燥のみで得られるナノ粒子塗布膜は完全に独立分散した金属ナノ粒子から構成され，クラックのない平滑な表面が観察できる。このナノ粒子塗布膜の導電性は室温，大気下で少なくとも2年間は変化しない。また，150℃の熱処理を行

第2章 塗布型材料

図5 Pc3保護金ナノ粒子塗布膜の断面走査型電子顕微鏡像

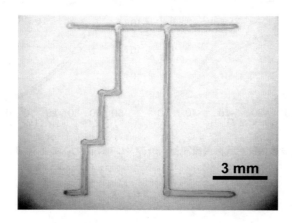

図6 Pc2保護金ナノ粒子のインクジェット印刷文字
(大阪大学 竹谷純一教授との共同研究)

っても導電性は変化しない。これまでの材料と異なり,常温から150℃程度までの温度領域で極めて安定な導電性を発揮する。熱処理が不要なため,あらゆる基板に対応できる。溶液中での分散性も良好なため,インクジェット印刷も可能である(図6)。

　配線材料の場合,低抵抗であれば問題はない。ところが,半導体—金属界面を形成するデバイス用電極となると単純ではない。キャリアトラップを最小限にとどめる必要があるためである。従来,信頼性のある電極を形成させる唯一の選択肢が(真空)蒸着であり,これでは完全塗布プロセスは望めない。我々はπ接合金属ナノ粒子の電極としての実力を明らかにすべく,全プロセスを室温以下の低温塗布プロセスで作製した有機FETを試作した。図7(a)〜(c)に示すように,SAM膜を形成させたシリコン基板上に有機溶媒に可溶なC8BTBT分子を塗布し,その上にPc3保護金ナノ粒子塗布電極を形成させ,トップコンタクト型有機FETを作製した。デバイスはヒステリシスがほとんど見られない良好な特性で,移動度は2〜4 cm^2/Vsの極めて高い値を示した(図7(d),(e))。同様な構成で,電極のみを金蒸着電極に変更したFETにおいては3.5〜5 cm^2/Vs

29

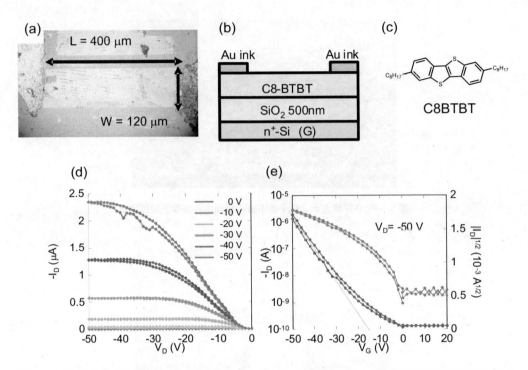

図7 完全常温塗布型有機FETの(a)顕微鏡写真，(b)デバイス構造模式図，(c)C8BTBTの分子構造および(d),(e)典型的なデバイス特性

程度の移動度を示すことから[5]，π接合金ナノ粒子は真空蒸着電極に匹敵する特性を有する電極を形成することが明らかとなった。電極を常温形成できる溶液導電材料でこれに匹敵する材料は今のところ存在しない。

最後に，π接合金属ナノ粒子は大変有望な材料ではあるが直ちに大量に必要とされるとは考えていない。それはやはり高価な金をベースにしているためで，現在はまず銀の実現を目指しており，これはほぼ実現できるところまで来ている。次に解決すべきはその導電率で，7000 S/cm（約140 μΩcm）では抵抗がまだ大きい。RFIDアンテナなどへの応用を視野に入れると，少なくとも現在の1/10程度の抵抗値まで下げる必要があると考えている。もちろん，現在の導電率でもすでに十分な用途は多いため，塗布プロセスでの製品化を目指した研究も行っている。しかしながら現在のところ，完全塗布プロセスはほとんど未知の世界である。実用化への道筋を付けるためには材料合成だけでなく新しい機材，プロセスを平行して開発する必要がある。これを乗り越え，将来的に完全塗布プロセスは必ず製品として実現するものと確信する。各メーカーとの共同開発を進め，電極材料として極めて有望なπ接合金属ナノ粒子の早期実用化を期したい。

第 2 章　塗布型材料

文　　献

1)　菅沼克昭監修，金属ナノ粒子インクの配線技術—インクジェット技術を中心に—，シーエムシー出版（2011）

2)　M. Kanehara, H. Takahashi and T. Teranishi, "Gold(0) Porphyrins on Gold Nanoparticles", *Angew. Chem. Int. Ed.*, **47**, 307-310（2008）

3)　M. Kanehara, J. Takeya, T. Uemura, H. Murata, K. Takimiya, H. Sekine and T. Teranishi, submitted

4)　A. Zabet-Khosousi, A.-A. Dhirani, "Charge Transport in Nanoparticle Assemblies", *Chem. Rev.*, **108**, 4072-4124（2008）

5)　T. Uemura, Y. Hirose, M. Uno, K. Takimiya, J. Takeya, "Very High Mobility in Solution-Processed Organic Thin-Film Transistors of Highly Ordered [1] Benzothieno [3, 2-b] benzothiophene Derivatives", *Appl. Phys. Express*, **2**, 111501（2009）

3　光変換型前駆体法による有機デバイスの開発

山田容子[*1]，中山健一[*2]

3.1　はじめに一前駆体法とは

　近年，安価・大面積・フレキシブルな有機デバイス開発に向けて，高分子材料だけでなく，低分子材料においても溶液塗布法の進展が著しい。優れた低分子材料は結晶性が高いため難溶であることが多いが，最近は溶解度が高く，電荷移動度にも優れた材料が次々と報告されている[1~5]。一方前駆体法は，溶解度を向上させるために脱離基を導入して前駆体とし，スピンコート法などの溶液塗布により前駆体の薄膜を作製した後に，熱または光で脱離基を除き，結晶性薄膜へと変換する手法である。高分子の分野では，1980年のポリアセチレンの合成に前駆体法が利用されている（図1）[6]。前駆体法については既にいくつかの総説・解説にまとめたので，詳細についてはそちらを参照されたい[7~10]。

　本節では，低分子材料における熱変換型前駆体法を概観した後，光変換型前駆体法に限定して合成と基礎物性，薄膜構造，有機薄膜トランジスタ（OFET）の最近の成果を紹介する。

　低分子では1997年Ciba-GeigyのIqbalらにより $tert$-BuCO$_2$（t-BOC）基の脱離によるジケトピロロピロール（DPP）の合成が潜在性色素として報告された[10]。2011年には p 型材料に t-BOC保護キナクリドンの前駆体（t-BOC QA）を利用した塗布型p-i-n有機薄膜太陽電池も報告され，PCBMと組み合わせたエネルギー変換効率は0.83％であった[11]。さらに，オリゴチオフェンの a 位のエステル部位の加熱により脱離させる方法を利用したOFET特性は，Fréchetらにより0.02～0.06 cm^2/Vsと報告された[12~14]。

　前駆体法に最も多く利用されている熱反応は，ペリ環状反応である逆Diels-Alder反応である。ペンタセン[15~22]，フタロシアニン[23,24]，ベンゾポルフィリン（BP）[25~27]，チオフェンオリゴマー[28]などの難溶な有機電子材料の前駆体の合成と，熱変換型前駆体法により作製されたOFETの特性が相次いで報告された。2009年にはBPとフラーレン誘導体（C$_{60}$（CH$_2$SiMe$_2$Ph）$_2$：SIMEF）を組み合わせた有機薄膜太陽電池が報告された[29]。熱変換型前駆体法により作製された素子において，5.6％のエネルギー変換効率が達成されたが，低分子塗布型材料としては極めて高い値である。また前駆体法による結晶性薄膜の構造制御が注目された。

　熱変換型前駆体法に対し光変換型前駆体法は，光のエネルギーを利用した脱離反応である。光を利用するため局所的な変換が可能である。変換後の結晶成長を促すためのアニーリングは必要であるものの，光反応自体は室温またはそれ以下でも進行するため，デバイス作製過程で熱変換前駆体法ほど高い温度を必要としない。図2には，光変換前駆体法によるOFETの特性をまとめた。最初に報告されたペンタセンの光前駆体は光反応と熱変換前駆体を組み合わせた系であった。すなわち，ペンタセン前駆体を側鎖に持つモノマーを光重合した後，加熱によりペンタセンを脱

＊1　Hiroko Yamada　奈良先端科学技術大学院大学　物質創成科学研究科　准教授

＊2　Ken-ichi Nakayama　山形大学　大学院理工学研究科　准教授

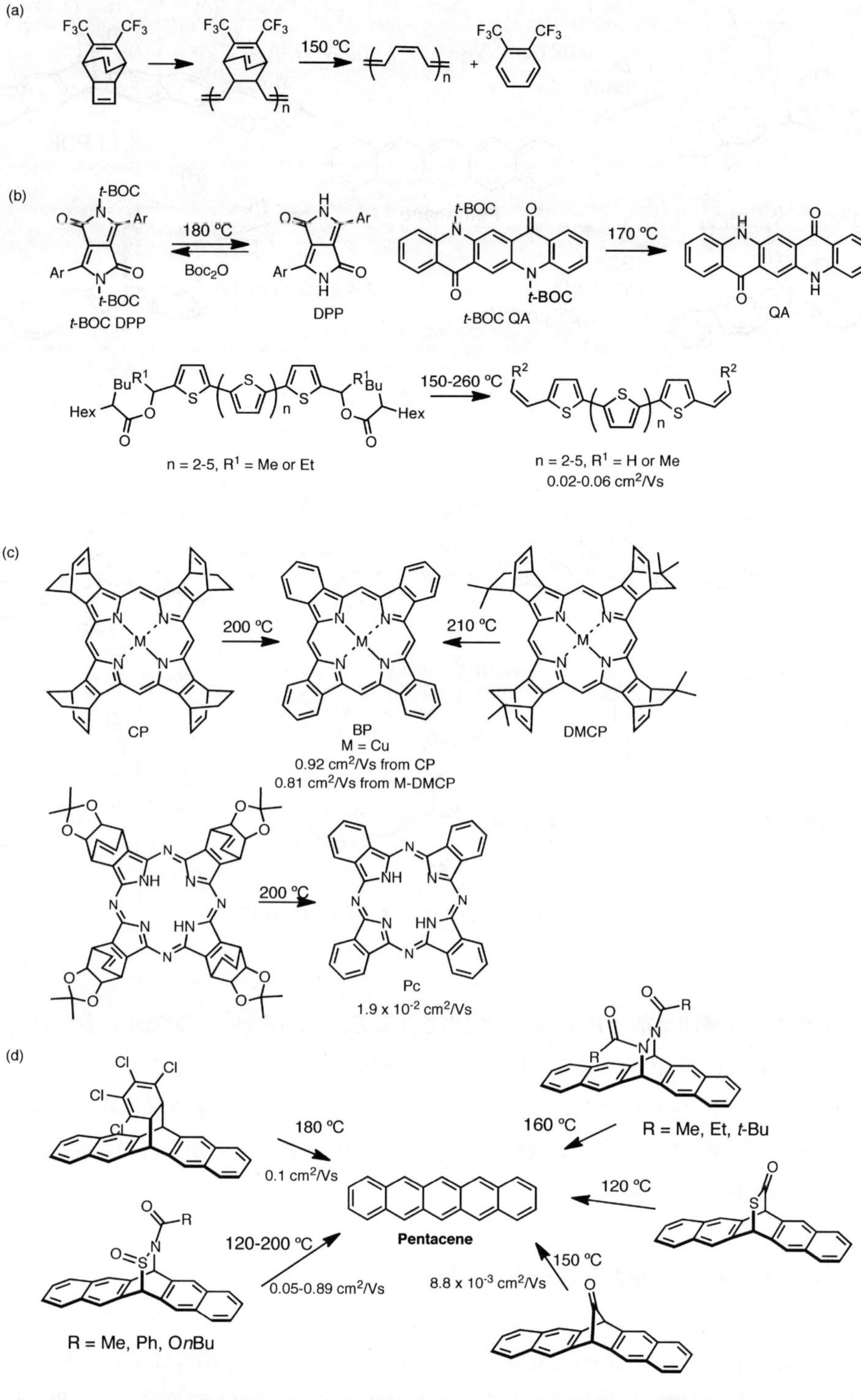

第 2 章　塗布型材料

図 1　(a)高分子材料の前駆体，(b)エステル型前駆体，(c)逆 Diels-Alder反応を利用したベンゾポルフィリンと
　　　フタロシアニンの前駆体，(d)逆 Diels-Alder反応を利用したペンタセンの前駆体

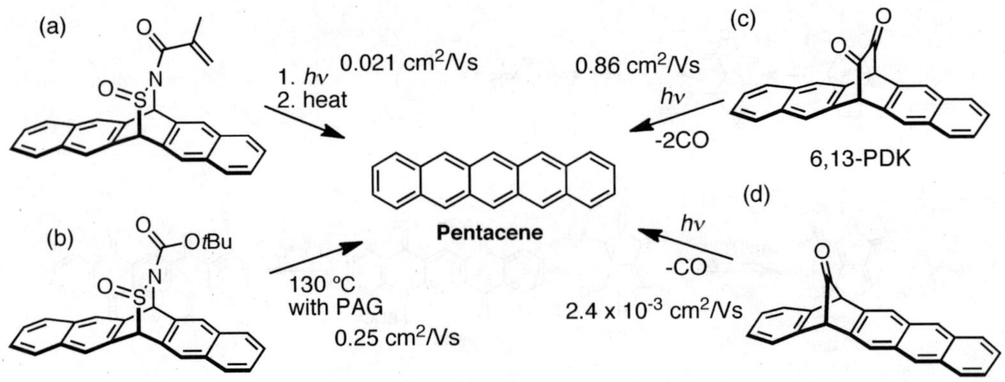

図2 ペンタセンの光変換型前駆体の例

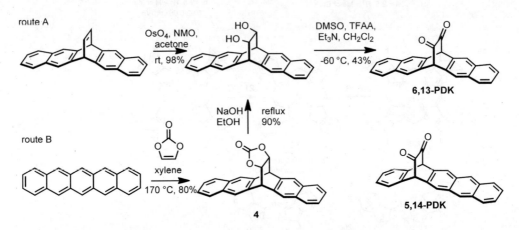

図3 6,13-PDKの合成と 5,14-PDKの構造

離させるものや，光酸開始剤（PEG）を活性化させる方法である[30,31]。2005年に我々はペンタセンジケトン前駆体（6,13-PDK）を報告したが，前駆体を直接光照射することで2分子の一酸化炭素を脱離させ，ペンタセンを定量的に得ることに成功した[32〜34]。次項以降に詳説する。またその後報告されたペンタセンモノケトンは熱と光の両方で変換可能であるが，熱安定性が低く，FET特性は$1.3〜8.8×10^{-3}$ cm^2/Vsであった[35]。

3.2 ペンタセンジケトン前駆体の合成と光物性

6,13-PDKの合成は2005年に初めて報告された（図3）。ペンタセンを出発物質に3段階で合成可能である（ルートB）。ペンタセンが高価なため，大量合成が必要な場合はルートAが望ましい。またルートAは汎用性が高く，置換ペンタセンや高次アセンへの展開が可能である。得られた6,13-PDKは，熱的には極めて安定であり，300度以上に温度を上げても変化が見られず，昇華精製が

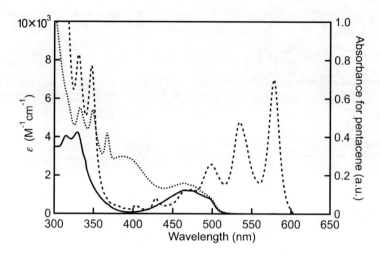

図4　6,13-PDK（実線），5,14-PDK（点線），ペンタセン（破線）のトルエン中の吸収スペクトル

可能である．図4に吸収スペクトルを示す．460nm前後にn-π*吸収が観測されるが，その吸光係数は1400と，カルボニル基のn-π*励起としては比較的大きい．通常は禁制遷移であるカルボニル基の吸収の禁制がかなり緩和されているためである．ペンタセンのモノケトン前駆体はn-π*吸収がほとんど観測されないのと比べると，顕著な差である．

　トルエン溶液中で6,13-PDKのn-π*吸収を励起すると，2分子の一酸化炭素が脱離し，ペンタセンへと定量的に変換する．ペンタセンのトルエンへの溶解度が低いために，反応中にペンタセンの結晶が析出する．その量子収率を化学光量計により0.014と求められた．本反応は光励起により炭素－炭素結合がホモリティックに開裂するビラジカルを経由すると考えられる．また，本光反応は一般に紫外部のπ-π*励起でも進行する．この光変換を薄膜中で行うことによるペンタセンのOFETデバイス作製に関しては次項で述べるが，最近単結晶中での光変換にも成功した（図5）．レーザー照射することにより，単結晶の中央部のみがペンタセンに変換したことが観測された．これらはいずれも室温で変換可能である．

　また我々は6,13-PDKの構造異性体である5,14-PDKの合成に成功した（図3）．興味深いことに6,13-PDKとは吸収スペクトルの形が大きく異なる（図4）．通常のn-π*吸収に加えアントラセンのπ-π*吸収に由来する吸収が観測されるが，さらに400nm付近にブロードな吸収が見られる．TD-DFT計算によりこの吸収はアントラセンからカルボニル基へのCT吸収と帰属された．5,14-PDKのトルエン中での光反応量子収率は，400nm，460nmのいずれも6,13-PDKを超える0.024である．

　本反応は高次アセンやポルフィリン系にも展開可能である（図6）．ベンゼン環が6以上連結したアセン類は，溶解度と酸素安定性が極めて低いために合成が困難とされていたが，本光反応を利用することで初めて合成が報告された[36〜38]．我々はモノアンスラポルフィリンのジケトン前駆

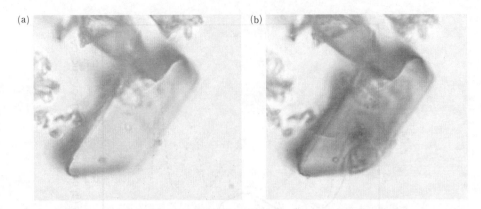

図5 6,13-PDKの結晶(a)とCW488nmレーザー照射後（10分間）の結晶(b)
（関西学院大 増尾貞弘准教授ご提供）

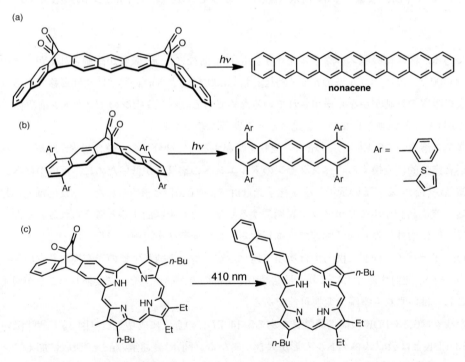

図6 (a)ノナセン，(b)置換アセン，(c)モノアンスラポルフィリンの光変換による合成

体のSoret帯をトルエン中で励起することでモノアンスラポルフィリンへと変換することに成功した[39]。一方アセトニトリル中では量子収率が大きく下がった。極性溶媒であるアセトニトリル中ではポルフィリンからカルボニル基への電子移動が競争的に起こり，光反応の量子収率が下がることが明らかとなった。

3.3 ペンタセン光前駆体を用いた塗布・光変換型有機トランジスタ

以上のようにペンタセンジケトン化合物は，クロロホルムなどの汎用溶媒から塗布成膜が可能であり，光によってペンタセンに変換できることから，「塗布プロセス」と「高い結晶性」を両立したデバイスを実現する新しい手法として期待される。

このような光変換型有機半導体分子を実際に素子に応用する場合，その成膜プロセスが重要になる。ジケトン化合物は，酸素存在下で光照射するとキノン体に変換されてしまうことから，成膜および光照射による変換プロセスはグローブボックス中で行う必要がある。一方，固体状態での安定性は高く，遮光にさえ気をつけていれば化合物の長期保存が可能である。我々は，熱酸化膜付きシリコン基板を用いた一般的なトップコンタクト型の有機FET素子を作製した。クロロホルムを主溶媒として6,13-PDK溶液をスピンコート後，グローブボックス中で高輝度LED（波長470 nm）の光を照射することにより，ペンタセン薄膜へと変換した（図7）。

図8に，典型的な光変換ペンタセンFETの出力特性と伝達特性の測定例を示す。良好なp型のFET変調特性が観測され，伝達特性から見積もったキャリア移動度は0.1 cm^2/Vsを超える。基板条件，溶液条件，光変換条件などについて検討を行ったところ，高いFET移動度を実現するた

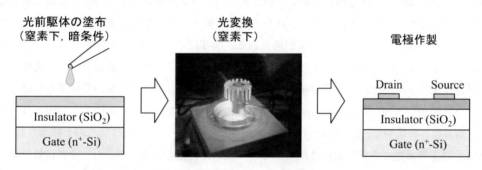

図7　光変換ペンタセンを用いた有機FETの作製

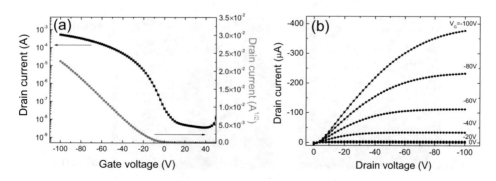

図8　光変換ペンタセン薄膜のFET特性
(a)伝達特性，(b)出力特性（チャネル長50 μm，チャネル幅5.5 mm）

めには溶媒組成の選択が非常に重要であることが分かった。具体的には，クロロホルムなどの低沸点溶媒のみを用いると変換が最後まで進行しないのに対し，高沸点溶媒を添加することにより光変換がスムーズに進行し，高い移動度を持つ薄膜を作製することができる。実は6,13-PDK分子は平面構造からずれた湾曲構造をとっており，一酸化炭素の脱離にともなってペンタセンの平面構造へと変化することから，光変換時にある程度分子が動ける環境にあることが重要である。そのため，スピンコート時に即座に薄膜が乾燥してしまう低沸点溶媒だけを用いるよりも，ジクロロベンゼンなどの高沸点溶媒を添加することで薄膜中の分子が動きやすくなり，光変換が促進されるものと考えられる。光照射条件については，標準的には300 mW/cm^2，60分程度の変換時間を用いるが，実際には光変換の大部分は初期段階で終わっているようである。光変換時の基板温度も重要であり，電界効果移動度は加熱によって最大0.86 cm^2/Vsを記録した。これは，一般的なペンタセン蒸着膜によるFET特性に匹敵する値であり，それが溶液塗布プロセスから成膜した薄膜で観測されることは注目に値する。

3.4 光変換ペンタセンの薄膜構造

ペンタセンは有機FET材料として最もスタンダードな材料であり，その薄膜構造とFET性能の関係については膨大な研究例がある。そのため，同じペンタセン分子からなる薄膜でありながら，全く異なるプロセスによって成膜された光変換薄膜が，誰もが知っている真空蒸着膜と構造が同じなのかどうかという点には興味が持たれる。図9に示したAFM画像を見ると，光変換ペンタセン薄膜では，蒸着膜でよく見られる拡散律速によるデンドライト構造などは見えないものの，異方性を持った微結晶の成長が確認できる。一方，X線回折測定においてはより明確な差が見られた（図10）。いわゆるout-of-plane測定，すなわち$\theta-2\theta$スキャンによる測定では，ペンタセン蒸着膜に特徴的なc軸配向の回折ピークが，光変換ペンタセンではほとんど観測されない。これは，FET移動度で非常に高い性能を示した薄膜においても同様であった。それに対して，入射X線を低角に固定して検出器のみをスキャンする薄膜測定（2θスキャン）ではブロードなピー

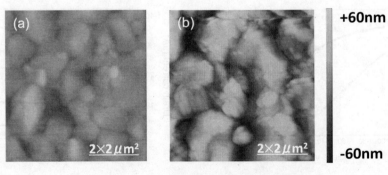

図9　ペンタセン薄膜のAFM像
(a)真空蒸着膜，(b)塗布・光変換膜

第2章　塗布型材料

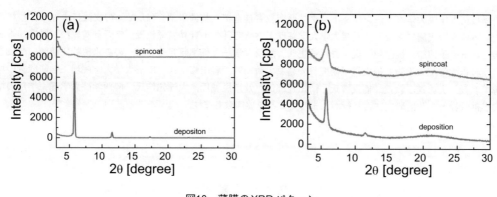

図10　薄膜のXRDパターン
(a)out-of-plane測定，(b)薄膜測定

クが観測された。これらの結果は，薄膜がある程度の微結晶構造をとっているものの，ペンタセン分子が基板に対して必ずしも立っているわけではないことを示していると考えられる。一般的にc軸の回折ピークが明瞭に見られるほど素子としては理想的であるとする，従来の常識からはほど遠い状況であり，それでもなお高いFET移動度が観測されていることは興味深い。以上はスピンコートによる薄膜の場合であるが，ジクロロベンゼンのような高沸点溶媒のキャスト膜から光変換を行うと，マイクロ〜ミリメートルサイズを持つ美しい多結晶膜を生成させることもできる。このように，溶液からの結晶成長を光によってコントロールできるのも，光前駆体法の特徴である。

3.5　おわりに

以上のように6,13-PDKを用いた光変換有機半導体材料は，熱によっては決して変換されないことを逆に利点として，光によって薄膜成長を制御することが可能である。光の強度，照射時間といった単なる「量」のみならず，波長，偏光といった多彩なパラメータでの制御の可能性が考えられる。また，光の空間分解能を活かしてペンタセン半導体層の光パターニングも可能であり，全面に有機薄膜を塗布した集積回路におけるクロストークを抑制するための有効な手段となる。さらには光の時間分解能を活かして，レーザーパルスなどを用いた結晶成長制御なども考えられる。この，「光の自由度を活かした薄膜構造制御」の可能性こそが光変換有機半導体材料の魅力であり，通常の塗布型有機半導体にはないポテンシャルを期待させる。例えば，結晶核の形成と成長を分離して制御することができれば，現在の有機薄膜太陽電池の中心的課題であるバルクヘテロ構造の制御にも応用できるかもしれない。

謝辞

本研究の一部は，JST戦略的創造研究推進事業CREST，科学研究費基盤B，文部科学省特別経費「奈良先

有機デバイスのための塗布技術

端科学技術大学院大学グリーンフォトニクス研究教育推進拠点整備事業」（H. Y.）の支援により，行われました。本研究の実施にあたり，愛媛大学大学院理工学研究科の小野昇名誉教授，宇野英満教授，奥島鉄雄准教授，山下裕子博士，橋詰純平氏，青竹達也氏，愛媛大学総合科学研究センターの森重樹特任講師，奈良先端科学技術大学院大学物質創成科学研究科の葛原大軌助教，勝田修平氏，山形大学大学院理工学研究科の城戸淳二教授，夫勇進准教授，楠貴博氏，清田達郎氏，及川悦誠氏，大橋知佳氏，関西学院大学理工学部の増尾貞弘准教授との共同研究により行われましたことを感謝致します。

文　献

1) J. E. Anthony, *Chem. Rev.*, **106**, 5028 (2006)

2) A. R. Murphy *et al.*, *Chem. Rev.*, **107**, 1066 (2007)

3) M. Mas-Torrent *et al.*, *Chem. Soc. Rev.*, **37**, 827 (2008)

4) 小野昇監修，低分子有機半導体の高性能化，サイエンス＆テクノロジー（2009)

5) K. Takaimiya *et al.*, *Adv. Mater.*, **23**, 4347 (2011)

6) J. H. Edwards *et al.*, *Polymer*, **21**, 595 (1980)

7) H. Yamada *et al.*, *Chem. Commun.*, 2957 (2008)

8) 山田容子，光化学，**39**，209 (2008)

9) 山田容子ほか，有機合成化学協会誌，**69**，802 (2011)

10) J. S. Zambounis *et al.*, *Nature*, **388**, 131 (1997)

11) T. L. Chen *et al.*, *Org. Electronics.*, **12**, 1126 (2011)

12) A. R. Murphy *et al.*, *J. Am. Chem. Soc.*, **126**, 1596 (2004)

13) A. R. Murphy *et al.*, *Chem. Mater.*, **17**, 6033 (2005)

14) D. M. DeLongchamp *et al.*, *Adv. Mater.*, **17**, 2340 (2005)

15) A. Afzali *et al.*, *J. Am. Chem. Soc.*, **124**, 8812 (2002)

16) A. R. Brown *et al.*, *J. Appl. Phys.*, **79**, 2136 (1996)

17) P. T. Herwig *et al.*, *Adv. Mater.*, **11**, 480 (1999)

18) A. Afzali *et al.*, *Synth. Metals*, **155**, 490 (2005)

19) D. Zander *et al.*, *Microelectronic Engineering*, **80**, 394 (2005)

20) M. J. Joung *et al.*, *Bull. Korean Chem. Soc.*, **24**, 1862 (2003)

21) N. Vets *et al.*, *Tetrahedon Lett.*, **45**, 7287 (2004)

22) K.-Y. Chen *et al.*, *Chem. Commun.*, 1065 (2007)

23) A. Hirao *et al.*, *Chem. Commun.*, 4714 (2008)

24) T. Akiyama *et al.*, *Heterocycles*, **74**, 835 (2007)

25) S. Ito *et al.*, *Chem Commun.*, 1661 (1998)

26) S. Aramaki *et al*, *Appl. Phys. Lett.*, **84**, 2085 (2004)

27) T. Okujima *et al.*, *Tetrahedron*, **64**, 2405 (2008)

28) Y. Shimizu *et al.*, *Tetrahedeon Lett.*, **43**, 8485 (2002)

29) Y. Matsuo *et al.*, *J. Am. Chem. Soc.*, **131**, 16048 (2009)

第 2 章　塗布型材料

30) A. Afzali *et al.*, *Adv. Mater.*, **15**, 2066（2003）

31) K. P. Weidkamp *et al.*, *J. Am. Chem. Soc.*, **126**, 12740（2004）

32) H. Uno *et al.*, *Tetrahedron Lett.*, **46**, 1981（2005）

33) H. Yamada *et al.*, *Chem. Eur. J.*, **11**, 6212（2005）

34) A. Masumoto *et al.*, *Jpn. J. Appl. Phys.*, **49**, 051505（2009）

35) T.-H. Chuang *et al.*, *Org. Lett.*, **10**, 2869（2008）

36) R. Mondal *et al.*, *J. Am. Chem. Soc.*, **128**, 9612（2006）

37) R. Mondal *et al.*, *Org. Lett.*, **9**, 2505（2007）

38) C. Tönshoff *et al.*, *Angew. Chem. Int. Ed.*, **49**, 4125（2010）

39) H. Yamada *et al.*, *J. Mater. Chem.*, **20**, 3011（2010）

第3章　塗布型有機デバイスにおける表面・界面ダイナミクス

1　導電性高分子薄膜界面の電子構造

金井　要[*]

1.1　はじめに

　導電性高分子の研究の歴史は古く，これまでに高い安定性や，優れた光・電子機能性を示す多くの材料が開発されてきた。また，一部の材料は有機電界発光素子（OELD）や有機太陽電池（OPV），有機電界効果トランジスタ（OFET）などの材料として優れた特性を示すことから，近年，有機エレクトロニクス材料としての研究が精力的に進められている。

　本節では，有機エレクトロニクス材料として注目されている導電性高分子のなかから，基本的な骨格を持つものを取り上げ，その固体薄膜の電子構造について解説する。電子構造を知ることは，導電性高分子薄膜の光学的特性や電荷輸送，電極界面における電荷注入のメカニズムなど，デバイスの機能発現にとって重要な物理現象の理解を深め，新たな材料開発，デバイス開発に対して有用な知見を与えるはずである。

1.2　導電性高分子薄膜の電子構造の直接観測

　光電子分光（UPS：Ultraviolet photoemission spectroscopy）は物質に紫外線を照射し，放出される光電子の数とエネルギーを調べる手法で，物質の占有電子構造を直接調べることができる。UPSは古くから，無機物質，有機物質を問わず，多くの物質の研究に用いられてきた。ここで，占有電子構造とは，基底状態において電子によって占有されているフェルミ準位（E_F）以下のエネルギーを持つ電子構造を指す。UPSスペクトルは，電子相関の影響を考えなくも良い範囲では，"物質の占有一電子状態密度（分子の場合はHOMO以下の占有分子軌道）のレプリカ"を与える。導電性高分子の研究においても，これまでにUPSを用いた多くの研究が報告されている。一方で，E_F以上のエネルギーを持つ電子構造，すなわち非占有電子構造を直接観測することができる有力な手法としては，UPSの逆過程を利用した逆光電子分光（IPES：Inverse photoemission spectroscopy）が知られている。IPESスペクトルは，UPSと相補的に，電子相関の影響を考えなくも良い範囲では，"物質の非占有一電子状態密度（分子の場合はLUMO以上の非占有分子軌道）のレプリカ"を与える。しかし，IPESは，物質にエネルギーのそろった電子線を照射し，放出される微弱光の強度を検出するため，導電性高分子をはじめ，有機物質にIPESを適用する際には，電子照射に伴う試料損傷が起きやすい。そのため，IPESを用いた非占有電子構造の研究は，占有電子構造に比べて非常に少なく，有機物質や，その関連する界面の電子構造の総合的な理解はき

　＊　Kaname Kanai　東京理科大学　理工学部　物理学科　准教授

第3章 塗布型有機デバイスにおける表面・界面ダイナミクス

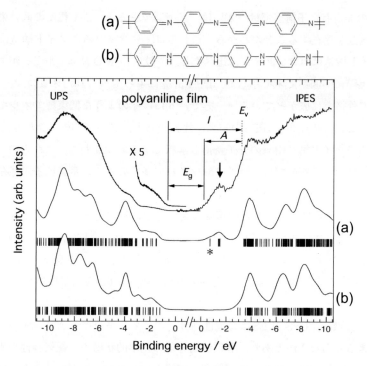

図1 ポリアニリン薄膜のUPS-IPESスペクトル
(a), (b)のスペクトルは図中の上部に示したそれぞれの構造に対するDFTによるオリゴマーの分子軌道計算の結果：縦線は分子軌道を示し，実線は，それを実験と比較するために実験のエネルギー分解能などのエネルギー幅を付けて畳み込んだもの。

わめて遅れているのが現状である。本節で紹介するIPESのデータは，実験的工夫により導電性高分子試料の損傷をできるだけ低減し，データの経時変化や再現性を注意深くチェックしたものである。

はじめに，UPS-IPESによって何がわかるかを示すために，代表的な導電性高分子であるポリアニリン薄膜の電子構造をUPS-IPESによって調べた例を図1(a)に示す[1]。横軸は基板のE_Fを基準とした束縛エネルギーであり，縦軸はスペクトルの強度を表す。UPS-IPESスペクトルはエネルギーギャップ中でつなげて示してある。また，図中(a), (b)のスペクトルはアニリンオリゴマーの密度汎関数法（DFT：B3LYP/6-31+G）による分子軌道計算による分子軌道を示しており，(a)はオリゴマーにイミン窒素原子（=N-）が含まれる構造で，ポリアニリンでは，完全に酸化されたpernigranilineの分子構造に対する結果である。一方，(b)はオリゴマーにアミン窒素原子（-NH-）が含まれる構造で，ポリアニリンでは，完全に還元された分子構造に対する結果である。(a), (b)の分子軌道を比較すると，E_F以下の占有電子構造には，(a), (b)ともに大きな違いはなく，UPSの結果との比較からも，ポリアニリンがどのような状態になっているのかの判断がつきにくい。一

43

方で，E_F以上の非占有電子構造では，(a)には，E_F直上の$-1 \sim -2\,\mathrm{eV}$程度の低い束縛エネルギーに一群の分子軌道が存在することがわかる。これらは(a)に含まれるキノイド構造に由来する軌道である。キノイド構造はベンゾノイドに比べると，一般にLUMOのエネルギーが著しく低くなる傾向がある。実際に，図中で＊で示した，DFT計算によって得られたオリゴマーのLUMOは分子内のキノイド骨格上に広がっている。一方で，(b)にはそのような低束縛エネルギーの分子軌道が存在しない。これらの結果をIPESの結果と比較すると，図中矢印の構造は(a)では説明がつかず，(b)に現れるキノイド構造由来の分子軌道と解釈できる。すなわち，これらのUPS-IPESの結果は，ポリアニリンの薄膜中では，分子は酸化されて多くのイミン窒素原子が存在することを直接示している。

　また，UPS-IPESからは，いくつかの重要な物理量を直接決定することができる。図中で示したように見積もると，エネルギーギャップ：$E_g = 0.84\,\mathrm{eV}$，真空準位：$E_v = 3.20\,\mathrm{eV}$（基板のE_Fを基準とする），イオン化エネルギー：$I = 3.82\,\mathrm{eV}$，電子親和力：$A = 2.98\,\mathrm{eV}$，電子注入障壁：$\Phi_e = 0.22\,\mathrm{eV}$（基板の$E_F$を基準とする），正孔注入障壁：$\Phi_h = 0.62\,\mathrm{eV}$（基板の$E_F$を基準とする）となる。

　このように，実際に，UPS-IPESは導電性高分子のエネルギーギャップ近傍の電子構造を直接見ることができる強力な手法であり，導電性高分子の化学的状態や，電気特性や光学特性を議論する上で基本となる物理量を知ることができる（図1の結果や，以下に示す全ての高分子薄膜試料は，窒素中において製膜，アニールを行い，大気の影響を極力排除した状態で実験を行っている。特にUPS-IPES，XPS，NEXAFS，PEEMの測定は，測定時に至るまでいっさい大気曝露を行っていない。）。

1.3　P3HT（poly（3-hexylthiophene）） 薄膜の電子構造

　P3HTは，OFETやOPV[2~8]に広く使用されている正孔輸送性材料である。P3HTの基本的なユニットとなるチオフェン自体が電子供与性を持ち，正孔輸送性を示す。しかし，当初，ポリチオフェンを用いて作製されたOFETの移動度は，$\mu \sim 10^{-5}\,\mathrm{cm^2/Vs}$と非常に低かったが[9]，ポリチオフェンのチオフェンのユニットに規則的にヘキシル基を導入した立体規則性（regioregular）P3HT（以下Regular-P3HT）（図2(a)参照）を用いたOFETは，$\mu = 0.1\,\mathrm{cm^2/Vs}$と非常に高い移動度を示した[2]。これは，ヘキシル基の導入によって，P3HT薄膜中でヘキシル基間に相互作用がはたらき，P3HT分子の主鎖が一次元的に伸びてスタックし，結晶性の薄膜が得られたためだと考えられる。つまり，主鎖内の一次元共役系が伸びることと，結晶性が向上することの両方によって，移動度が向上したと考えられる。したがって，後に述べるが，導入したヘキシル基が立体規則性を持たない場合（（regiorandom）P3HT（以下Random-P3HT））には，結晶化が期待できず，得られる移動度はポリチオフェンのFETと同程度であった[10]。しかし，一方でRegular-P3HT薄膜の場合でも，単に結晶性が向上すれば，電気特性が改善されるというものでもなく，P3HTの平均分子量や，アニール温度によって大きく変化することが報告されている。例えば，P3HTを用

第3章　塗布型有機デバイスにおける表面・界面ダイナミクス

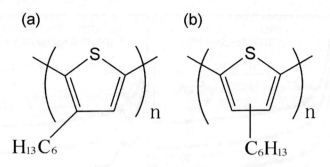

図2　(a) Regular-P3HT，(b) Random-P3HTの分子構造
本節で扱った試料の分子量は，$M_n = 17,500 \sim 35,000$の範囲のものを用いた。

いたOFETでは，用いるP3HT分子の平均分子量が減ると移動度は激減し，アニール温度が上昇するほど移動度が減少する傾向がある[2]。P3HT薄膜の結晶性は，平均分子量が減少するほど向上し，アニール温度が上昇するほど向上することが知られているため，この移動度の減少は，結晶性の向上とともに薄膜内の結晶粒界が増加するためだと考えられる。また，P3HTを用いたバルクヘテロ接合OPVでは，アニールを施し，P3HTの結晶性が向上することで，変換効率が劇的に向上することが報告されている[6]。このように，P3HT薄膜の結晶性や膜形態の変化は，その電気特性に大きな影響を及ぼす。それでは，結晶性や膜形態の変化は，P3HT薄膜の電子構造にどのような変化をもたらすのだろうか。次に，アニールによるP3HT薄膜の構造変化に伴う電子構造の変化をUPS-IPESを用いて調べた結果を示す[11]。図3にSi基板上に製膜したRandom-P3HT薄膜（図3(a)）とRegular-P3HT薄膜（図3(b)），ITO基板上に製膜したRegular-P3HT薄膜（図3(c)）のX線回折（XRD）のアニール温度依存性の結果を示した。"Random-P3HT"は，チオフェンのユニットに付加されたヘキシル基の方向が規則的ではなく（図2(b)参照），一般に，その薄膜は非晶質となる。実際に，図3(a)のRandom-P3HTの薄膜のXRDにはアニール温度によらず，回折は見られないことから，非晶質であることがわかる。一方で，ヘキシル基の方向が規則的であるRegular-P3HTでは，図3(b)，(c)に示したように（100）回折が観測され，図3(d)に示したように，基板表面に垂直な方向に分子面を立ててP3HT分子がスタックした構造をとっていることがわかる。また，Si基板，ITO基板ともにアニール温度の上昇に伴って（100）回折が強くなり，結晶性が向上していることが示している。また，ITO基板では，Si基板に比べて基板表面が粗く，その上に製膜されたP3HTの結晶性も低くなるため，（100）回折の強度は低く，幅も広い。次に，図4に可視-紫外吸収分光（UV-vis）の結果を示す。一般に導電性高分子薄膜のUV-visスペクトルは，一般に吸収端で幅広いピークを持つ。この吸収ピークは高分子骨格上に形成される励起子による吸収によるものである。図4(a)に示したRandom-P3HTのUV-visの測定結果では，薄膜が非晶質であることを反映して，薄膜の吸収スペクトルは溶液のものと大きくは変わらない。一方で，図4(b)のRegular-P3HTの結果では，薄膜のスペクトルでは，薄膜が結晶化することによ

有機デバイスのための塗布技術

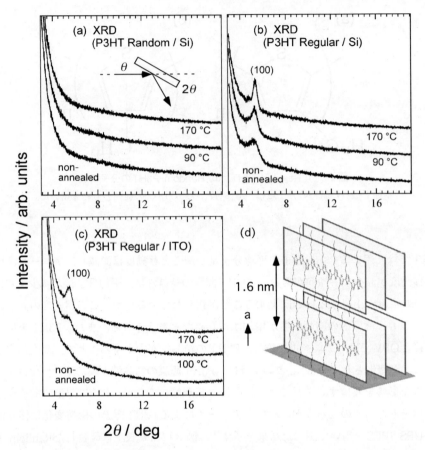

図3 (a) Si基板上に製膜したRandom-P3HT薄膜のXRD(out-of-plane)スペクトル, (b) Si基板上に製膜したRegular-P3HT薄膜のXRDスペクトル, (c) ITO基板上に製膜したRegular-P3HT薄膜のXRDスペクトル, (d) Regular-P3HTの結晶構造の概念図
(a)～(c)はそれぞれ, アニール温度依存性を示している。non-annealedはスピンコート後, アニール処理をしていない試料を示す。

って, 吸収波長が溶液のスペクトルに比べて長波長側へ大きくシフトすることがわかる。また, 薄膜をアニールしたものは, しないものに比べて結晶性が向上するため, 矢印と縦線で示した振動構造が明確になっている。

それでは, 次に, このような結晶性の変化が, 電子構造にどのような変化をもたらすのかを見てみる。図5に, ITO基板上に製膜したRegular-P3HTのUPS-IPESの結果を示した。図中下部に示したのは, 十個のヘキシルチオフェンを直線状につなげた10HTオリゴマーのDFTによる分子軌道計算の結果である。10HTの計算結果はUPS-IPESの結果を良く再現しているのがわかる。図1のポリアニリンでも示したように, 多くの高分子の場合に, フェルミ準位近傍の電子構造の大まかな様子は十量体程度のオリゴマーで十分再現することができる。UPS-IPESの結果からは,

第3章 塗布型有機デバイスにおける表面・界面ダイナミクス

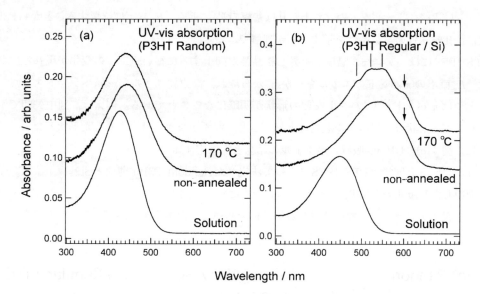

図4 (a) Random-P3HTのUV-vis吸収スペクトル，(b) Regular-P3HTのUV-vis吸収スペクトル　それぞれ，溶液（solution）のスペクトルとSi基板上に製膜した薄膜のアニール温度依存性を示した。non-annealedはスピンコート後，アニール処理をしていない試料を示す。

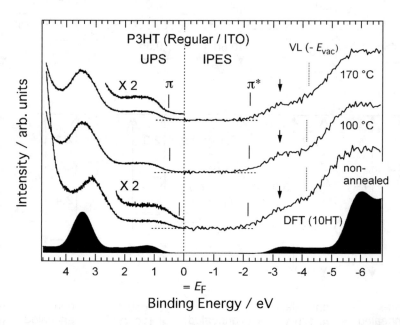

図5 ITO基板上に製膜したRegular-P3HT薄膜のUPS-IPESスペクトルのアニール温度依存性　π，π^*，VLの縦線はそれぞれ，π，π^*バンドの立ち上がりのエネルギーと真空準位のエネルギーを示す。図中，下部に示したのは，DFTによる10HTオリゴマーの分子軌道計算をもとにしたスペクトルのシミュレーション結果。

πバンドに比べて，πバンドの立ち上がりは基板のE_Fに近く，E_F直下に位置することからP3HT薄膜が正孔輸送性の電気特性を示すことが理解できる．

UPS-IPESには，アニール温度が上昇し結晶性が向上するに従い，二つの変化が現れる．ひとつは，E_F直下のπバンドのエネルギーがE_Fから離れ，高束縛エネルギー側へシフトする点，もうひとつはπバンドやπ*バンドなどの形状が明瞭になることである．例えば，図中矢印で示したπバンドの形状は，アニール温度が上昇すると，わずかながらはっきりした形状となる．この変化は，図4(b)のUV-vis吸収スペクトルの結果とも対応する．

図6に，図5と同様のUPS-IPESによって決定したRandom-P3HT薄膜とSi基板上，ITO基板上に製膜したRegular-P3HT薄膜の電子構造をまとめた．図の上段は，基板のE_Fを基準としたエネルギーダイアグラム，下段は薄膜の真空準位を基準としたエネルギーダイアグラムであり，前

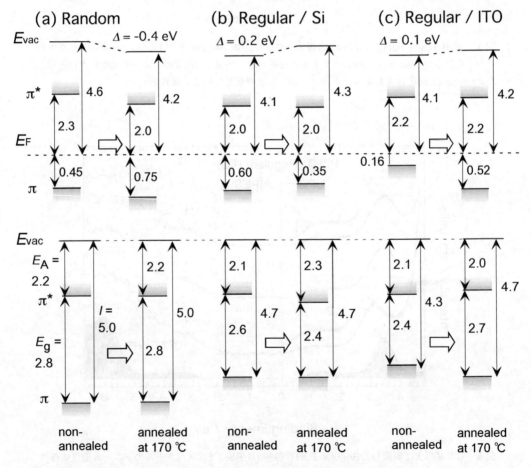

図6　UPS-IPESから求めたP3HT薄膜のエネルギーダイアグラム
(a) Random-P3HT/Si，(b) Regular-P3HT/Si，(c) Regular-P3HT/ITO。それぞれ170℃のアニール前後の変化を示している。

第3章 塗布型有機デバイスにおける表面・界面ダイナミクス

者は基板（電極）からの電荷注入障壁を，後者は薄膜自体の電子構造を試料間で比較するのに便利である。また，各欄の白抜き矢印の左側はアニールしていない薄膜，右側がアニールを施したものの結果である。まず，図6(a)のRandom-P3HTの結果を見てみる。まず，下段を見ると，薄膜の電子構造はアニール前後で全く変化しないことがわかる。これは，薄膜が非晶質であり，アニールによって結晶性に変化が生じないことから当然の結果と言える。一方，興味深いのは，上段で基板のE_Fに対する真空準位，πバンド，π^*バンドのエネルギーがアニールによって大きく変化する点である。詳細に見ると，アニールに伴って真空準位が0.4 eV減少し，それに伴いπバンドがE_Fから遠ざかり，π^*バンドがE_Fに近づく。つまり，Random-P3HT薄膜においても，アニールによって電荷注入障壁が大きく変化することを示している。それでは，Random-P3HT薄膜では，アニールによって結晶性の変化は生じないのに，なぜ真空準位のエネルギーに大きな変化が生じただろうか。これは，アニールによってRandom-P3HT薄膜の最表面の形態が変化することに伴う変化である。軟エックス線吸収分光（NEXAFS）の結果からは，Random-P3HT薄膜の表面ではアニールすることによって，ランダムだったヘキシル基の配向に変化が生じて，真空中にヘキシル基が直立することがわかった[11]。つまり，このヘキシル基の配向変化に伴ってわずかにヘキシル基側が正に帯電した電気二重層が形成され，真空準位が引き下げられたと考えることができる。実は，このようなアニールによる表面，界面におけるヘキシル基の配向変化は，Regular-P3HT薄膜の場合にも起こることがNEXAFSによってわかっている[11]。しかし，Regular-P3HT薄膜の場合は，アニールを施す前から結晶性がある程度高いために，もともとヘキシル基は配向しており，その効果はRandom-P3HTに比べると小さいと考えられる。また，この傾向は，OPVで用いられるP3HTの混合膜においても同様である。図7に，Regular-P3HTとPCBMのバルクヘテロ構造薄膜の光電子顕微鏡（PEEM）像を示す。ここで示すHgランプによる紫外線照射によるPEEMは，試料表面に6 eV程度のエネルギーを持つ紫外線を照射し，表面

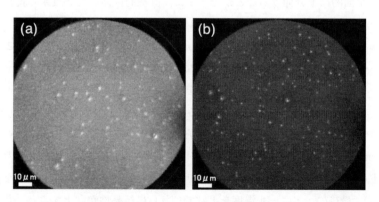

図7　バルクヘテロ構造
BHJ（P3HT：PCBM＝1：0.8）のPEEM像。(a) non-annealedの試料，
(b) 210℃でアニールした試料のPEEM像

49

付近から放出される光電子を結像する顕微鏡である。つまり，イオン化エネルギーが照射した紫外線のエネルギーより低い場所からは光電子が多く放出されてPEEM像は明るく見えるが，イオン化エネルギーが高いところからは光電子が放出されず暗く見える。つまり，PEEMは表面のイオン化エネルギーの二次元的な分布をコントラストとして示すことができる。図7のPEEM像で明るい粒状の部分はP3HTの結晶粒であり，その周りの領域は非晶質か，結晶性の低い部分である。アニール前では結晶粒の周辺の領域の像は比較的明るいが（図7(a)），アニールを行うことによって，非常に暗くなることがわかる（図7(b)）。これは，UPSやX線光電子分光（XPS）の結果と併せて考えると，表面のP3HTのヘキシル基が配向して真空中に直立することによって表面イオン化エネルギーが上がり，光電子の収量が減少したためと解釈できる。もし，この表面にAgなどの陰極を蒸着してOPVを作製したとしたら，陰極は必ずしもP3HTの主鎖と直接接しているとは言えない。ただ，実際のデバイスでは，陰極形成後にアニールをする場合や，陰極金属の膜中への拡散を考慮すると実際のデバイスの陰極界面はもう少し複雑な構造となっている可能性がある。

　次に，図6(b)，(c)のRegular-P3HTの電子構造について考察する。一見すると，Si基板と，ITO基板でアニールの効果は全く逆のように見える。下段を見ると，エネルギーギャップはSi基板ではアニールによって小さくなるが，ITO基板では，逆に大きくなる。また，上段を見ると正孔注入障壁はSi基板ではアニールによって低くなるが，ITO基板では，逆に大きくなる。この変化を理解するために，XRDからP3HT薄膜の結晶性の低い順から並べてみると，Regular-P3HT/ITO(non-annealed) が最も結晶性が低く，次にRegular-P3HT/ITO(170℃, annealed) とRegular-P3HT/Si(non-annealed) が同程度に結晶性が高く，Regular-P3HT/Si(170℃, annealed) が最も結晶性が高くなる。図6(b)，(c)の結果は，この順番にエネルギーギャップ，正孔注入障壁が一度高くなった後，再び減少することを示している。XRDにおける回折が非常に弱いRegular-P3HT/ITO(non-annealed) では，P3HT薄膜は非晶質に近い状態だと考えられる。このような状態では，P3HTの主鎖は平面的に十分伸びることができずに，直線的に伸びた共役系の長さもまちまちである。そのような系のπ軌道やπ*軌道のエネルギーも，やはりまちまちであり，幅の広いガウス分布をしていると考えられる。したがって，πバンドやπ*バンドは裾を引くことになり，エネルギーギャップが小さくなる。実際に，図5で示したRegular-P3HT/ITO(non-annealed) のUPS-IPESスペクトルは幅広く裾を引いた形状をしている。結果として，正孔注入障壁は低くなる。次に，アニールを行って，結晶性が向上すると，共役系の長さがある程度，直線的に伸びて，上記のπ軌道やπ*軌道のエネルギー分布は抑えられる。この様子は図5に示したRegular-P3HT/ITO(170℃, annealed) のUPS-IPESの形状が明瞭になることからも伺える。その結果，πバンドやπ*バンドの裾の広がりも抑えられることで，エネルギーギャップが大きくなり，正孔注入障壁も高くなる。最後に，アニール温度を上げて，さらに結晶性が向上すると，共役系の長さが十分，直線的に伸びて，主鎖に沿った方向やπスタックの方向に分散幅の広いエネルギーバンドが発達し，今度はバンド分散が大きくなることで，再びπバンドやπ*バンドは裾を引くことに

第3章　塗布型有機デバイスにおける表面・界面ダイナミクス

なり，エネルギーギャップが小さくなる。結果として，正孔注入障壁も低くなる。

　これまで見てきたように，P3HT薄膜の電子構造は，強くその結晶性や膜形態に依存している。特に，Regular-P3HTの場合には，結晶性と電子構造の間に密接な関係があることがわかる。今後，アニール温度や分子量に対するP3HT薄膜の電気特性の依存性を，結晶性や膜形態の変化と，それに付随して起きる電子構造の変化も考慮して多角的に再考してみることで，より本質的な理解が得られるはずである。

　最後に，P3HT薄膜の電子構造について，もうひとつ興味深い点を指摘することができる。図8(a)にSi基板上にスピンコートとアニールによって作製したRegular-P3HT薄膜を示した[12]。写真のコントラストは意図的に強調してあるが，明らかに2や3の位置では膜厚が厚く，色が濃いのがわかる。つまり，この試料には膜厚に"ムラ"があり，膜厚の厚い位置では，薄い位置に比べて結晶性が高いことがわかっている。図8(b)には，図8(a)中で記したそれぞれの位置での電子構造をUPSとXPSによって調べた結果を示す。Aはπバンドの立ち上がりのエネルギーを示している。明らかに，3の位置では他の位置とは異なり，πバンドの立ち上がりのエネルギー，すなわち正孔注入障壁が低くなっていることがわかる。これは，3の位置では膜厚が厚く，結晶性が高いために他の位置とは異なる電子構造を持っていると考えられる。したがって，スピンコートや，ディッピングなどで作製したP3HT薄膜の膜質に少しでも不均一である場合，エネルギーギャップや正孔注入障壁などの電子構造も不均一となり，その結果，正孔注入特性に薄膜上の位置依存性が現れることになる。このような電子構造の不均一性は，P3HTのように結晶性の高い薄膜が得られる材料では一般的に生じ得ると考えられる。

1.4　Polyfluorene誘導体薄膜の電子構造

　Polyfluorene(PF)は，熱，化学的に安定であり，非常に高い蛍光量子収率を示すため，OLED材料として精力的に研究されてきている。またPFの代表的な材料であるF8（またはPFO：poly(9,9 H-di-n-octylfluorene)図8参照）に代表されるように，PFは青色発光材料であるため，その主鎖や側鎖上に様々な共重合セグメントを組み込み，共重合セグメントへのエネルギートランスファーを利用して可視領域の様々な波長で発光する共重合体が数多く開発されてきている。また，一般的に，共重合体では，励起子の閉じ込め効果が起こるために，発光効率が向上する場合も多い。したがって，現在ではPF共重合体は，とりわけ白色OLEDの開発にとってきわめて重要な材料となっている[13]。PF共重合体に関する，ここでの興味は，それぞれの誘導体におけるエネルギーギャップと，エネルギーギャップ周辺の電子構造，また，そこに共重合セグメントがどのように寄与しているかである。これらの知見は，新しい共重合体の開発に設計指針を与えるはずである。

　本節で紹介するPF共重合体の分子構造を図9に示した。F6，F8，F12はフルオレンのユニットに付加するアルキル鎖長が異なるもので，直鎖のもの。FC（Poly (9,9-n-dihexyl-2,7-fluorene -*alt*-9-phenyl-3,6-carbazole)）は，F6のセグメントとカルバゾール基のセグメントが交互に連

有機デバイスのための塗布技術

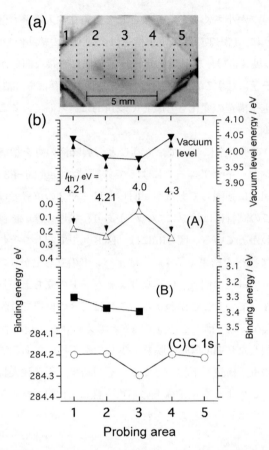

図8 (a) Si基板上に製膜し，170℃でアニールしたRegular-P3HT薄膜の写真，(b)(a)で示した1から5のそれぞれの領域におけるUPSの結果から求めた真空準位
(a)点線で示した四角は（1.2×2.4 mm）UPSの測定を行った領域を示す。(b)イオン化エネルギーI_{th}，πバンドの立ち上がり(A)，価電子帯域のUPSピーク(B)，XPSによるC 1s軌道のエネルギー(C)

なった共重合体，FV(Poly(9,9-di-n-hexylfluorenyl-2,7-vinylene)) は，F6のセグメントとビニレン基が交互に連なった共重合体，F8T2はF8のセグメントと二つのチオフェン基のセグメント（バイチオフェン）が交互に連なった共重合体，F8BT(poly(9,9-dioctylfluorene-*alt*-benzothiadiazole)) はF8のセグメントとベンゾチジアゾール基のセグメントが交互に連なった共重合体であり，それぞれ，OLEDやOFETの材料として研究されている。

それぞれ，図10(a)にはF6，F8，F12，図10(b)にはF6とFC，FV，図10(c)にはF8とF8T2，F8BTのUPS-IPESの結果の比較を示した。試料は，清浄なITOの表面にPEDOT:PSS層を形成し，その上にPF共重合体薄膜をスピンコートによって作製している。どのスペクトルも，似た形状をしていることがわかる。この傾向は，エネルギーギャップ近傍では，フルオレンと共重合セグメントの寄与する電子構造がエネルギー的に広く重なっていることを示している。実際にDFT

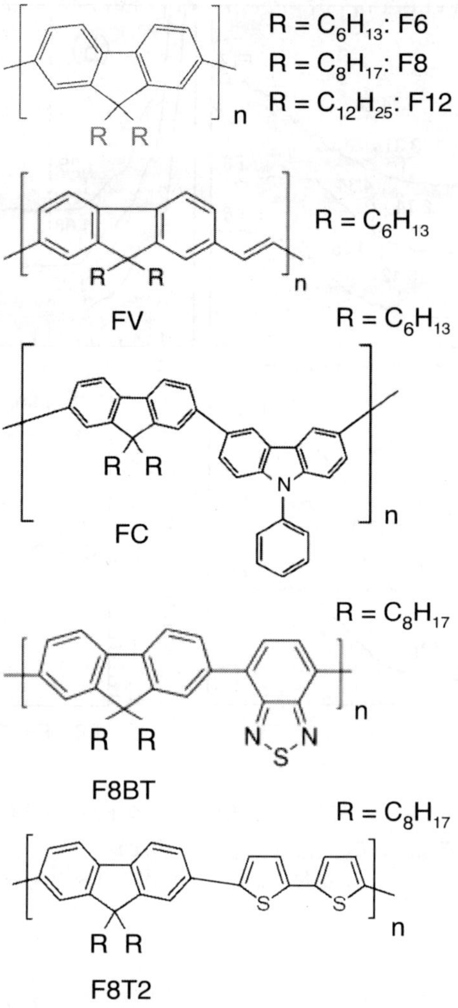

第3章　塗布型有機デバイスにおける表面・界面ダイナミクス

R = C$_6$H$_{13}$: F6
R = C$_8$H$_{17}$: F8
R = C$_{12}$H$_{25}$: F12

R = C$_6$H$_{13}$

FV　　　　R = C$_6$H$_{13}$

FC

R = C$_8$H$_{17}$

F8BT

R = C$_8$H$_{17}$

F8T2

図9　本節で取り上げたPFとPF共重合体の分子構造

によるオリゴマーの分子軌道計算の結果からは，F8BT以外の全ての物質のHOMOとLUMOは主鎖上に広く分布していることがわかっており，波動関数がフルオレンや，共重合セグメントのどちらかに局在しているようなことはない。F8BTの場合には，HOMOは主鎖上に広く分布しているが，LUMOはBTのセグメントに局在している。一方で，図10のUPS-IPESスペクトルを詳細に見ると，図10(b)に示したFCとFVはπバンド付近のスペクトルが他の物質と比べると幅広く広がっており，F6などのhomopolymerに比べて，分子軌道がエネルギー的に広く分布していることを示している。また，F6，F8，F12のhomopolymerと比較して，共重合体では真空準位のエネルギーが低い傾向がある。

53

有機デバイスのための塗布技術

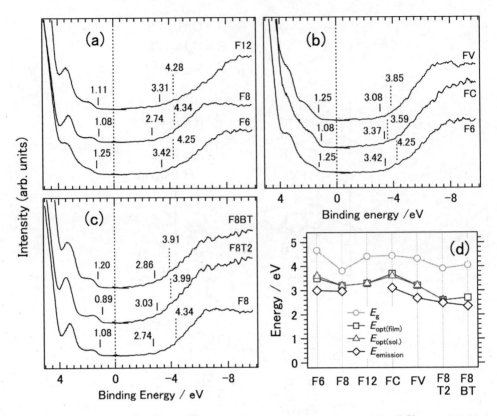

図10 (a)〜(c) PFと，PF共重合体薄膜のUPS-IPESスペクトル，(d)それぞれの物質のUPS-IPESから求めたE_gと$E_{opt(film)}$，$E_{opt(sol.)}$，$E_{emission}$[14〜18]の比較
UPS上の縦線はπバンド，IPES上の縦線はπ*バンドの立ち上がりを示し，IPES上の点線は真空準位を表す。

基板のE_Fを基準にすると，図10(a)〜(c)の全ての物質において，πバンドの方がπ*バンドに比べて1.5 eV以上も低いエネルギーを持つことから，電子注入障壁より正孔注入障壁の方が小さい。一方，陽極界面においては，いずれの物質の場合も，3 eV前後の非常に大きな電子注入障壁を存在することがわかる。図10(d)には，UPS-IPESの結果から求めたエネルギーギャップE_g，溶液と薄膜のUV-Visスペクトルから見積もった吸収波長のエネルギー$E_{opt(sol.)}$，$E_{opt(film)}$，およびフォトルミネッセンススペクトルから見積もった発光波長のエネルギー$E_{emission}$[14〜18]の比較を示した。$E_{opt(sol.)}$と$E_{opt(film)}$はほとんど一致しており，結晶化に伴うスペクトルの変化もないことから，薄膜が非晶質的であり，分子間の相互作用がきわめて小さいことがわかる。これらのエネルギーの間には明らかな相関がある。大まかな傾向として，どの物質でも$E_{opt(sol.)}$と$E_{opt(film)}$はE_gと比べて1 eV程度小さく，$E_{emission}$はそれに比べて0.5 eV程度小さい。FCは，窒素を含むカルバゾール基（Cz基）が電子供与性を持つためにπバンドのエネルギーは低くなる。実際に，図10(b)のUPSの結果からは，FCの正孔注入障壁はF6に比べ，わずかではあるが減少している。また，FCでは，

第3章 塗布型有機デバイスにおける表面・界面ダイナミクス

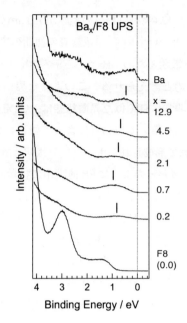

図11 F8薄膜上にBaを蒸着していったときのUPSスペクトル
図中に示したxの値は，XPSから求めたF8のユニットひとつに対するBaの蒸着量を示す。

Cz基が主鎖中に導入されることによって，主鎖上での吸収波長が短波長側にシフトする。このことは他の共重合体に比べて，FCのE_gが最も大きくなることからも説明できる。正孔輸送性の観点からは，やはり電子供与性を持つバイチオフェンの共重合体であるF8T2薄膜のπバンドは最もE_Fに近いエネルギーを持ち，正孔注入障壁は最も小さい。図10(b)のF8T2薄膜のUPSの結果からは，図5に示したP3HT薄膜ほどではないが，0.89 eVという非常に小さな注入障壁を持つことがわかる。

図10(d)で，本節で取り上げた物質では，$E_{opt(film)}$と$E_{emission}$，E_gの間に相関があることに言及したが，これはあくまでも大まかな傾向であり，実際に吸収や発光などの光学過程を定量的に議論する上では，E_gやE_{opt}のみではなく，光励起状態の対称性やエネルギーを，配置間相互作用を取り入れた計算によって評価したり，より高い励起状態からの緩和経路を考慮したりする必要がある。

最後に，F8薄膜上に陰極を形成したときの界面電子構造について，述べる。図11にF8薄膜上にBa電極を形成していく過程のUPSスペクトルを示した。図中の数字は蒸着したBaの量を，XPSによって観測した，Ba $3d_{5/2,3/2}$ピークと，C1sピークの面積強度比から，イオン化断面積を考慮して見積もったもので，F8のひとつのユニット（9,9 H-di-n-octylfluorene）に対するBaの量の比率を示している。例えば，x = 0.2では，F8のユニットひとつに対してBaが0.2個蒸着されたことを表している。BaがF8薄膜上に堆積し始めるきわめて初期の状態でF8の電子構造は急激に変化するのがわかる。特に，F8のエネルギーギャップ中に，F8や金属Ba由来ではない状態が出現

している（図中，縦線で示した）。この状態はBaの膜厚が0.5nmのときに最も大きくなり，その後小さくなりながら徐々にE_Fへ近づいていく。Ba蒸着の初期の段階において，Baは原子状，またはクラスター状でF8膜中に拡散するため，BaからF8への電子移動を伴う化学反応によってギャップ中の状態が形成されたものと考えられる。このような界面状態は，IPESによって，E_F直上にも現れることがわかった。非常に良く似た界面状態は，Ca電極をF8薄膜上に形成していく過程でも形成されることが，UPSを用いてLiaoらによって報告されている[19]。彼らは，この界面状態をF8がCaによって還元されて形成されたポーラロン状態と解釈しているが，Caの場合にも，ここで示したBaの場合にも，金属がどのようにF8薄膜中に拡散しているのかが不明な上，高分子のユニットに対する金属原子の量が多く，直接ポーラロン状態と関連づけて考えるのにはさらなる実験が必要と思われる。Regular-P3HT薄膜中に，電界効果によって少量キャリアを注入し，電子スピン共鳴によって調べた研究からは，ヘキシルチオフェンのユニットひとつに対して，0.2％以下のキャリアがドープされると，ポーラロンが形成され，それ以上では，バイポーラロン状態へ移行していくとの報告もある[20]。これらの陰極界面に形成される界面状態も電荷注入に寄与することを考慮すると，CaやBa電極からF8薄膜への電子注入障壁や正孔注入障壁は劇的に低減されることになる。

1.5 まとめ

　導電性高分子の電子構造の研究は，これまでUPSを用いた研究が行われてきた[21]。しかし，電極からの電子注入や，光励起による励起子生成，電荷分離，ポーラロンバンド，バイポーラロンバンドなどを理解するためには，エネルギーギャップ近傍の占有電子構造と非占有電子構造を詳細に知ることが必要不可欠である。しかし，IPESの実験的な難しさもあり，UPS-IPESを用いた実用的な導電性高分子薄膜のエネルギーギャップ近傍の電子構造の直接観測による系統的な研究は非常に少ないのが現状である。

　UPS-IPESを用いた電子構造の研究の方向性は，まず1.2，1.3項で示したように，より基本的な骨格を持つ材料や，その界面の電子構造の研究により，導電性高分子薄膜の電荷輸送などの基礎物性のメカニズムの解明につながる点にある。そのような研究においては，電子構造を調べるとともに，膜構造や形態の特定をするべきである。P3HTの例のように，膜構造や形態によって，電子構造が大きく影響を受ける場合，電子構造のみを知って，一般的な結論を得ることは難しい。

　もうひとつの方向性は，UPS-IPESを物質設計に活かす方向である。UPS-IPESを使えば，比較的手軽に様々な材料のエネルギーギャップや電荷注入障壁などの電子構造のパラメータを知ることができる。1.4項で示したように，応用研究の観点からは，様々な実用的な材料や界面の電子構造に関するデータを蓄積し，どのような骨格，側鎖，共重合ユニットを用いると，どのような物性が得られるか，などの知見を蓄え，新しい材料の設計指針を示すことができる研究を展開していくべきである。

　最後に，UPS-IPESによる導電性高分子薄膜の界面電子構造の研究の問題点を指摘する。導電

第 3 章　塗布型有機デバイスにおける表面・界面ダイナミクス

性高分子薄膜の場合，小分子の真空蒸着膜とは違い，電極界面，特に陽極界面を直接調べること
は実験的な工夫が必要である。なぜならば，小分子の真空蒸着膜の電極界面を調べるのであれば，
0.1 nmの膜厚から蒸着によって徐々に膜厚を増やし，その都度，UPS-IPESを測定すれば，界面
の詳細なエネルギーダイアグラムを描くことができる。しかし，例えばスピンコートによって導
電性高分子薄膜を作製する場合，試料が作製された時点で，界面はすでに高分子膜に埋もれてし
まっているため，表面敏感な手法であるUPS-IPESでは界面を調べることができない。そこで，
今後，よりバルク敏感な測定手法を併せて使用することで，界面電子構造を，より詳細に調べる
ことができるはずである。例えば，軟エックス線発光分光（SXES）[22,23] は試料に軟エックス線を
照射して，放射される光を測定するもので，占有部分状態密度の占有電子構造に関する情報やエ
ネルギーギャップなどの情報が得られる。SXESは電子をプローブとしないため，有機デバイス
の動作中においても測定が可能である利点もある。また，光電子収量分光（PYS）[24~26] は照射す
る光が10 eV以下の低エネルギーであるため，検出深度が劇的に深くなり，高分子膜に埋もれた
界面の状態を直接捕らえることができる手法である。PYSは，必ずしも真空下で測定を行う必要
がないため，デバイスの動作環境を模した雰囲気中での測定などが可能であり，界面電子構造へ
の大気や気体曝露の影響を詳細に調べることができる利点も併せ持つ。

　今後，これらの手法と，UPS-IPESを組み合わせることによって，導電性高分子薄膜の電子構
造の詳細が明らかになっていくことが期待される。

文　　献

1) K. Koyasu, K. Kanai, Y. Ouchi, K. Seki, in preparation

2) A. Zen, J. Pflaum, S. Hirschmann, W. Zhuang, F. Jaiser, U. Asawapirom, J. P. Rabe, U. Scherf, D. Neher, *Adv. Funct. Mater.*, **14**, 757 （2004）

3) H. Sirringhaus, N. Tessler, R. H. Friend, *Science*, **280**, 1741 （1998）; H. Sirringhaus, P. J. Brown, R. H. Friend, M. M. Nielsen, K. Bechgaard, B. M. W. Langeveld-Voss, A. J. H. Spiering, R. A. Janssen, E. W. Meijer, P. Herwig, D. M. de Leeuw, *Nature*, **401**, 685 （1999）

4) Z. Bao, A. Dodapalapur and A. J. Lovinger, *Appl. Phys. Lett.*, **69**, 4108 （1996）

5) J. Y. Kim, K. Lee, N. E. Coates, D. Moses, T.-Q. Nguyen, M. Dante, A. J. Heeger, *Sience*, **317**, 222 （2007）

6) F. Padinger, R. S. Rittberger, N. S. Sariciftci, *Adv. Func. Mater.*, **13**, 85 （2003）

7) F.-C. Chen, H.-C. Tseng, C.-J. Ko, *Appl. Phys. Lett.*, **92**,103316 （2008）

8) M. D. Irwin, D. B. Buchholz, A. W. Hains, R. P. H. Chang, T. J. Marks, *Proc. Natl. Acad. Sci. U. S. A.*, **105**, 2783 （2008）

9) A. Tsumura, H. Koezuka, T. Ando, *Appl. Phys. Lett.*, **49**, 1210 （1986）

有機デバイスのための塗布技術

10) A. Tsumura, A. Fuchigami, H. Koezuka, *Synth. Met.*, **41**, 1181 (1991)

11) K. Kanai, T. Miyazaki, H. Suzuki, M. Inaba, Y. Ouchi, K. Seki, *Phys. Chem. Chem. Phys.*, **12**, 273 (2010)

12) K. Kanai, T. Miyazaki, T. Wakita, K. Akaike, T. Yokoya, Y. Ouchi, K. Seki, *Adv. Funct. Mater.*, **20** 2046 (2010)

13) 例えば, J. Liu, L. Chen, S. Y. Shao, Z. Y. Xie, Y. X. Cheng, Y. H. Geng, L. X. Wang, X. B. Jing, F. S. Wang, *Adv. Mater.*, **19**, 4224 (2007); J. Liu, Y. Cheng, Z. Xie, Y. Geng, L. Wang, X. Jing, F.Wang, *Adv. Mater.*, **20**, 1357 (2008)

14) P. A. Levermore, R. Jin, X. Wang, J. C. de Mello, D. D. C. Bradley, *Adv. Funct. Mater.*, **19**, 950 (2009)

15) W.-Y. Wong, L. Liu, D. Cui, L. M. Leung, C.-F. Kwong, T.-H. Lee, H.-F. Ng, *Macromol.*, **38**, 4970 (2005)

16) S.-H. Jin, S.-Y. Kang, M.-Y. Kim, Y. U. Chan, J. Y. Kim, K. Lee, Y.-S. Gal, *Macromole.*, **36**, 3841 (2003)

17) T. Ahn, S.-Y. Song, H.-K. Shim, *Macromole.*, **33**, 6764 (2000)

18) S. H. Lee, T. Nakamura, T. Tsutsui, *Org. Lett.*, **3**, 2005 (2001)

19) L. S. Liao, L. F. Cheng, M. K. Fung, C. S. Lee, S. T. Lee, M. Inbasekaran, E. P. Woo, W. W. Wu, *Phys. Rev. B*, **62**, 10004 (2000)

20) S. Watanabe, K. Ito, H. Tanaka, H. Ito, K. Marumoto, S. Kuroda, *Jpn. J. Appl. Phys.*, **46**, L792 (2007)

21) "Conjugated Polymer and Molecular Interfaces", edited by W. R. Salaneck, K. Seki, A. Kahn, J.-J. Pireaux, Marcel Dekker, Inc. (2001)

22) K. Kanai, T. Nishi, T. Iwahashi, Y. Ouchi, K. Seki, Y. Harada, S. Shin, *J. Chem. Phys.*, **129**, 224507-1-5 (2008)

23) K. Kanai, T. Nishi, T. Iwahashi, Y. Ouchi, Y. Harada, S. Shin, K. Seki, *J. Electron Spcetros. Rela. Phenom.*, **174**, 110 (2009)

24) K. Kanai, M. Honda, H. Ishii, Y. Ouchi, K. Seki, *Org. Electr.*, **13**, 309 (2012)

25) M. Honda, K. Kanai, K. Komatsu, Y. Ouchi, H. Ishii, K. Seki, *J. Appl. Phys.*, **102**, 103704 (2007)

26) Y. Nakayama, S. Machida, T. Minari, K. Tsukagishi, Y. Noguchi, H. Ishii, *Appl. Phys. Lett.*, **93**, 173305 (2008)

2 有機半導体薄膜の結晶の解明

吉本則之[*]

2.1 はじめに

　有機トランジスタなどの有機デバイスは，結晶性の有機薄膜によって構成される場合が多い。また，そのデバイスの性能は有機半導体の結晶性や結晶粒サイズなどの結晶学的な要因に依存することがよく知られている。本節では，有機薄膜の結晶学的な特徴を知り，有機薄膜の構造を制御するための指針について考えたい。そのために，有機薄膜の構造評価法と作製された有機薄膜の構造，磁場を使った新たな成膜技術を紹介する。

2.2 有機結晶の特徴

　金属や半導体などの無機の結晶では，立方晶系，正方晶系や斜方晶系などの対称性の高い結晶系が大半であるのに対し，有機結晶では，対称性の低い単斜晶系と三斜晶系が全体の約4分の3を占める。この有機結晶に特徴的な対称性の低い結晶構造は，分子構造及び分子間相互作用の強い異方性によるものであり，有機薄膜の組織や物性に著しい異方性をもたらす起源となっている。

　有機薄膜の構造は分子の配向によってさらに複雑な秩序構造に分類される。図1に直線上の非対称分子を例として，分子配向による薄膜構造の秩序階層を示す。左上の3次元的に無秩序な状態から，右下に向けて膜の厚み方向にのみ周期性を持つ場合，面内にも結晶性の周期を持つ場合，さらに，結晶粒の方位関係が面内で配向している場合，と秩序性が段階的に増し，単結晶薄膜へと至る。また，それぞれに分子配向の自由度（垂直配向，平行配向）の組み合わせがある。さらに，有機分子の形状が球状や平面状の場合にはまたそれぞれの構造の秩序性を考慮することになる。したがって，有機薄膜の構造を考える場合には，膜の厚み方向と面内のそれぞれについて，多形現象を含む結晶構造，結晶粒のサイズと配向，結晶粒内の結晶性に分けて議論する必要がある。

2.3 有機薄膜の構造解析

　有機半導体薄膜中の分子の配向・配列を制御するためには，有機薄膜の構造を正確に知る必要がある。有機薄膜の構造評価では歴史的に電子顕微鏡による研究が主導的な役割を担ってきた。電子顕微鏡による有機薄膜の構造評価では，実像の観察と同時に微少領域の回折像も測定することが可能であり，結晶粒ごとの構造解析が原理的に可能である[1,2]。しかしながら，試料準備に技術を要することや試料の電子線損傷の問題が電子顕微鏡による構造評価にはある。一方，X線回折は特別な試料の前処理を必要とせず，X線照射による試料の損傷も少ないことから，有機薄膜の構造評価に適しているが，対称性が低く軽元素で構成される有機半導体結晶では，X線の散乱強度が弱いために薄膜の面内のX線回折を観測するのは容易ではなかった。しかしながら，2000年頃から回転陽極型X線発生源と多層膜ミラーを組み合わせた実験室用薄膜用四軸X線回折装置

---

　*　Noriyuki Yoshimoto　岩手大学　工学部　マテリアル工学科　教授

有機デバイスのための塗布技術

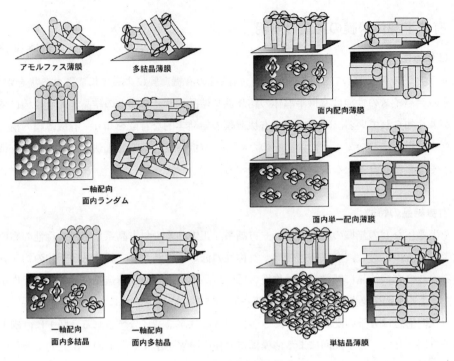

図1　有機薄膜の配向秩序

が開発され，X線回折による有機薄膜の面内の構造評価が可能となった[3]。また一方で，シンクロトロン放射光の高強度入射光を用いた実験環境が整備され，一分子膜以下の超薄膜についても面内のX線回折が観察されるようになってきた。とくに最近では，高輝度光科学研究センター（SPring-8）において，大面積光子計数型X線検出器が導入され，有機超薄膜に関する2次元の回折像も瞬時に撮影することができるようになっている[4]。

2.4　膜の厚み方向の構造評価

厚み方向の配向については，$\theta/2\theta$モードのX線回折法によって調べることが可能である。図2(b)に示すように，X線の入射ベクトルと試料表面のなす角ωと入射ベクトルと回折ベクトルのなす角2θについて$\omega=\theta$の関係を保ちつつ連動させて回折X線を測定する$\theta/2\theta$モードの測定では，散乱ベクトルは常に基板面に対して垂直であり，膜の厚さ方向の電子密度の周期に関係した情報を得られる。粉末試料と異なって基板面に対して配向した薄膜試料の場合には，X線の照射面全面に渡って散乱ベクトルがそろい基板面に対して垂直になる配置をとることの要請から，入射するX線は平行ビームであることが望まれる。実験室のX線発生源を用いて平行ビームに変換するためには，多層膜ミラーなどを用いる。

図3は，KCl基板上に真空蒸着したオリゴフェニレン（*pra*-sexiphenyl）の$\theta/2\theta$モードのX

60

第3章 塗布型有機デバイスにおける表面・界面ダイナミクス

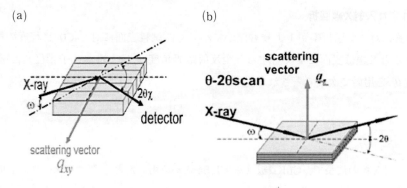

図2 X線回折測定の幾何学的配置

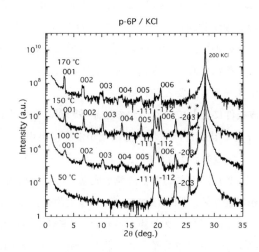

図3 KCl基板上に蒸着したオリゴフェニレン（p-6P）蒸着膜のθ/2θモードのX線回折パターンの基板温度依存性

線回折パターンである[5]。この系では，蒸着条件によって膜の厚み方向の配向が変化し，基板温度の低い高過飽和度の条件では，分子軸を基板と平行にする「平行配向」が現れ，基板温度の上昇とともに分子が基板に対して立つ「垂直配向」が優勢となる。さらに「平行配向」には，（11-1），（111），（201），（20-3）の各面を基板表面と平行に配向する4種類の平行配向が存在することがわかっている。また，アルカリハライド基板の種類を変えると，厚み方向の配向が異なり，NaCl基板では低温で平行配向が見られず，垂直配向のみが現れる。このことは，面内配向の違いが影響しているものと思われる。SiO_2基板上に真空蒸着したペンタセン薄膜においても1MLの超薄膜までの測定が行われている[6]。超薄膜では，平均膜厚の減少とともに散乱に寄与する格子の繰り返し数の減少により（001）のピークの幅が広がる。ペンタセンでは膜厚と基板温度に応じて薄膜相とバルク層というd_{001}で区別される2種類の結晶多形が出現する。

2.5 すれすれ入射X線回折

X線は物質に対する屈折率が1よりも僅かに小さく，試料表面に対して0.1°程度の微小角でX線を入射するとX線は表面で全反射する。全反射臨界角度 θ_c は，古典電子半径 r_e と電子密度 ρ_e と電子密度 θ_c を用いて次式で表される。

$$\theta_c = \sqrt{\frac{r_e \lambda^2 \rho_e}{\pi}}$$

ここで，λ はX線の波長で，CuKα 線（$\lambda = 1.54$ Å）を用いたとすると，シリコン基板では θ_c は0.223°となる。臨界角近傍の微小角でX線を入射し，図2(a)に示すジオメトリで面内方向に回折パターンを測定する斜入射X線回折（GIXD）では，厚さ数nm以下の超薄膜の面内の構造に関する情報を得ることができる。このとき，入射X線は深さ数nmしか基板結晶には浸透しないため，基板上の薄膜の回折X線の信号が強調されて観測されるのである。GIXDでは用いる入射X線の平行性が高くなければならないので，強度の強い光源が必要とされる。また，X線の視斜角度を変えるための試料回転軸と，それに直交する試料法線を中心にした検出器や試料を回転させる軸を持つ，精密な多軸ゴニオメータも必要とされる。

ペンタセンには結晶育成条件に応じていくつかの結晶多形が存在することが知られている。真空蒸着膜では，$d_{001} = 1.54$ nmで特徴付けられる薄膜相が優勢に出現し，膜厚の増加とともに $d_{001} = 1.45$ nmのバルク相と呼ばれる多形が支配的となる。$\theta/2\theta$ モードで測定したペンタセン蒸着膜のX線回折パターンでは，基板温度によらず薄膜形成初期には薄膜相が結晶化し，膜厚の増加とともにバルク相の割合が増加する。図4はペンタセン蒸着膜のin-plane GIXDパターンである[7]。平均膜厚0.6 nmから明瞭な回折ピークが観測された。AFMで観察した，平均膜厚0.6 nmのペンタセン蒸着膜では，ペンタセンは単分子高さ（約1.5 nm），直径約100 nmのアイランドに凝縮しており，図4で観測されたGIXDパターンは単分子膜アイランド内の分子間の相関距離に対応した回折パターンが得られている。単結晶構造解析がなされているバルク相の結晶構造から，in-planeの各ピークを図中に示すように指付けし，薄膜相について格子定数を求めることができる。その結果，バルク相と薄膜相で（110）の面間隔がほぼ等しいことが明らかとなり，（110）面は最稠密の特異面であることから，表面エネルギーの異方性の大きい薄膜相が先に核形成し，その上に安定相であるバルク相がエピタキシャルに成長しているという成長モデルが考えられる。

図5は，真空一貫成膜チャンバー内で計測したペンタセンの蒸着初期（膜厚5 nm）と膜厚20 nmのときの2D-GIXDパターンである[8]。初期膜では，散乱ベクトルの大きさ θ の小さい方から順に薄膜相の110，020，120として指数付けすることが可能な回折斑点が観測された。膜厚20 nmでは，バルク相特有の回折点が見えている。両者の回折点の間にリング状のつながりが見られることから，両者の間にエピタキシャルな方位関係がある可能性が示された。

第3章 塗布型有機デバイスにおける表面・界面ダイナミクス

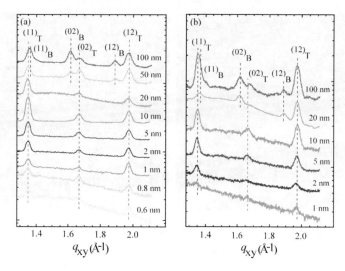

図4 ペンタセン蒸着膜のin-plane GIXDパターン

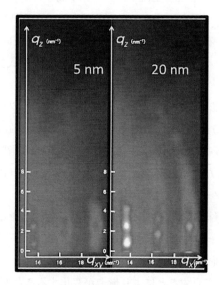

図5 ペンタセン蒸着膜の2D-GIXDパターン

2.6 表面X線回折でみたオリゴチオフェンの結晶成長

オリゴチオフェンは溶媒に溶けやすく,また,フェニル基との組み合わせによって分子設計に多彩な可能性を持つ有機半導体である。中でもDS2Tは,大気中で安定に長期間トランジスタとして動作し,比較的高い移動度を示すことで注目されている[9]。

DS2Tの末端官能基としてヘキシル基を付加したDH-DS2Tの場合,表面エネルギーの異方性が顕著になり,基板上に形成される分子集合体は2次元的な形状となる[10]。図6にDH-DS2Tの薄

63

有機デバイスのための塗布技術

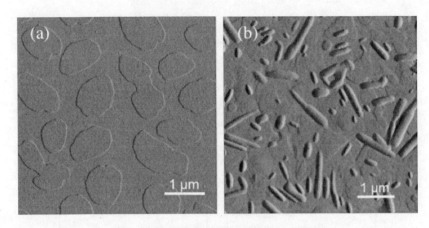

図6　DH-DS2T薄膜成長初期過程のAFM像
(a)単分子高さのアイランドの成長過程（平均膜厚8 nm），(b)平均膜厚15 MLの膜の表面形状

膜形成初期過程のAFM像を示す。DH-DS2Tは，一分子高さの島状に分子集合体を形成し，単分子膜が基板全面を覆うまで水平方向に2次元的に成長する。2層目の形成と同時に被覆率が減少し3次元的な成長へと変化する。ただし，アイランド上で2次元核成長やらせん成長が観察され，アイランドごとに層状成長することから，2次元性の強い成長様式であるとしてDH-DS2Tを特徴付けることができる。

図7(a), (b)にDS2TとDH-DS2Tの薄膜形成過程の2D-GIXDパターンを示す。平均膜厚はそれぞれ上から1 nm, 10 nm, 50 nm, 150 nmである。図の縦軸と横軸はそれぞれz軸とxy軸方向の散乱ベクトルの大きさQである。DS2Tでは，11 L, 02 L, 12 Lと指数付けされる明瞭なスポット状の回折パターンが観察された。一方，DH-DS2Tでは11 L, 02 L, 12 Lに対応する反射がQ_z方向にストリーク状に伸びたパターンとして観察された。このことは，DS2Tにアルキル基を導入したことによって，薄膜形成機構が島状成長から層状成長へ変化したことに対応していると考えられる。また，DH-DS2Tのピーク位置を詳細に解析したところ，膜厚の増加に伴うピーク位置のシフトが確認され，基板界面付近と数ML以降では分子間の間隔が異なることが確認された。さらに，作製した薄膜を大気にさらすことにより構造が変化することも確認された。このことから，X線回折による成膜過程の観察により，有機薄膜の成長の機構を解明できる可能性が示された[11]。

2.7　磁場を利用した有機半導体溶液成長の制御

分子構造中に芳香環を有する有機化合物の多くは，反磁性を示すことが知られている。有機溶媒などの反磁性の液体を強磁場中に置くと，液体には磁場の外に出ようとする力（モーゼ効果）が生じ，液の外形が変化する。外形が変化した状態で，溶質を含む溶液から溶媒をゆっくりと蒸発させると，液の最も薄い場所で局所的に溶質が濃縮され，磁石の位置により液体中に意図的に高濃度領域を形成することが可能である。この方法を利用し，基板上の任意の場所に核形成させ，

第3章 塗布型有機デバイスにおける表面・界面ダイナミクス

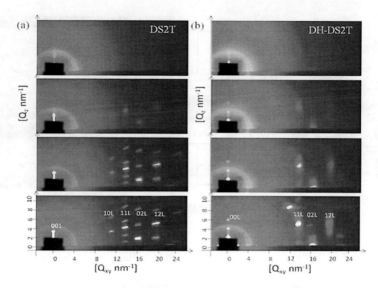

図7　オリゴチオフェンの薄膜形成過程のリアルタイム 2D-GIXDパターン

　また，磁石の位置を相対的に移動させることにより，種結晶の側面に選択的に溶質を供給することが可能である。2Tに着磁された酸化物超伝導体のバルク超伝導マグネットを用い，モーゼ効果を利用した有機半導体の成膜の実例を紹介する。

　使用したバルク超伝導マグネットは，酸化物超伝導材料である$SmBa_xCu_yO_z$で構成されており，パルス着磁法によって着磁されている[12]。真空容器表面での磁場強度は2.4Tであった。真空容器内の温度はヘリウム冷凍機によって40K程度に保たれている。このマグネットを使用することにより，オープンスペースで高勾配の強磁場を使用した成膜プロセスを実施することが可能となった。本研究においてマグネット上に有機半導体成膜装置を付加し成膜実験を行った。成膜装置はマグネット直上にxyzステージを有し，試料と磁場との相対的位置を自由に移動できるように設計した。また，偏光顕微鏡により結晶成長界面をその場観察でき動画を記録することにより成長速度の計測が可能である。図8に磁場中成膜装置の構成図と外観写真を示す。溶液の端を磁場で成形し結晶を析出させる。この成膜法を使うことで単結晶の拡大化と基板との密着向上，結晶の極薄化，結晶表面の平坦化を実現することができる。さらに，パターンサイズやパターン形成位置を所望の位置にすることによって結晶析出位置やサイズも制御可能な有機半導体単結晶成膜作製法である。

　図9に磁場中成膜法によって作製したDS2T薄膜結晶の典型的な写真を示す。この方法により1mmを超える大型の単結晶薄膜を得ることに成功した。図10に示すように，面内X線回折ピークのロッキングカーブ測定によって面内の配向度を評価した結果，b軸方位は0.5°以内に配向していることが明らかとなり，作製した薄膜が単結晶であることが証明された。この薄膜を用いてトップコンタクト型のFETを作製し電気特性を評価した結果，導き出されたホール移動度は5.0

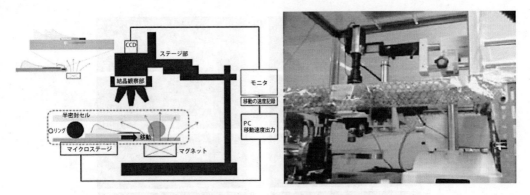

図8　磁場中成膜装置の構成図と外観写真

図9　磁場中成膜法によって作製したDS2T単結晶膜

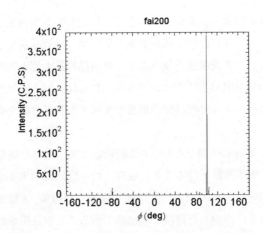

図10　磁場中成膜法によって作製したDS2T単結晶膜面内X線ロッキングカーブ

第3章　塗布型有機デバイスにおける表面・界面ダイナミクス

$\times 10^{-2}$cm^2/Vsであり，ドロップキャスト法やスピンコート法など他の溶液成膜法の値を2〜4桁上回り，さらに真空蒸着膜よりも高い移動度を示した。

2.8　おわりに

　有機半導体結晶に特徴的な対称性の低い結晶構造は，有機薄膜の組織に著しい異方性をもたらし，これによって作製される電子デバイスの物性に多大な影響を与える。薄膜の組織を制御するためには，結晶成長の制御と構造評価が欠かせない。本節では，有機薄膜のX線による構造解析と磁場を使った溶液成長プロセスの制御の研究例を紹介した。有機薄膜のX線構造解析は，対象とする薄膜の低い対称性と異方性によって複雑であり，2次元回折パターンの測定が有効であることを示した。また，有機薄膜を単結晶化するためには面内方向の成長の制御が必要であり，その一例として磁場の活用の可能性を示した。

文　　　献

1)　岡田正和，金持徹，表面の科学，大月書店（1986）
2)　八瀬清志，上田裕清，多目的電子顕微鏡，p.121，共立出版（1991）
3)　表和彦，藤縄剛，X線分析の進歩，**30**，165（1999）
4)　豊川秀訓，兵藤一行，放射光，**22**（5），256（2009）
5)　N. Yoshimoto, T. Sato, Y. Saito and S. Ogawa, *Mol. Cryst. Liq. Cryst.*, **425**, 279（2004）
6)　N. Yoshimoto, K. Kawamura, T. Kakudate, Y. Ueda and Y. Saito, *Mol. Cryst. Liq. Cryst.*, **462**, 21（2007）
7)　T. Kakudate, N. Yoshimoto, Y. Saito, *Appl. Phys. Lett.*, **90** 081903（2007）
8)　T. Watanabe, T. Hosokai, T. Koganezawa, N. Yoshimoto, in submission
9)　C. Videlot-Ackermann, H. Brisset, J. Ackermann, J. Zhang, P. Raynal, F. Fages, G. H. Mehl, T. Tanisawa, N. Yoshimoto, *Organic Electronics*, **9**, 591（2008）
10)　Y. Didane, C. Martini, M. Barret, S. Sanaur, P. Collot, J. Ackermann, F. Fages, A. Suzuki, N. Yoshimoto, H. Brisset, C. Videlot-Ackermann, *Thin Solid Films*, **518**, 5311-5320（2010）
11)　T. Hosokai, T. Watanabe, T. Koganezawa, J. Ackermann, H. Brisset, C. Videlot-Ackermann and N. Yoshimoto, MRS Fall Meeting proceeding, in press
12)　藤代博之，低温工学，**46**（3），81（2011）

3 有機材料の結晶化プロセスと構造評価

辻　佳子[*]

3.1 結晶成長

　無機／有機という材料の種類によらず，薄膜形成の手法には主として，蒸着をはじめとした気相成長法と塗布乾燥プロセスをはじめとした液相成長法がある。いずれの場合も，薄膜形成過程を，核発生過程，核成長過程と薄膜成長過程に分けて考えることができる。気相成長の場合を例に各過程を説明する。

　核成長過程では，基板上に発生した結晶核のマイグレーションによる合一，または3次元的成長と隣接核同士の接触による合一を経て，結晶連続膜となる。この段階で，結晶核のサイズと数密度が成膜種の拡散過程により決定する。Ostwald ripeningのような粒子表面でのモノマーの拡散による数密度変化は，熱力学的平衡論で説明できる。しかし，結晶核のマイグレーションによる数密度変化は，堆積速度と拡散速度のバランスで決定されると考えられる。また，結晶核の3次元的成長と隣接核同士の接触による数密度変化は，堆積速度と核発生速度のバランスで決定されると考えられる。このように核形成において，数密度やサイズ（集合構造）は平衡論支配である場合と速度論支配である場合がある。

　次に，膜成長過程では，図1に示すように，プロセス条件下で表面または固相における構造再構成が起こるか否かで整理できる。まず，表面および固相における再構成が支配的でないとき，形成される膜は非晶質(a)となるが，表面での再構成の起こる程度により多結晶(b)，さらには柱状結晶(c)となる。次に，固相での再構成が支配的になると，非晶質(a)では等方的な結晶化が起こり，多結晶(b)，さらには板状結晶(d)となる。また，柱状結晶(c)では板状結晶(d)となる。

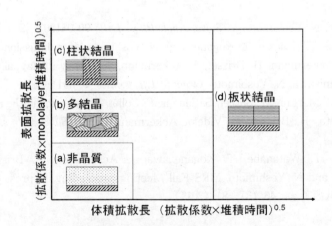

図1　表面拡散と体積拡散の観点から見た薄膜構造形成

＊　Yoshiko Tsuji　東京大学　環境安全研究センター　准教授

第3章　塗布型有機デバイスにおける表面・界面ダイナミクス

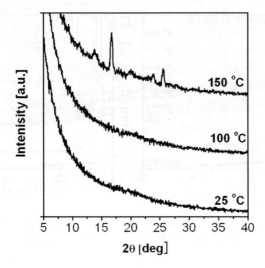

図2　蒸着により作製した低分子有機半導体薄膜のX線回折スペクトル

　蒸着による成膜は，一般的に過飽和状態で行われるため，臨界核サイズが小さく，核発生速度は速いため，核間隔は小さく，(a)あるいは(b)に示す構造を基本とする。しかし，結晶核がエピタキシャル成長する場合には(c)に示す構造が観察され，隣接する結晶核同士の接触の際に結晶粒界の移動が起こる場合には膜厚の増大とともに(d)に示す構造が観察される。有機材料の場合，材料の分解抑制のため，蒸着時の基板温度を高温にすることがないため，(d)のような構造，すなわち，面内方向の結晶子サイズが膜厚以上となることはまずないが，基板温度を上げることにより，(b)あるいは(c)の構造をとることはある[1,2]。例えば，図2は結晶化温度140℃，融点250℃の低分子有機材料を，基板温度を変えて成膜した際のX線回折スペクトルであるが，基板温度が結晶化温度より高いときは，多結晶膜となる。しかし，シェラー式から求めた結晶子サイズが膜厚の1/5程度であることから，(b)に示す構造であることがわかる。

　ここでは，塗布乾燥プロセスによる薄膜の構造形成について，個々の材料別な知見としてではなく，プロセスと構造の関係を一般化して述べ，気相成長による薄膜構造形成との共通点，相違点を探る。

3.2　固相中の構造形成および構造評価

　ペンタセンの付加体やポルフィリン誘導体をはじめとして，塗布成膜により形成された膜が非晶質の場合，熱アニールにより，付加分子の脱離や誘導体からの構造変化の後，多結晶膜となる[3~5]。X線回折スペクトルでは，面外方向にのみ分子配列に規則性をもつ層状構造形成と結晶化について両者の知見を得ることができる。また，結晶ピーク強度からAvrami式による解析[6]を行うと，結晶化の遅れ時間と結晶化速度を求めることができる。図3に，クロロホルムおよびテトラヒド

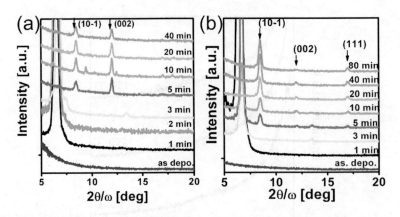

図3 ポルフィリン誘導体薄膜を熱アニールした際のX線回折スペクトル
(a)クロロホルム溶液の塗布膜, (b)テトラヒドロフラン溶液の塗布膜

ロフランを溶媒としたポルフィリン誘導体溶液を，SiO$_2$膜上に塗布成膜し，熱アニールした際の面外方向X線回折スペクトル（2θ-ωスキャン）を示す。両者は，面外方向に分子配列規則性をもつ層状構造形成後，結晶化がはじまるという点では共通であるが，結晶化速度および結晶配向が大きく異なることがわかる[5]。テトラヒドロフラン溶液を用いた場合では，クロロホルム溶液を用いた場合と比較して，結晶化遅れ時間は2倍程度長いだけにもかかわらず，結晶化速度は一桁以上遅い[5]。形成された薄膜構造については，結晶ピーク半値幅からシェラー式を用いて求めた結晶子サイズが膜厚と同程度である点と，透過型電子顕微鏡像から面外方向に単結晶である点は共通である。しかし，面内方向X線回折（$2\theta\chi$-ϕスキャン）のピーク半値幅からシェラー式を用いて求めた結晶子サイズは，アニール時間とともに増大するという点は共通であるが，クロロホルム溶液の場合には膜厚と同程度であるのに対して，テトラヒドロフラン溶液の場合は膜厚の2倍程度の大きさとなる。つまり，クロロホルム溶液を用いた場合には図1(c)の構造となり，テトラヒドロフラン溶液を用いた場合は，図1(d)の構造になる。クロロホルム溶液を用いた場合には，初期核がランダム配向であり，かつ，核発生速度が速いため，面外・面内ともにランダム配向な多結晶膜が最終的に形成され，かつ，膜全体が結晶化するのに要する時間が短い。一方，テトラヒドロフラン溶液を用いた場合には，初期核が(10-1)配向であり，かつ，核発生速度が遅いため，あるいは，核発生速度が速くても隣接する結晶同士の接触の際に結晶粒界の移動が起こり構造再構成とともに結晶性が上がるため，面内方向の結晶子サイズが大きくなり，面外には(10-1)に結晶方位がそろった多結晶膜が形成される。

このように，非晶質有機薄膜の熱アニールによる結晶化は，無機薄膜と同様に，核発生速度と結晶成長速度の競合関係により，結晶サイズや配向が決まる。

3.3 液相中の構造形成

液相中での構造形成,すなわち固相への相転移の場合は,溶液中での核形成とそれに引き続いて固相成長が起こる。

まず,核形成について述べる。液相と固相が平衡状態にあるときに溶媒に溶けている溶質の飽和濃度の温度依存性が,図4に示す溶解度曲線として与えられる。溶解度曲線より下側は溶液の未飽和状態を示し,反対に上側は過飽和状態を示している。核形成の駆動力は,過飽和状態が解消することによる系の化学ポテンシャルの減少によるものである。ある温度Tでの過飽和溶液の濃度をC,飽和溶解度を$C_s(T)$とすると,過飽和溶液が飽和溶液と固相に変化したときの化学ポテンシャル変化量は,

$$\frac{C}{C_s(T)} \equiv S \tag{1}$$

の関数であり,Sは飽和比と呼ばれている。未飽和溶液は,晶析に代表される冷却操作あるいは,塗布などに代表される乾燥操作により,Sが上昇するが,核発生は,$S = 1$で起きるわけではなく,核発生によって生じる固液界面エネルギーを補うだけの駆動力が必要であるため,Sが1を超えた過飽和状態になったときに起きる。この核発生が起きたときの飽和比は臨界飽和比と呼ばれている。核発生速度は臨界飽和比の関数として以下の式で表すことができるため,臨界飽和比が大きいほど,核発生速度が高くなる。

$$J = A \exp\left[-\frac{16\pi\gamma^3 v_m^2}{3(kT)^3(\ln S)^2}\right] \tag{2}$$

従って,臨界飽和比の予測は,液相中の構造形成において非常に重要である。しかし,操作が平衡論支配の場,古典的核発生理論に基づき可能であるが,一般的な操作は冷却速度や乾燥速度

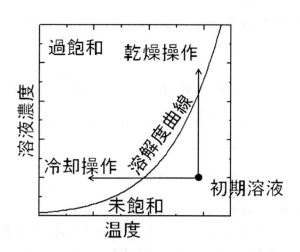

図4 溶解度曲線と溶液の状態
初期状態(●)からの冷却操作と乾燥操作により飽和比が上昇し溶質が析出する。

といった速度因子が含まれるため，複雑である。

　次に，固相成長について述べる。溶質分子は，過飽和状態が続く限り，①溶液から形成された核（固相）の表面に移動し（物質移動），続いて②固相表面で拡散しながら取り込まれ（表面拡散），最後に，③この相変化に対応する固相化熱が固相表面から過飽和溶液へ移動する（伝熱），という3つの速度過程が関与して成長を続ける。①②の速度過程の推進力は濃度差，③では温度差である。濃度差とは，すなわち，臨界飽和比に相当し，臨界飽和比が大きいほど，成長速度が大きくなる。一般的に，その寄与率は核発生速度に比べて小さい。臨界飽和比で決まる固相成長速度と核発生速度の競合により最終的な固相すなわち膜構造（結晶性，結晶サイズ，配向）が決定されるという点においては，気相成長と同様に考えることができる。しかし，どちらの速度過程が支配的であるかが，臨界飽和比によって決まるという点は，液相成長特有である。

　臨界飽和比が大きく，核発生速度が支配的な場合，固相成長過程の律速段階が表面拡散律速か物質移動律速かにかかわらず，形成された膜は非晶質あるいは微結晶となる（図1(a)(b)）。一方，臨界飽和比が小さく，固相成長速度が支配的な場合，その過程が表面拡散律速条件下では，表面拡散が間に合わず結果として核発生速度が支配的な場合と同様，非晶質あるいは微結晶となる。しかし，物質移動律速条件下では固相表面拡散が充分に進み，形成された膜は柱状構造（図1ⓒ），あるいは，基板上での成長でない場合には板状構造をもった多結晶となる（図1(d)）。

　多結晶膜が形成される場合，その結晶自形がどのように決まるであろうか？　初期核の形状は，ウルフの作図法で求められる熱力学的平衡形となる[7]が，膜成長の段階でも，個々の結晶粒の表面形状は同様に考えられる。個々の結晶粒の体積増加量は，

$$表面積×面成長速度×成膜時間 \tag{3}$$

で表せる。また，これは，

$$投影面積×高さ変化(方位成長速度) \tag{4}$$

としても表せる。このことより，

$$高さ変化(方位成長速度)＝表面積×面成長速度×成膜時間／投影面積 \tag{5}$$

となる。液相中の固相成長では，成膜種の付着確率および衝突頻度に面方位依存性がないため面成長速度は一定と考えられる。従って，

$$高さ変化(方位成長速度)∝表面積／投影面積 \tag{6}$$

となる。つまり，付着確率の面方位依存性がない場合においても，一つの結晶を覆う面方位という単位構造が熱力学的に平衡構造になることにより，成長速度の面方位依存性が発現し，その結果，膜全体の配向という集合構造が決定されると言える。

第3章　塗布型有機デバイスにおける表面・界面ダイナミクス

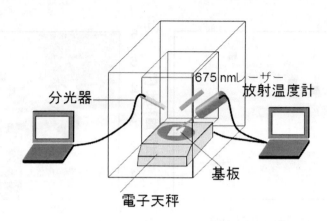

図5　塗布乾燥過程 in-situ 測定装置の概略図
電子天秤により重量を，分光器により照射レーザーの気液界面での散乱光が測定できる。

3.4　液相中の構造評価

臨界飽和比を見積もることは，形成される膜構造を予測するためにも重要である。冷却操作については研究が盛んに行われており，冷却速度が速いほど臨界飽和比が高くなることが知られている[8,9]。では，乾燥速度と臨界飽和比の関係はどうであろうか？

冷却操作および乾燥操作における構造形成評価について，評価の簡便なステアリン酸／エタノール溶液を例にとって説明する[10]。各操作による溶液のレーザー散乱強度変化を観察すると，核発生に伴い急激な増加が観察される。そのため，ペルチエ式恒温セルホルダでの溶液の冷却過程で，溶液初期濃度と冷却速度をパラメーターにして，レーザー散乱強度を測定することにより，核発生時の溶液温度と溶液初期濃度から，各冷却速度における核発生溶液濃度，すなわち臨界飽和比を求めることができる。また，基板上に溶液を滴下し，乾燥速度をパラメーターにして，乾燥過程におけるレーザー散乱光強度および重量の経時変化を図5に示す装置で測定すると，レーザー散乱光強度が急激に増加した時点すなわち核発生時の溶液の重量変化から，臨界飽和比が算出できる。臨界飽和比は冷却速度が速いほど，また，乾燥速度が速いほど，高くなる（図6）。

さらに，臨界飽和比の違いにより，析出された結晶の形状およびサイズが異なる[10]。臨界飽和比が小さいほど，すなわち，操作が平衡論支配に近いほど，熱力学的平衡構造をもち，結晶子サイズも大きくなる。

以上をまとめると，冷却操作のみならず，塗布乾燥速度が速いほど，固相核発生が起きる溶液濃度は高く，すなわち，臨界飽和比が高くなる。その結果，形成された固相（膜）構造は，熱力学的平衡構造から大きく離れる。

3.5　低分子有機半導体薄膜の構造形成

溶媒可溶な非晶質有機半導体材料の溶液から乾燥操作により粉末を析出させる場合も，核発生

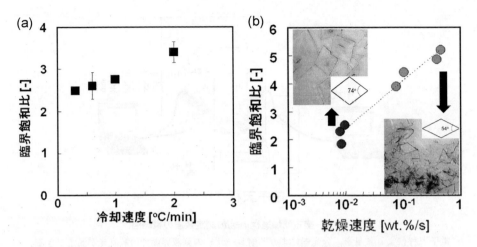

図6　ステアリン酸／エタノール溶液の臨界飽和比の操作速度依存性
(a)冷却速度依存性，冷却速度が速いほど臨界飽和比が上昇する。(b)乾燥速度依存性，乾燥速度が速いほど臨界飽和比が上昇する。図中は各乾燥速度で形成されたステアリン酸結晶の光学顕微鏡写真。臨界飽和比が低いほど平衡論構造に近づく。

と固相成長の競合により構造形成される。トルエン溶液から有機EL正孔注入層用半導体材料粉末を再析出させた場合，図7(a)に示すように，乾燥速度が遅いほど非晶質から多結晶へと構造が変化する[11]。先に述べたように，乾燥速度が遅いときは臨界飽和比が低くなるので，熱力学的平衡構造に近づき，結晶化が促進されることが理由である。

　示差熱・熱重量測定や示差走査熱量測定（図7(b)）から，析出粉末の加熱によって生じる重量変化や熱的変化が分かり，重量変化時に発生するガス種に関する知見は質量分析を同時に行うことで得られる。乾燥操作による析出粉末は，溶媒を含んでおり，この残留溶媒は有機分子との結合状態によって脱離温度が異なり，温度上昇とともに，①残留溶媒脱離による吸熱ピークを伴う重量減少に続き，②結晶化による発熱ピーク，③融解時の残留溶媒脱離による吸熱ピークを伴うわずかな重量減少が観察される。①は有機分子集合体粒界に存在する残留溶媒，③は有機分子集合体粒内で有機分子と①より強い結合状態の溶媒脱離と考えられる（図7(c)）。これらの残留溶媒量は溶質—溶媒の親和性という熱力学的平衡論で決まる要因と，乾燥速度という速度論で決まる要因の両者が関係していると推察される。

　さて，スピンコートのように強制乾燥により薄膜を作製すると，粉末再析出よりもさらに臨界飽和比が高くなり，核発生速度が支配的になる。回転数を上げると臨界飽和比はさらに高くなり，核発生速度が速くなる。図8は有機EL正孔注入層用半導体材料のトルエン溶液をスピンコートすることにより作製した薄膜の構造および物性である。作製した薄膜はX線回折スペクトルから非晶質であることが分かるが，回転数の増大すなわち乾燥速度を速くすると，ハローパターンのピーク位置が高角側にわずかにシフトする（図8(a)）。ピーク位置から求めた平均的分子間空隙距離

第3章　塗布型有機デバイスにおける表面・界面ダイナミクス

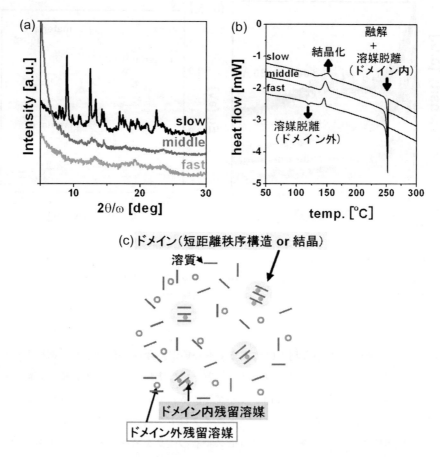

図7　低分子有機半導体材料溶液の乾燥操作により作製した再析出粉末の構造
乾燥速度の異なる再析出粉末の(a)X線回折スペクトルと(b)示差走査熱量分析スペクトル。乾燥速度が遅いほど結晶化が進み，また，熱重量測定や質量同時分析からドメイン内の残留溶媒量が増大することが分かる。(c)想定される塗布乾燥により形成された薄膜のナノ構造。溶媒の包摂位置は2種類あり，臨界飽和比が小さいほど有機分子が規則配列したドメインサイズが大きくなり，ドメイン内の残留溶媒が増大すると考えられる。

は，乾燥速度が速いほど小さくなる。この分子空隙距離の減少に伴い，吸光度の波長依存性から求めた光学バンドギャップも小さくなる（図8(b)）。つまり，分子間空隙距離の減少に伴い，π−π相互作用によりエネルギーバンドギャップが小さくなると考えられる。

　以上をまとめると，塗布乾燥操作により作製した非晶質有機半導体薄膜は，使用する溶媒の種類，乾燥速度の違いにより，構造および物性が大きく異なる。これは，乾燥時の核発生速度および溶媒の拡散速度の違いによる膜中残存溶媒の存在状態／量に起因するものである。

3.6　まとめ

　プリンテッドエレクトロニクスは，デバイス製造が塗布・乾燥という極めて高効率で安価なウ

有機デバイスのための塗布技術

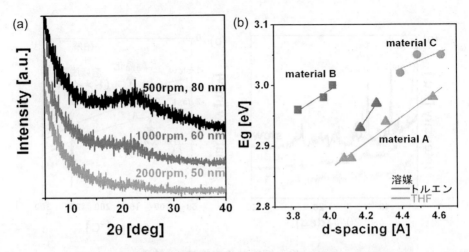

図8 低分子有機半導体材料のスピンコート膜の構造および物性
(a)成膜時の乾燥速度が異なる薄膜のX線回折スペクトル。(b)複数の半導体材料／溶媒組み合わせのスピンコート成膜薄膜におけるX線回折から求めた分子空隙距離と，吸光度の波長依存性から求めた光学バンドギャップの関係。分子間距離の増大に伴い光学バンドギャップも増大する。

エットプロセスにて行えるという利点は言うまでもないが，今後，有機分子—溶媒という2成分系からの析出過程において，ドライプロセス（蒸着）では実現できないナノ構造制御を行い，デバイス特性の高性能化・高寿命化を目指すことが期待されている。核発生・固相成長の競合により形成される膜構造が決定するという点は，ドライプロセスとの共通概念であるが，溶媒—溶質2成分系での臨界飽和比というウエットプロセス特有の概念を考慮した，プロセス設計が重要となる。

文　　献

1) R. Ruiz, B. Nickel, N. Koch, L.C. Feldman, R. F. Haglund, A. Kahn and G. Scoles, *Phys. Rev. B*, **67**, 125406（2003）
2) S. D. Wang, X. Dong, C.S. Lee and S.T. Lee, *J. Phys. Chem. B*, **109**, 9892（2005）
3) Patrick B. Shea *et al.*, *Synthetic Metals*, **157**, 190（2007）
4) S. Aramaki *et al.*, *Appl. Phys. Lett.*, **84**, 2085（2004）
5) Y. Tsuji, K. Uehara, E. Narita, A. Ohno, N. Mizuno and Y. Yamaguchi, PACIFICHEM 2010（2010）
6) M. Avrami, *J. Chem. Phys.*, **7**, 1103（1939）
7) 西永頌，結晶成長の基礎，培風館（1997）
8) Y. H. Cheon, K. J. Kim and S. H. Kim, *Chem. Eng. Sci.*, **60**, 4791（2005）

第 3 章　塗布型有機デバイスにおける表面・界面ダイナミクス

9) S. Y. Wong, R. K. Bund, R. K. Connelly and R. W. Hartel, *Int. Dairy.*, **21**, 839（2011）
10) 遠藤，奥，稲澤，辻，山口，化学工学会第75会年会（2010）
11) 辻，山口，化学工学会第43回秋季大会（2011）

4 低電圧駆動塗布型有機トランジスタの電子スピン

丸本一弘[*]

4.1 はじめに

塗布型有機トランジスタは印刷プロセス可能な低コストでフレキシブルなデバイスとして注目されている。特に，低電圧駆動可能な塗布型有機トランジスタは，低消費電力の観点からも盛んに研究されている。低電圧駆動塗布型有機トランジスタの一つとして，最近，電解質を用いた高分子薄膜トランジスタの研究が進められている[1~3]。これは，電解質を用いてゲート電圧制御を行う電気2重層トランジスタ（EDLT）の構造を持ち，高い電荷密度を有機半導体中に誘起できる[1~3]。これまで，この手法により，様々な興味深い現象，例えば，有機薄膜トランジスタにおける低電圧高電流増幅動作や[1~3]，電場誘起超伝導[4,5]，室温での電気誘起強磁性[6]などが成し遂げられている。この高電荷密度下での電子状態を解明することは，基礎・応用の両面から重要な課題であり，様々な研究が行われている。しかし，微視的な観点からの電子状態の解明はあまり行われてこなかった。

以上の問題に取り組むため，我々は，分子レベルで材料評価を行える高感度な手法である電子スピン共鳴（ESR）法を，低電圧駆動塗布型有機トランジスタに適用し，研究を行った。用いた素子は，イオンゲルとして知られる高分子電解質によりゲート電圧制御される高分子薄膜トランジスタ（TFT）である。この研究により，特に，素子中の高密度電荷キャリアの磁気的相互作用や磁性について明らかにできた。具体的には，ESRスペクトルの異方性より，高分子面が基板面と垂直になる，いわゆるエッヂオンの分子配向を確認した。また，高電荷密度を反映して，電荷スピン間の2次元（2D）的な磁気的相互作用の存在を発見した。更に，ESR信号のバイアス依存性から，電荷密度の増加と共に，電荷キャリアの磁性が常磁性から非磁性に部分的に変化することも立証した。これらの結果は，高電荷密度下での高分子半導体中の電荷輸送機構への新しい洞察を与えるものである。

本節で紹介する有機材料は，立体規則性ポリヘキシルチオフェン（図1(a)）であり，高移動度を示す典型的な塗布型高分子として知られている。以下，4.2項ではイオンゲルを用いた有機トランジスタの動作原理とESR法の利点，4.3項では素子作製と素子特性評価，4.4項ではESR測定結果と解析の例を述べ，最後に，まとめと今後の展望を述べる。

4.2 イオンゲルを用いた有機トランジスタの動作原理とESR法の利点

電界質絶縁体を用いた電界効果トランジスタ（FET）は，ゲート電圧 V_G を印加して電解質中のイオンを移動することにより動作できる。その動作時に，二つの基本的な電荷誘起機構が知られている。一つ目は静電気ドーピングであり，二つ目は電気化学ドーピングである。静電気ドー

---

[*] Kazuhiro Marumoto 筑波大学 数理物質系 物質工学域 准教授；㈱科学技術振興機構 さきがけ研究員

第3章 塗布型有機デバイスにおける表面・界面ダイナミクス

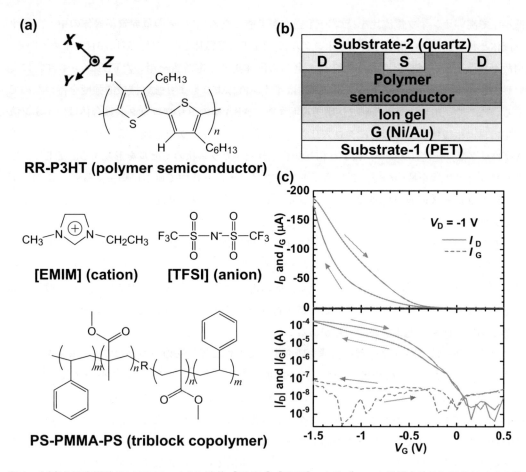

図1 (a)高分子半導体RR-P3HT, イオン液体 [EMIM] [TFSI], トリブロック共重合体PS-PMMA-PSの化学構造式, (b)本研究で用いられたTFT構造の模式図, (c)TFTのドレイン電流I_Dおよびゲートリーク電流I_Gのゲート電圧V_Gに対する線形および片対数プロット

(a)RR-P3HTのπ電子のg値と水素核超微細結合のテンソルの主軸も示す。(b)Ni/Auのソース, ドレイン, ゲート電極は, シャドーマスクを用いて真空蒸着法によりパターニングされた。高分子半導体とイオンゲル層は, スピンコーティング法, または, ドロップキャスト法により作製された。2つのドレイン電極は互いに常に短絡されている。トランジスタのチャネル長Lは0.5 mm, 全チャネル幅Wは約50 mmである。(c)V_Gの掃引速度は30 sあたり50 mV, ドレイン電圧は$V_D = -1.0$ V。

ピングでは, ナノスケールの界面コンデンサーとして動作する電気2重層(EDL)が電解質/半導体界面に形成され, 電荷は2次元的にその部分に誘起される。EDLの電気容量は一般的に非常に大きく(〜10-100 μF/cm^2), これにより低電圧で多量の電荷蓄積が可能となる。一方, 電気化学ドーピングでは, 電解質からイオンが半導体中に浸透し, カウンター電荷が3次元的にその部分に誘起される。そのバルク的な電荷蓄積により, 低電圧で多量の電荷蓄積が可能となる。従って, これら2つの動作機構は本質的に異なった機構である。しかしながら, これらの機構により,

低電圧で高いオンオフ電流比を持つFET動作が可能となる[1~3]。その電界質絶縁体の中で，イオン液体と共重合体から構成されるイオンゲルは，FETの絶縁体として最近特に注目を集めている。何故なら，イオンゲルを用いたFETは，通常の固体高分子電解質を用いたFETよりも非常に良い動力学的特性を示し，また，イオンゲルはイオン液体よりもより強い機械的強度を持つためである。ここで，イオンゲルの形成機構を説明する。ABA型のトリブロック共重合体は，イオン液体中で自己組織化し，物理的にクロスリンクされたネットワークを形成する。その際に，非極性Aブロックは，極性Bブロックにより相互接合された，ガラス状のミセルを形成する。そして，中間ブロックは極性を持つので，このネットワークはイオン液体中で直ちに膨張する[2,3]。この技術は，溶液プロセス可能な高特性フレキシブルエレクトロニクスへの応用だけでなく，高電荷密度下での物性研究にも有望な手法となっている。

　電荷密度の大きさは，$SrTiO_3$や$ZrNCl$における電場誘起超伝導[4,5]や，$(Ti, Co)O_2$における電気誘起強磁性[6]などの様々な電子的磁気的相転移と関連していることが知られている。この高電荷密度下では，電荷間の相互作用は大きく，その電子状態は低電荷密度下での状態と一般的に異なる。しかし，その電子状態は，電流―電圧特性などのマクロな評価法のみで研究することには限界があり，研究が進まない問題点がある。

　これまで我々は，FET中の電荷状態を研究するミクロな評価法の一つとして，ESR法を用いてきた[7~14]。以下にESR法の特徴を記す。V_Gを印加することにより半導体中に電荷を注入した場合，もし，その電荷が磁気モーメント（スピン）を持っていれば，その電荷はESR法により分光学的に検出可能である。この手法により，ミクロな特性とマクロな特性とを直接的に関係づけることが可能となる。これまで，我々や他のグループは，ESR法により有機電界効果デバイスの様々な微視的な性質を研究することに成功している[7~16]。本節では，このESR法を，イオンゲルを用いた高分子TFTに適用し，その有用性を紹介する。このESR法により，高電荷密度に起因した新しい物性を明らかにすることが可能となる。なお，本節の全ての測定は，室温，真空下で行われた。

4.3　イオンゲルを用いた高分子TFT作製と素子特性評価

　この項では，イオンゲルを用いた高分子TFT作製と素子特性評価について述べる。図1(a)に用いた有機材料を示す。高分子半導体として立体規則性ポリヘキシルチオフェン（RR-P3HT），イオン液体として1-ethyl-3-methylimidazolium bis (trifluoromethylsulfonyl) imide（[EMIM] [TFSI]），ABA型トリブロック共重合体としてpoly (styrene-b-methylmethacylate-b-styrene) (PS-PMMA-PS) を用いた。RR-P3HTは典型的な高移動度導電性高分子として知られている。また，イオンゲルとしての [EMIM][TFSI] とPS-PMMA-PSの組み合わせは，高いEDL電気容量と高いイオン伝導性を示すことが知られている。従って，これらの有機材料は，イオンゲルを用いた高分子TFTを作製するためにしばしば使用される[2,3]。図1(b)は本研究で用いたTFT構造を示す。2つの基板を用いてTFTを作製する手法は，イオンゲルを用いたTFT作製にしばしば用いられている[3,17]。図1(c)はドレイン電圧$V_D = -1$Vで測定された伝達特性（V_G対ドレイン

第3章　塗布型有機デバイスにおける表面・界面ダイナミクス

電流I_D）を示す。この特性から，典型的なp型トランジスタ動作が確認される。トランジスタ特性として，閾値電圧が0.2 V，サブスレッショルドスイングが0.12 V/decade，オンオフ電流比が10^4以上，電荷移動度が0.02 cm^2/Vsと得られている。これらの値はこれまでの報告値と同程度である[1~3]。注意点として，ここでの特性評価では，電荷移動度が過大に見積られている点がある。これは，ESR測定から得られたスピン数N_{spin}を用いて電荷移動度を計算したためである。

4.4　イオンゲルを用いた高分子TFTのESR研究
4.4.1　ESR信号とその異方性：分子配向と2次元磁気相互作用

　この項では，イオンゲルを用いた高分子TFTのESR研究について述べる。初めに，TFTのESR信号とその異方性の結果を紹介し，この結果から分かるTFT中の分子配向と，電荷スピン間の2次元磁気相互作用について説明する。図2(a)はTFTのESR信号の外部磁場方向およびゲート電圧依存性を示し，$V_G = -0.6$ Vの場合の$\theta = 96°$と$\theta = 6°$のデータ，および，$V_G = 0$ Vの場合の$\theta = 6°$のデータを示す。ここで横軸θは，図2(b)の挿入図に示すように，素子基板の法線方向と外部磁場Hとのなす角度である。ESR信号は$V_G = 0$ Vの時にはほとんど検出されず，これは電荷空乏によりスピンを持つ電荷がほとんど存在しないためである。$V_G = -0.6$ Vの時のESR信号は，高分子半導体に注入されたスピンを持つ正孔電荷に起因している。つまり，ESR信号の起源は，高分子中でスピン$S = 1/2$を持つ正ポーラロンである[7,9,10,12]。ESR信号のg値とESR線幅$\Delta H_{1/2}$の角度依存性を図2(b)に示す。g値の異方性の振る舞いは，図2(c)に示されるラメラ構造の形成に起因したエッヂオン配向を持つ高分子RR-P3HT鎖中のπ電子のg値の異方性（$g_X > g_Z > g_Y$）により良く説明される。一方，$\Delta H_{1/2}$の角度依存性は，これまでの固体絶縁膜素子のESR研究で報告されてきた単調な角度依存性とは全く異なっている。これまでの報告では，$\Delta H_{1/2}$の起源として，RR-P3HT中の正ポーラロンの電子スピンと水素の核スピンとの間の超微細相互作用のみが考えられている[7,9,10,12]。本研究で観測された2つの極大値を持つ$\Delta H_{1/2}$の角度依存性は，AとBを定数パラメータとして，$\Delta H_{1/2} = A + B(3\cos^2\theta - 1)^2$の表式により近似的に表される。この表式は，2Dスピン配列を持つ磁気双極子相互作用に基づいて，交換相互作用により尖鋭化されたESR線幅の理論より導出される[18~20]。図2(b)の破線は，$\Delta H_{1/2}$のデータに対して上記の表式を最少二乗フィッティングした結果を示す。フィッティングパラメータの値は$A = 223$ mT，$B = 34$ mTである。このフィッティング結果は実験結果を良く再現する。なお，後に示すように，正ポーラロンは，RR-P3HTとイオンゲルとの界面の1分子層だけに蓄積されているのではなく，薄膜内にも蓄積されている。

　以上をまとめると，我々は，g値とESR線幅$\Delta H_{1/2}$の異方性から以下のことを発見した。まず，キャリアチャネルが，エッヂオン配向したRR-P3HTで構成される層にあること，次に，正ポーラロン間に2Dの磁気的双極子相互作用と交換相互作用が存在していることを明らかにした。これらの結果を図2(c)に模式的に示す。層間の相互作用がないことの理由として，約1.6 nmの層間の大きな距離が考えられる[21]。なお，これまで，高分子薄膜中の2D電荷輸送や2D電子励起に

有機デバイスのための塗布技術

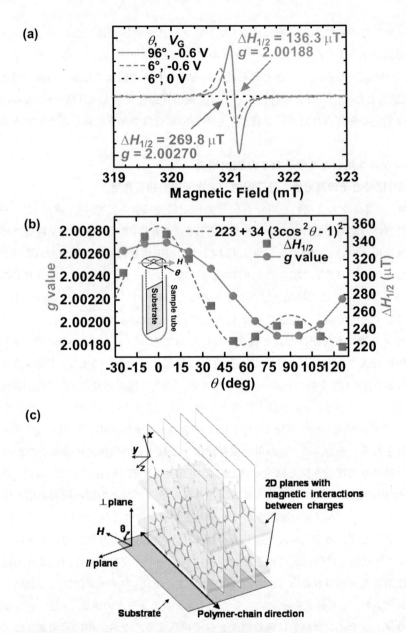

図2 (a)TFTのESR信号の外部磁場方向およびゲート電圧依存性, (b)RR-P3HT中のポーラロンに起因した ESR信号のg値（●）とESR線幅$\Delta H_{1/2}$（■）の角度依存性, (c)RR-P3HTのエッヂオンのラメラ構造と磁気的相互作用が存在する2D平面の模式図

(a)それぞれ, $V_G = -0.6V$の場合の$\theta = 96°$（実線）と$\theta = 6°$（破線）のデータ, および, $V_G = 0V$の場合の$\theta = 6°$（点線）のデータを示す。ここで$V_D = 0V$である。$V_G = 0V$の場合, ESR信号はほぼ観測されず, その場合の角度依存性は無視できる。(b)測定条件は$V_G = -0.6V$, $V_D = 0V$。破線は$\Delta H_{1/2}$のフィッティング曲線であり, これは, 2Dスピン配列の双極子相互作用に基づいて, 交換相互作用により尖鋭化されたESR線幅の理論より導出される。挿入図：角度θは, 外部磁場Hと基板法線方向とのなす角度を示す。Hが基板平面に垂直な場合, θは0度と定義される。

ついての報告はあるが[22,23]，本研究で発見された2D磁気相互作用については報告例がない。

4.4.2 ESR信号のバイアス依存性：非磁性電荷キャリア伝導

次に，ESR信号のバイアス依存性を紹介し，この結果から立証される非磁性電荷キャリアの伝導について説明する。図3(a)にESR信号のV_G依存性を示す。ここでは，V_G = +0.2，-0.4，-0.8，-1.2 Vの場合の結果を示す。測定はV_D = 0 Vで行っている。V_G = +0.2 Vの場合，ESR信号はほとんど観測されず，これは電荷空乏により正ポーラロンがほとんど存在しないことに起因する。一方，V_G = -0.4 Vの場合，ESR信号が明瞭に観測される。そして，ピーク間ESR強度I_{ESR}は，更にV_G = -0.8 Vの場合まで増加する。しかしながら，その強度I_{ESR}は，より多くの正孔が存在しているにも関わらず，V_G = -1.2 Vの場合に小さくなる。

図3(b)に，$\Delta H_{1/2}$，I_{ESR}，および，スピン数N_{spin}のV_G依存性を示す。V_Gの絶対値$|V_G|$が〜0.8 V以下の小さい場合，$|V_G|$の増加と共に，I_{ESR}とN_{spin}は単調に増加する。一方，$\Delta H_{1/2}$は約330 mTのほぼ一定値を示す。この振る舞いは，正ポーラロン数の増加により説明できる。ここで，この場合の電荷誘起過程を議論する。もし，注入された電荷がイオンゲルと高分子半導体との界面の1分子層のみに蓄積すると仮定すると（静電気ドーピング），$|V_G|$ = 0.8 Vにおける最大スピン数N_{spin}

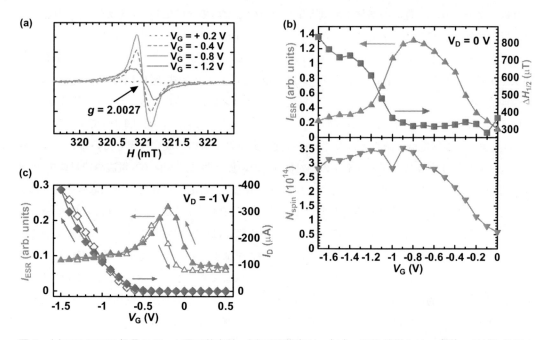

図3 (a)TFTのESR信号のゲート電圧依存性，(b)ESR強度I_{ESR}（▲），ESR線幅$\Delta H_{1/2}$（■），スピン数N_{spin}（▼）のV_G依存性，(c)I_{ESR}（▲，△）とドレイン電流I_D（◆，◇）のゲート電圧依存性
(a)それぞれ，V_Gが+0.2 V（点線），-0.4 V（破線），-0.8 V（実線），-1.2 V（1点鎖線）の場合のデータを示す。これらの信号はRR-P3HT中の正ポーラロンに起因する。ここで，V_D = 0 V，外部磁場Hは基板平面に垂直である。(b)ここでV_D = 0 Vである。(c)ここで，V_D = -1.0 Vであり，V_Gの掃引速度は1440 sあたり100 mVである。また，実印および空印は，それぞれ順掃引および逆掃引時のデータを意味する。

$=3.4\times10^{14}$を用いて，RR-P3HTのチオフェン環当り約65%のドーピング濃度が見積もられる。しかし，この電荷密度は実験結果を説明できない。何故なら，正ポーラロンの波動関数の空間広がりは，RR-P3AT中でチオフェン環当り約10ユニット分子に広がっているので[24]，そのような高い電荷密度では正ポーラロンの波動関数はお互いに重なり合い，その結果，ESR不活性な状態（非磁性状態，$S=0$）を形成するので，実験結果と矛盾する。従って，電荷誘起過程は電気化学ドーピングである。一方，もし，約350 nmの膜厚を持つ高分子半導体薄膜の全体に一様に電気化学的にドーピングが生じていると仮定すると，チオフェン環当り約0.3%のドーピング濃度が見積もられる。この値は以前報告されている固体ゲート絶縁膜を持つTFTの報告値と同程度であり[7,9,10,12]，この見積りは，電荷スピン間に相互作用が存在している実験結果と矛盾する。従って，本研究では，高分子半導体層中の電荷密度に分布があること，つまり，電荷スピン間相互作用を持つ高電荷密度領域と低電荷密度領域があることを示している。

　次に，高電荷密度領域について議論する。0.8 V以上の高い$|V_G|$の状態では，I_{ESR}の減少，$\Delta H_{1/2}$の増加，および，N_{spin}の飽和が観測されている。これらの特徴は，RR-P3HTの電気化学酸化状態のESR研究の報告と定性的に一致している[25]。N_{spin}に関して，この飽和の振る舞いを説明する2つの可能性がある。一つ目は，正孔電荷それ自体が高分子半導体に蓄積されていない場合である。これは，ゲートリーク電流の増加や電気容量Cの減少などの場合に生じる。しかし，この可能性は，以下に述べる図3(c)の議論から否定される。別の可能性として，正孔電荷それ自体は蓄積しているが，それらが部分的に非磁性状態を形成している場合である。ここで，二つの異なる非磁性状態が考えられる。一つ目は正ポーラロン対形成であり，その形成機構は既に前に述べている。二つ目は正バイポーラロン形成であり，これは正ポーラロンを更に酸化することにより形成される。

　図3(c)にTFTの伝達特性とESRの同時測定の結果を示す。これにより，図3(b)で示されているI_{ESR}の減少は，蓄積電荷の減少ではなく，可動性の非磁性電荷の形成に起因していると立証される。図3(c)に示すように，ゲート電圧の絶対値$|V_G|$の増加と共に，ドレイン電流の絶対値$|I_D|$は単調に増加する。これは，連続的な電荷キャリア数の増加を意味し，前述した正孔電荷それ自体が蓄積していないという可能性を否定している。一方，ESR強度I_{ESR}は-0.2 V近傍のV_Gで極大を示し，その後，大きい$|V_G|$で減少している。この振る舞いは図3(b)で示されているスピン数の飽和と関連づけられる。従って，以上の結果は，非磁性電荷輸送が高密度電荷領域で実現していることを証明している。このような非磁性電荷輸送はこれまで報告されておらず，高電荷密度下で生じた新しい物理的性質の一つである。なお，最後にコメントであるが，電界質でゲート制御された有機トランジスタでは，伝達特性において$|I_D|$が極大値を示すことが知られており，この振る舞いと本研究で得られた非磁性状態との関連は興味深い問題である。この$|I_D|$が極大値を示す原因の解明は今後の課題となる。

4.5　まとめと今後の展望

　我々は，分子レベルで材料評価を行える高感度な手法であるESR法を，低電圧駆動塗布型有機

第 3 章　塗布型有機デバイスにおける表面・界面ダイナミクス

トランジスタに適用した。我々はイオンゲルを用いて高分子TFTを作製し，その際に，高分子半導体としてRR-P3HT，イオン液体として［EMIM］［TFSI］，トリブロック共重合体としてPS-PMMA-PSを用いた。ESR信号のg値の異方性から，RR-P3HT層のキャリアチャネル中の分子配向はエッヂオンであることが確認された。また，ESR信号の線幅$\Delta H_{1/2}$の異方性から，高電荷密度下で生じた電荷スピン間の2次元磁気相互作用を発見した。更に，ESR信号のV_G依存性と，伝達特性とESRの同時測定より，高電荷密度下で，非磁性電荷キャリア輸送（正ポーラロン対形成，もしくは，正バイポーラロン形成）が生じることを立証した。

　今後の展望であるが，以上の研究から，高電荷密度下での電荷輸送機構をより深く理解するためには，電荷スピン間の磁気的相互作用や磁性を考慮する必要があると思われる。また，高電荷密度下で，導電性高分子を用いたスピン工学や電場誘起超伝導の実現の可能性も考えられる。今後，これらの研究を進めることは極めて有意義であると思われる。

謝辞
　本研究の遂行にあたり有意義な議論および技術的支援をして頂いた，筑波大学の辻大毅氏と高橋優貴氏，早稲田大学の蓬田陽平氏と竹延大志准教授，東京大学の岩佐義宏教授に深く感謝の意を表する。

文　　献

1)　M. J. Panzer and C. D. Frisbie, *J. Am. Phys. Chem. Soc.*, **129**, 6599-6607（2007）

2)　H. J. Cho, J. Lee, Y. Xia, B. Kim, Y. He, M. J. Renn, T. P. Lodge and C. D. Frisbie, *Nature Matter.*, **7**, 900-906（2008）

3)　J. Lee, L. G. Kaake, H. J. Cho, X. Y. Zhu, T. P. Lodge and C. D. Frisbie, *J. Phys. Chem. C.*, **113**, 8972-8981（2009）

4)　K. Ueno *et al.*, *Nature Mater.*, **7**, 855-858（2008）

5)　J. Y. Ye, S. Inoue, K. Kobayashi, Y. Kasahara, H. T. Yuan, H. Shimotani and Y. Iwasa, *Nature Mater.*, **9**, 125-128（2010）

6)　Y. Yamada, K. Ueno, T. Fukumura, H. T. Yuan, H. Shimotani, Y. Iwasa, L. Gu, S. Tsukimoto, Y. Ikuhara and M. Kawasaki, *Science*, **332**, 1065-1067（2011）

7)　M. Marumoto *et al.*, *J. Phys. Soc. Jpn.*, **74**(11), 3066-3076（2005）

8)　M. Marumoto *et al.*, *Phys. Rev. Lett.*, **97**, 256603（2006）

9)　S. Watanabe *et al.*, *Jpn. J. Appl. Phys.*, **46**(33), L792-L795（2009）

10)　S. Kuroda *et al.*, *Appl. Magn. Reson.*, **36**, 357-370（2009）

11)　H. Tanaka *et al.*, *Appl. Phys. Lett.*, **94**, 103308（2009）

12)　S. Watanabe *et al.*, *Appl. Phys. Lett.*, **96**, 173302（2010）

13)　M. Marumoto *et al.*, *Phys. Rev. B.*, **83**, 075302（2011）

14)　M. Tsuji *et al.*, *Appl. Phys. Express.*, **4**, 085702（2011）

15) H. Matsui and T. Hasegawa, *Jpn. J. Appl. Phys.*, **48**, 04 C175 (2009)

16) H. Matsui, A. S. Mishchenko and T. Hasegawa, *Phys. Rev. Lett.*, **104**, 056602 (2010)

17) A. Kösemen *et al.*, *Microelectronic Engineering.*, **88**, 17-20 (2011)

18) P. M. Richards and M. B. Salamon, *Phys. Rev. B.*, **9**(1), 32-45 (1974)

19) M. Pomerantz *et al.*, *Phys. Rev. Lett.*, **40**(4), 246-249 (1978)

20) S. Kuroda *et al.*, *Jpn. J. Appl. Phys.*, **40**, L1151-1153 (2001)

21) S. Joshi *et al.*, *Phys. Stat. Sol.*(a), **205**(3), 488-496 (2008)

22) H. Sirringhaus *et al.*, *Nature*, **401**, 685-688 (1999)

23) R. Österbacka *et al.*, *Science*, **287**, 839-842 (2000)

24) M. Marumoto *et al.*, *Chem. Phys. Lett.*, **382**, 541-546 (2003)

25) X. Jiang *et al.*, *J. Phys. Chem. B.*, **109**, 221-229 (2005)

5 有機半導体結晶の光電子分光

中山泰生[*]

5.1 はじめに

　固体内部での電子の動きは，その物質の電子構造（例えば，一般の有機材料では軌道エネルギーの分布，結晶試料ではバンド構造）に強く依存する。このため，所望の機能をもったデバイスを設計し，動作効率の向上を実現するためには，素子内部での電子の振る舞いを材料物質の電子構造を通して理解する必要がある。光電子分光法は，物質の電子構造を調べるための最も直接的な実験手法であるが，これを有機半導体の結晶材料に適用するためには「チャージアップ問題」という克服すべき課題があった。本節では，光電子分光法の原理と，この手法を有機半導体材料に適用する際の問題点，およびこの問題を解決して結晶性有機半導体材料の「価電子バンド」を実測することに成功した研究例を紹介する。

5.2 光電子分光法の原理とチャージアップ問題

　光電子分光法は，外部光電効果によって物質の外側へ放出された光電子のエネルギーや運動量を計測する手法である。物質による光吸収から光電子の捕集までの一連の過程で全系のエネルギーおよび運動量が保存されることを利用し，物質内部の占有電子状態に関する様々な情報を引き出すことができる。

　図1(a)に示すようなエネルギー関係を利用すると，実験者が電子分析器において計測する光電子の運動エネルギーE_k^{obs}から，物質内部における電子の束縛エネルギーE_bを以下の関係式より導くことができる。

$$E_k^{obs}=h\nu-E_b-\phi_a \tag{1}$$

ただし，E_bの基準はフェルミレベルにとっている。以下，本節では特に励起光として$h\nu<100\,\mathrm{eV}$の真空紫外光を用いた紫外光電子分光法による価電子領域の電子構造評価法について述べる。

　一般に紫外光の運動量は電子に比べて充分小さいことから，電子の運動量は光励起の前後で変化しないと考えることができる。ここで，結晶試料の内側，外側で光電子（励起電子）が自由電子的な分散関係を示すと考え，それぞれの波数ベクトルをK，kとする。この場合，エネルギーと波数との間には以下の関係式が成り立つ。

$$E_k^{in}-E_0=\hbar^2|K|^2/2\mathrm{m}_0 \tag{2}$$

$$E_k^{out}=\hbar^2|k|^2/2\mathrm{m}_0 \tag{3}$$

ただし，m_0は電子の静止質量，E_0は固体内部の光電子の放物線バンドの底とフェルミレベルと

---

　[*]　Yasuo Nakayama　千葉大学　先進科学センター　特任講師

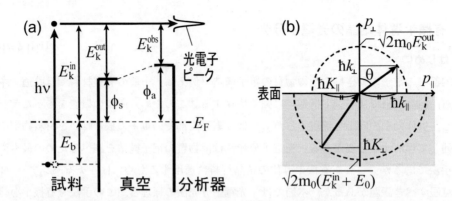

図1 (a)光電子分光測定時のエネルギー保存則を表したエネルギー準位図，(b) 固体表面を横切る際の光電子の運動量変化を表した模式図
(a)hν：光エネルギー，E_b：電子の結合エネルギー，ϕ_s，ϕ_a：試料および電子エネルギー分析器の仕事関数，E_k^{in}，E_k^{out}，E_k^{obs}：試料内部，真空中への放出直後，および分析器で計測される光電子の運動エネルギー，(b) m_0：電子の静止質量，E_0：固体内部の光電子の放物線バンドの底とフェルミレベルとのエネルギー差，θ：光電子の放出角，$\hbar K$，$\hbar k$：固体の内部および外部での電子の運動量（添字∥および⊥はそれぞれ表面平行および垂直方向成分を表す）。

のエネルギー差を表す。固体内部で励起された光電子が外部へ放出される際，表面のポテンシャル障壁によって図1(b)に模式的に示したように屈折する。いま，表面法線方向から角度θで放出された光電子を考えると，表面平行方向では運動量が保存されることから，

$$\hbar K_\parallel = \hbar k_\parallel = \sqrt{2m_0 E_k^{out}} \sin\theta = \sqrt{2m_0 (h\nu - E_b - \phi_s)} \sin\theta \tag{4}$$

つまり，光電子スペクトルの検出角度依存性から，固体内部の電子の運動量と束縛エネルギーとの表面平行方向への分散関係を明らかにすることができる。この手法は角度分解光電子分光法（ARPES）と呼ばれる。一方，運動量の表面垂直成分については，光電子の検出角を表面垂直方向（$\theta = 0$）で固定し，励起光のエネルギーを変化させた測定から，下式を用いて評価するのが一般的である（垂直放出法）。

$$\hbar K_\perp = \sqrt{2m_0(h\nu - E_b - \phi_s) + U_0} \tag{5}$$

U_0（$= E_0 + \phi_s$）は内部ポテンシャルと呼ばれ，フィッティングパラメータとして取り扱われる。

　以上のように，結晶試料に対してARPESおよび垂直放出法を適用すれば，その材料の3次元的な価電子バンド構造を実測することができる。ただし，以上の議論は光電子放出が起こる試料表面の電位が既知であることを前提としている。このことは，電子分析器の方を向いた試料の「表側」の表面が，試料ホルダなどと接触している「裏側」と等電位でなければならないことを意味する。この要請を満足するためには，試料の「表側」から放出された光電子と等量の電荷が，「裏

第3章　塗布型有機デバイスにおける表面・界面ダイナミクス

側」から試料を通して速やかに補償されなければならない。電気伝導度の不充分な試料ではこの要請が満たされず，試料表面に不均一な正の帯電が生じる。これによって電子分析器との間に発生した不明の電位差により光電子のエネルギー・運動量が変調され，スペクトルにエネルギーシフトやぼけが生じる現象が，「チャージアップ」と呼ばれる問題の本質である[1]。

　一般に電気伝導率が小さい有機半導体結晶に対して，チャージアップ問題を回避して光電子分光法により価電子バンド構造を実測するために，これまでに大きく分けて2種類のアプローチから研究が行われてきた。1つ目は，厚さが数ナノメートルオーダー（1〜数分子層）の結晶性薄膜試料を導電性基板上に作製するというものである。このやり方は，面内方向で結晶方位の揃った「単結晶」を得ることが一般には容易ではなく，また多くの場合に基板との相互作用が無視できないなどの問題はあるものの，結晶性の有機半導体における電子構造と伝導機構を明らかにする上で大きな役割を果たしてきた[2]。本節では，特にペンタセンの結晶性薄膜に対する諸研究について概説する。他方，厚さがサブミクロンオーダー以上の有機半導体単結晶試料については，結晶表面を薄い金属膜で被覆する[3]，あるいは光伝導を利用する[4]，といった方策で実効的な電気伝導率を稼ぎ，チャージアップを解消することが試みられてきた。本節では，可視レーザー光の同時照射によりチャージアップを解消し，数 μm厚のルブレン単結晶試料のARPES測定に世界で初めて成功した筆者らの研究例について解説する。

5.3　結晶性有機薄膜の光電子分光

　ペンタセンは代表的な高移動度有機半導体材料として知られており[5]，薄膜トランジスタとしての応用が期待されている。ペンタセンは複数の結晶多形を示すことが知られているが，理論計算ではバンド分散幅や有効質量の異方性が結晶構造に依存して大きく変化することが予測されており[6]，実際の薄膜において電子構造を実測することが実デバイスの伝導機構を理解する上で不可欠な課題であった。

　結晶性ペンタセン薄膜の「価電子バンド分散」を光電子分光法により実測することに最初に成功したのは，ベルリン・フンボルト大学のKochらによる研究例である[7]。彼らは，表面垂直方向にπ共役面を持った配向の結晶性ペンタセン薄膜をグラファイト基板上に12nm積層させ，垂直放出法により室温で190（±50）meVの幅で最高占有軌道（HOMO）が周期的なエネルギー分散を示すことを実証した。分散幅は僅かではあるが温度依存性を示し，120 Kでは240（±50）meVまで拡がる。一方，ARPES測定では表面平行方向に明確なエネルギー分散は見られない。これは，用いたペンタセン薄膜が，面内方向では場所によって結晶方位がバラバラな「多結晶」であるためと考えられる。

　千葉大学のSakamotoらは，非常にドメインサイズの大きい「単結晶性の」ペンタセン単分子層を，Si単結晶上に製膜したBi薄膜表面上に作製し，ARPESによって2次元的な価電子バンド構造を描き出すことに成功した[8]。最も分散幅の大きい方位でのバンド幅は測定温度140 Kにおいて460 meVと見積もられている。電子線回折像より，このペンタセン膜の結晶構造が「バルク相」

89

と呼ばれる構造と同等であることがわかるが，実測されたバンド構造は計算結果とは合致しない。この原因として結晶構造が厳密には一致していない可能性を彼らは挙げているが，基板との相互作用の可能性も指摘されている[6]。

　実際の電界効果トランジスタを作製する際，ペンタセン膜はSiO$_2$などの絶縁体上に成膜されるが，この場合の結晶構造は「薄膜相」と呼ばれる構造となることが知られている。東京大学（現北海道大学）のShimadaらは，周期的な集積ステップ—テラス構造を持ったBi終端Si表面をテンプレートとして用いることで，グラフォエピタキシーと呼ばれる手法により面内配向の揃った「薄膜相」結晶性ペンタセン分子層を作製し[9]，ARPESにより2次元バンド構造を実測した[10]。彼らの実験結果も計算で予言されたバンド構造とは一致しないが，その要因として下地を介した相互作用および有限温度であることによるフォノン散乱の効果が提案されている。一方で，実験的に得られた価電子バンド構造から，正孔の有効質量が面内方向ではほとんど等方的（$0.8\,m_0$–$1.0\,m_0$）であることがわかるが，この点は理論計算による予測とよく一致している。

5.4　有機半導体単結晶の光電子分光

　ルブレン（5,6,11,12 - tetraphenyltetracene；C$_{42}$H$_{28}$）の単結晶は，有機半導体としてはこれまでに知られている最も大きい室温でのキャリア（正孔）移動度を示す[11]。また，分子間のπ共役が実現しているab面内でもキャリア移動度が方位によって3.5倍程度の異方性を示す[12]。こうした特徴的なキャリア輸送特性の起源となる価電子バンド構造については，基礎・応用の両面から興味が持たれてきた。バンド計算によって予想された価電子バンドの分散幅は，b軸方向（Γ-Y方向）へは340 meVと有機半導体としてはかなり大きい値であるのに対し，a軸方向（Γ-X方向）へは〜40 meVと小さい[13]。この計算結果は実験的に観察されている異方的な伝導特性と定性的にはよく合致するものであるが，光電子分光法によって価電子バンド構造を実証した例は報告されていなかった。主たる要因は前述のチャージアップ問題である。実際，普通の計測方法でルブレン単結晶の光電子分光測定を行っても，有意なスペクトルを得ることは困難である[14]。

　筆者らは，光伝導によりチャージアップを緩和し，ルブレン単結晶の価電子バンド構造をARPESにより実測することに世界で初めて成功した[15]。測定セットアップを図2に示す。励起光源はHe共鳴線（21.22 eV），光電子の検出には角度分散型のARPES計測も可能な2次元電子分析器を用いている。測定時に試料にレーザー光を同時照射することでルブレン単結晶内に多数の光励起キャリアを発生させ，光電子放出後に試料表面に残る正電荷をこれによって中和することを狙っている。実際，図2（右）に示すように，レーザー光を照射しない通常の条件で測定されたスペクトルには，スペクトル構造の高結合エネルギー側へのシフトとブロードニングという，チャージアップに特徴的な変形が見られるが，充分な強度のレーザー光（波長405 nm）照射下では，価電子バンドを構成するHOMOピークがはっきり分離され，全体的に分子軌道計算から予想される形状とも概ね合致するスペクトルが得られる。

　図3に，レーザー光照射下で計測されたルブレン単結晶のARPESスペクトルを示す。Γ-X方

第3章 塗布型有機デバイスにおける表面・界面ダイナミクス

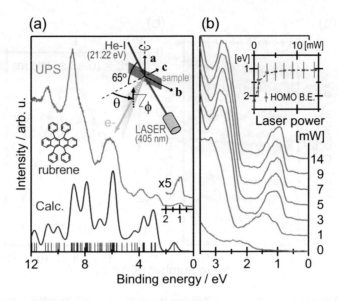

図2 (a)レーザー照射下で計測されたルブレン単結晶の光電子スペクトル，および量子化学計算から求められたルブレン分子のエネルギー準位をガウス関数でコンボリュートして得られる状態密度カーブ，(b)フェルミ準位近傍の光電子スペクトルのレーザー強度依存性

(a)挿入図は測定セットアップの模式図。(b)挿入図はHOMOのエネルギー位置およびピーク幅をレーザー強度に対してプロットしたもの。

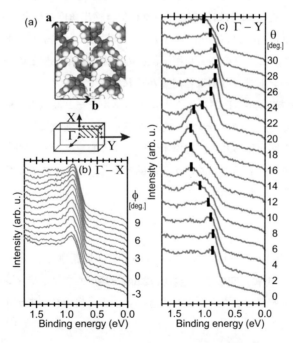

図3 (a)ルブレン単結晶表面の分子配置と単位胞，およびブリュアン帯の模式図，(b)Γ-X方位のARPESスペクトル，(c)Γ-Y方位のARPESスペクトル

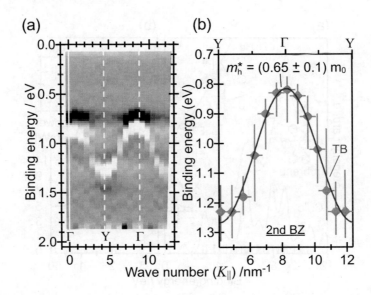

図4 (a)図3(c)を2階微分し，(4)式に従って角度を波数に変換した上で2次元表示したグレースケールイメージ，(b)第2ブリュアン帯域のメインピークのエネルギー分散関係および1次元強結合（TB）近似によるフィッティング曲線

向へは検出角度を変えてもHOMOピーク位置はほとんど変化しない。すなわち価電子バンドの分散幅は小さい。一方，Γ-Y方向ではHOMOピーク位置は検出角度に依存して周期的に変化する。この結果は，ルブレン単結晶において広くエネルギー分散した価電子バンドが形成されていることを実証するものである。ピークのエネルギー位置の最大値と最小値との差から見積もられるバンド幅は〜0.4 eVと，バンド計算の結果と同等かそれ以上である。

(4)式を用いて，Γ-Y方向のARPESスペクトルをエネルギーと波数の関係に描き直すと図4(a)のようになる。ここからピークのエネルギーだけを取り出し，波数に対してプロットすると図4(b)のような価電子バンド図が得られる。有機半導体のようなファン＝デル＝ワールス結晶の電子構造は強結合近似をベースに記述されるのが一般的であり，図4(b)のE-k分散関係も下式の1次元強結合近似とかなりよい一致を示す。

$$E = E_c + 2t\cos dk \tag{6}$$

ただし，E_c, d, tはそれぞれバンド中心のエネルギー，分子間距離，トランスファー積分である。dとしてルブレン単結晶のb軸方向の格子定数0.72 nmを用いたフィッティングにより見積もられるtは0.11 eVであり，薄膜層ペンタセンより大きい。一方，自由粒子モデルを仮定し，価電子バンドの頂点近傍の曲率より，

$$d^2E/dk^2 = \hbar^2/m^* \tag{7}$$

第3章　塗布型有機デバイスにおける表面・界面ダイナミクス

の関係式から，ホールの有効質量$m_h{}^* = 0.65(\pm 0.1)m_0$が得られる。この値は，有機半導体のキャリア有効質量としてはこれまでに知られているなかで最も軽い。

　tおよびm^*はいずれもキャリア伝導特性を支配する本質的な物理量である。これらを基にルブレン単結晶内部での伝導機構について簡単に考察したい。有機固体内のキャリア伝導は，Marcusモデルか Drude モデルという2つの対照的なモデルによって記述される。前者がホッピング伝導，後者がバンド伝導に対応する。紙面の都合上，詳細は省略するが，Marcusモデルでは電荷移動速度はt，温度，および再配置エネルギーλの関数として記述され，上で見積もったtおよび計算によって予測されたλの値[13]を用いると，室温でのホッピング移動度の上限として$\sim 20\,\mathrm{cm}^2/\mathrm{Vs}$が得られる。一方，実験的に得られているルブレンのホール移動度の最高値は$\sim 40\,\mathrm{cm}^2/\mathrm{Vs}$であるから[11]，Marcusモデルでは現実の伝導機構を充分に説明することができない。他方，Drudeモデルではキャリア移動度はm^*とキャリアが散乱を受けるまでの平均時間（緩和時間）τとの関数で表され，バンド伝導が成り立つためにはτに対応するエネルギー不確定性がバンド幅より充分小さいことが必要である。ルブレン単結晶のτは実験的には知られていないため，ARPESから見積もった$m_h{}^*$と上述のホール移動度からτを計算すると$\sim 16\,\mathrm{fs}$，対応するエネルギー不確定性は$\sim 0.04\,\mathrm{eV}$となる。この値はARPESによって実証したバンド幅$0.4\,\mathrm{eV}$より充分小さいので，バンド伝導が実現する条件を満たしている。バンド伝導では，キャリアは固体内を伝播する波束としての性質を示し，いちど散乱を受けたキャリアが次に散乱されるまではコヒーレント性が保たれると考えられる。つまり，キャリアのコヒーレント長はτとキャリアの伝播速度の積で与えられる。キャリアの速度分布として単純にMaxwell-Boltzmann分布を仮定し，ARPESで求めた$m_h{}^*$を用いて室温での平均キャリア伝播速度を算出すると$1.4 \times 10^5\,\mathrm{m/s}$となり，平均コヒーレント長として$\sim 2\,\mathrm{nm}$が得られる。この方位でのルブレンの分子間隔は$0.72\,\mathrm{nm}$であるから，以上の結果は，ルブレン単結晶内での正電荷は数分子にわたって非局在化していることを示唆している。

　以上のように，ルブレン単結晶の価電子バンドについて，大きな分子間トランスファー積分と軽いホール有効質量という，高いキャリア移動度の電子論的な起源となる2つの物性値をレーザー光照射下のARPES測定によって実証し，キャリアの伝導機構が数分子にわたって非局在化したホールのバンド伝導として記述できることを示すことに成功した。一方で，ルブレン単結晶についてはARPESスペクトルの温度依存性を追跡した成功例は報告されておらず，フォノン散乱が価電子バンド構造にどのような効果をおよぼすのかは未だ実証されていない。ペンタセンの結晶性薄膜においては，フォノン散乱の強度が結晶の方位に依存して大きく変化することを示唆する結果が報告されており[16]，こうした現象をより完全性の高い有機半導体の単結晶試料において検証することは興味深い。実現にあたっての課題は，試料冷却に際して有機結晶と金属基板との熱膨張率の不一致による結晶の破損を防ぐことであり，現在，筆者らは技術的な解決策の模索を続けている。

93

謝辞

　なお，5.4項で紹介した研究は，千葉大学の石井久夫教授，上野信雄教授，解良聡准教授，Steffen Duhm博士ら研究員・学生諸氏との共同研究であり，グローバルCOEプログラム「有機エレクトロニクス高度化スクール」および科学研究費補助金の援助のもとで行われた。この場をお借りして感謝申し上げたい。

文　　献

1) 中山泰生，固体物理，**45**, 529（2010）

2) N. Ueno and S. Kera, *Prog. Surf. Sci.*, **83**, 490（2008）

3) N. Sato *et al.*, *J. Chem. Phys.*, **83**, 5413（1985）

4) E. -E. Koch, *Phys. Scripta*, **T17**, 120（1987）; A. Vollmer *et al.*, *Euro. Phys. J. E*, **17**, 339（2005）

5) O. D. Jurchescu *et al.*, *Appl. Phys. Lett.*, **84**, 3061（2004）

6) H. Yoshida and N. Sato, *Phys. Rev. B*, **77**, 235205（2008）

7) N. Koch *et al.*, *Phys. Rev. Lett.*, **96**, 156803（2006）

8) H. Kakuta *et al.*, *Phys. Rev. Lett.*, **98**, 247601（2007）

9) T. Shimada *et al.*, *Appl. Phys. Lett.*, **93**, 223303（2008）

10) M. Ohtomo *et al.*, *Appl. Phys. Lett.*, **95**, 123308（2009）

11) J. Takeya *et al.*, *Appl. Phys. Lett.*, **90**, 102120（2007）

12) V. C. Sundar *et al.*, *Science*（*AAAS*）, **303**, 1644（2004）

13) D. A. de Silva Filho *et al.*, *Adv. Mater.*, **17**, 1072（2005）

14) Y. Nakayama *et al.*, *Appl. Phys. Lett.*, **93**, 173305（2008）

15) S. Machida *et al.*, *Phys. Rev. Lett.*, **104**, 156401（2010）

16) 島田敏宏ほか，表面科学，**30**, 7（2009）

第4章　高移動度を目指した設計・解析・評価方法

1　高性能有機FETにおける有機半導体の分子設計

山下敬郎*

1.1　はじめに

　有機電界効果トランジスタ（OFET）はソース電極からドレイン電極へキャリア（電子または
ホール）を輸送する活性層（チャネル層）が有機半導体で構成されている。通常，OFETは薄膜
で作製されるが，微結晶薄膜であり，物性は半導体分子の結晶構造と強い相関がある。FET特性
はキャリア移動度，オン／オフ（on/off）電流比，駆動電圧（閾値）の3つで主に評価される。高
性能のトランジスタ特性は高いキャリア移動度，大きいオン／オフ電流比，低い駆動電圧を意味
しており，加えて，素子の安定性が重要である。トランジスタ性能の指標となるキャリア移動度
は分子間の相互作用の強さに依存することから，高い移動度を実現するためには強い分子間相互
作用を有する有機半導体分子を設計することが必要である。強い分子間相互作用をつくるには，
共役したπ電子系を持つ平面分子を規則的に配列することが求められる。薄膜トランジスタにお
いても高い移動度には結晶性薄膜が必要であり，アモルファス薄膜では移動度は低い。低分子半
導体の結晶性薄膜は微結晶（グレイン）の集まりであるために，結晶内での分子間の相互作用に
加えて，グレイン間のキャリアの移動が必要である。従って，薄膜トランジスタで高い移動度を
実現するには，グレイン間のキャリアのホッピング移動に適した次元性の高い構造が有利と考え
られる。高分子材料においても高移動度の実現のためには結晶性の薄膜が必要となる。一般的に，
低分子系材料は高分子系に比べて結晶性の薄膜を生成するのに有利であり，そのために低分子系
材料の方が高い移動度を示している。

　この分野のブレークスルーには活性層に用いる高いキャリア移動度の有機半導体の開発が不可
欠である。拡張π電子系で電子供与性を有する分子からp型半導体が，電子受容性を有する分子
からn型半導体が開発されている。これは有機トランジスタの極性が用いる有機半導体のフロン
ティア軌道（HOMO, LUMO）レベルで決定されるためである。すなわち，HOMOレベルが高
い電子供与体（電子ドナー）は，ホールがキャリアとなるp型特性を示し，LUMOが低い電子受
容体（電子アクセプター）は，電子がキャリアとなるn型特性を示す。

1.2　p型有機半導体

　有機半導体ではp型特性を示す物質が多数開発されており，アモルファスシリコンを超えるホ
ール移動度を示すFETデバイスも開発されている。代表的な半導体としてはペンタセンなどのア

---

　*　Yoshiro Yamashita　東京工業大学　大学院総合理工学研究科　教授

有機デバイスのための塗布技術

セン類，チオフェンオリゴマーなどのヘテロ環オリゴマーが知られている。また，有機電導体の電子供与体として著名なテトラチアフルバレン（TTF）類もp型半導体として利用できる。ここでは化合物のタイプに分けて最近の研究例を紹介して，分子構造とFET特性の関係を示し，高性能有機FETを与えるp型有機半導体の設計の指針を述べる。

1.2.1 アセン類

薄膜有機FETではペンタセンが高いホール移動度を示しており，蒸着法でつくられたペンタセンの移動度は，デバイス構造の最適化により$3.0\,cm^2/Vs$まで向上している[1]。しかし，ペンタセンは大気中で不安定であること，溶媒への溶解度が乏しく，デバイス作製で溶液法が適用できないなどの欠点がある。これらの欠点を解消する目的でその誘導体や複素環を縮合したペンタセン類縁体が合成されている。

ペンタセンのベンゼン環をチオフェン環に換えることで大気安定性が改善される（図1）。チオフェン置換体 1 は，$0.31\,cm^2/Vs$（on/off比10^6）のホール移動度と低い閾値（7V）を示した[2]。移動度の値はデバイス構造に依存して変わるが，ここでは文献中で報告された最高値を紹介する。縮合ベンゼン環の数を変えると移動度が変わり，2 では$0.1\,cm^2/Vs$，3 では$0.39\,cm^2/Vs$を示しており[3]，π系の拡張に伴い，移動度が向上している。一方，チオフェン環のみよりなる 4 の移動度（$0.045\,cm^2/Vs$）がペンタセンや 1 よりも小さくなっている[4]。これに対し，ペンタセンの中央のベンゼン環をチエノチオフェンに換えた 5 はペンタセンの最高値に匹敵する移動度$2.9\,cm^2/Vs$を示した[5]。このデバイスはペンタセンと異なり大気安定性も備えている。ペンタセンや 5 は分子が積層した時のπ電子間の反発をさけるためヘリングボーン型の結晶構造を取っている。この構造では結晶の次元性が高いために多結晶薄膜で粒界の影響が小さく，高移動度を与えると考えられている。チオフェン環の代わりにピロール環を導入した化合物 6 も開発されている[6]。6 のFETデバイスは大気安定性を示し，移動度は置換基に依存しており，4-オクチルフェニル基を置換した場合に，$0.12\,cm^2/Vs$の最も高い移動度を示した。この物質は溶媒に可溶なために，溶液法でデバイスを作製できる利点がある。なお，ペンタセンのデバイスを溶液法で作製するために，溶媒に可溶な前駆体 7 で薄膜を作製し，加熱により置換基を脱離する方法が報告されている[7]。

ペンタセンの溶解度を高めて溶液法でデバイス作製を行うために，各種の置換体が合成されて

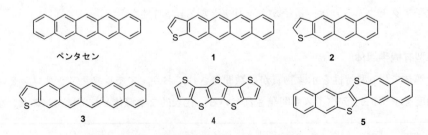

図1　構造式ペンタセンおよび1～5

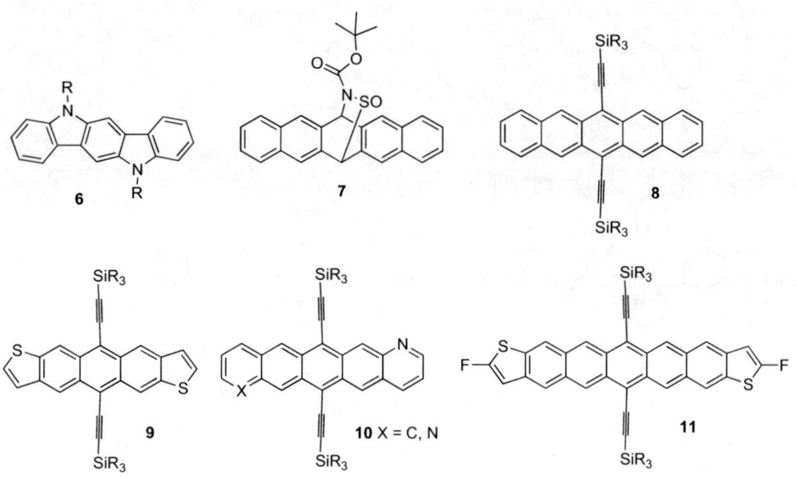

第4章　高移動度を目指した設計・解析・評価方法

図2　構造式6〜11

いる。アセチレン部の末端に嵩高い置換基を有するペンタセン誘導体**8**は，置換基の立体障害を
さけるように分子が積層し，πスタックのカラム構造を取ることが分かった。R＝i-Pr置換体を
用いたFETデバイスは，二次元的なカラム構造を取り，0.4 cm^2/Vsの移動度を示している[8]。チ
オフェン置換体**9**ではR＝Etが二次元カラム構造を取り，1.0 cm^2/Vsの高い移動度を示した[9]。
一方，ピリジン置換体**10**ではR＝i-Prで0.2 cm^2/Vsの移動度が得られている[10]。アルキル置換
基の長さがパッキング構造を決定していると見られる。さらに，最近，π系を拡張した**11**がドロ
ップキャスト法で0.9 cm^2/Vsの移動度を示すことが報告された[11]（図2）。

　一方，アントラセン誘導体はペンタセン類に比較して合成が容易という利点を有するが，アン
トラセンはπ電子系が小さいため，それ自身ではFET特性を示さない。しかし，置換基導入でπ
系を拡張することでFET特性を示すようになる。例えば，チエニル置換してπ共役系を拡大した
12は，良好なp型特性を示している[12]。特にヘキシル基を置換すると移動度は向上し，0.48 cm^2/
Vsに達している[13]。ヘキシル基は分子を基板に立てて並べるのに有効と考えられる。また，スチ
リル置換基でπ系を拡張した**13**は1.3 cm^2/Vsの高い移動度を示している[14]。アントラセンのベン
ゼン環をチオフェン環に換えた分子も合成されている。ジフェニル置換した**14**ではセレノフェン
体の方が高い移動度0.2 cm^2/Vsを示すが[15]，チオフェン体でもアセチレンを挿入した**15**は
1.17 cm^2/Vsの高い移動度を示している[16]。ナフトチオフェンの二量体**16**では大気下で0.67 cm^2/
Vs[17]，ビニレン体**17**では2.0 cm^2/Vsの高移動度が報告されている[18]。

　四環性の類縁体も開発されている。チエノチオフェンをコアに持つ**18**の移動度は最高2.0 cm^2/
Vs（Se体は0.3 cm^2/Vs）に達しており，大気中で数ヶ月放置しても安定であった[19]。また，**18**
のフェニル基を長鎖アルキル基に置換した化合物**19**が合成された[20]。長鎖アルキル基の導入で溶
媒への溶解度が増加して，溶液法でのデバイス作製が可能となった。興味あることに，溶液法で

97

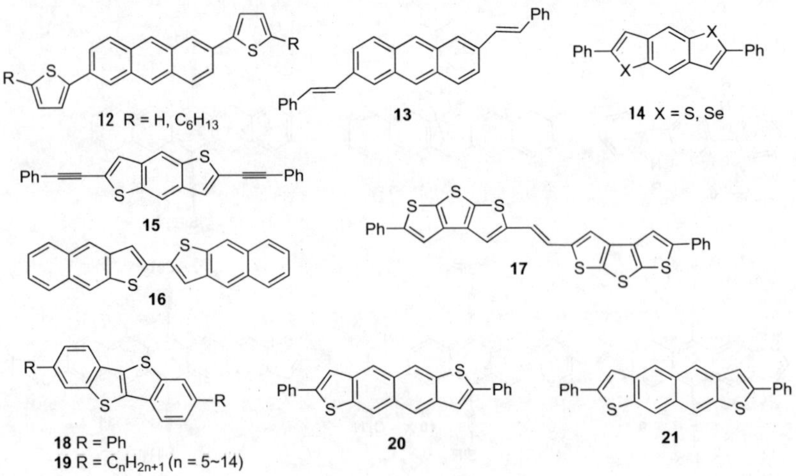

図3　構造式12〜21

作製したFETも高性能を示しており，溶解度と特性はアルキル基の長さに依存している。n＝13では溶解度は悪いが移動度は$2.75\,\mathrm{cm}^2/\mathrm{Vs}$と最大となる。また，インクジェット法による溶液法でn＝8は，単結晶薄膜を形成し，移動度は$16\,\mathrm{cm}^2/\mathrm{Vs}$に達している[21]。一方，**18**の異性体である**20**が合成され，薄膜トランジスタで$1.5\,\mathrm{cm}^2/\mathrm{Vs}$の移動度を示している。これに対して，その異性体**21**の移動度は$0.06\,\mathrm{cm}^2/\mathrm{Vs}$に留まり，分子の対称性が重要であることが示された（図3）。

1.2.2　チオフェンオリゴマー類

オリゴチオフェンを構成ユニットとする半導体は精力的に研究されており，チオフェンオリゴマー**22**ではチオフェン環の数および末端アルキル基の長さの効果が詳細に検討された。蒸着法のデバイスではチオフェン環は4〜6，アルキル基の長さは炭素数2〜6で高い移動度を示すことが報告されている[22]。こうしたチオフェンのみのオリゴマーよりもチオフェン―フェニレンのコオリゴマーの方がHOMOの準位が低下するために大気安定性が高くなる。

　可溶性のポリチオフェンは，溶液法で均一の薄膜が生成できるので，応用の観点から注目されている。ポリマーにおいてもFET特性にはポリマー鎖が規則的に配列し，結晶性であることが必要であり，アモルファス薄膜は良好なトランジスタ性能を示さない。ポリチオフェンにおいて可溶性で結晶性の薄膜をつくるには，長鎖アルキル基を適切な位置に置換することが求められる。ポリマー**23**（R＝$C_{12}H_{25}$）は結晶性を示し，薄膜が規則的に配列していることがX線解析により確認された。移動度は$0.05\,\mathrm{cm}^2/\mathrm{Vs}$であり，アニーリングを行うことにより，$0.12\,\mathrm{cm}^2/\mathrm{Vs}$に改善された[23]。ポリチオフェン**24**も結晶性であり，移動度は$0.022\,\mathrm{cm}^2/\mathrm{Vs}$とポリマーとしては高く，大気安定性もある[24]。一方，チエノチオフェンのユニットを有するポリマー**25**では移動度は$0.6\,\mathrm{cm}^2/\mathrm{Vs}$と向上した[25]。これはビシクロ環の剛直なπ電子系ユニットでポリマー鎖間の相互作用が増大したためと考えられる。含窒素のチアゾロチアゾール環を有するポリマー**26**は，移動度

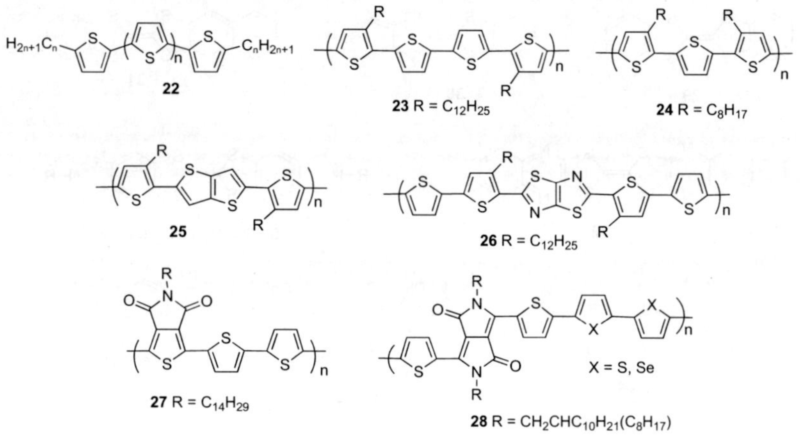

第4章　高移動度を目指した設計・解析・評価方法

図4　構造式22〜28

は0.14 cm^2/Vsと若干，低下したが，電子受容性のヘテロ環のためにHOMOが下がり大気安定性は増大している[26]。電子受容性のπ系とチオフェンのコポリマーでは，ドナー―アクセプター型の電子系のため，大気安定性の向上に加えて，ポリマー鎖間の相互作用が増大していると考えられる。最近，アクセプター部としてイミドユニットを導入したドナー―アクセプター型のポリマー27および28が開発されたが，27の移動度は0.6 cm^2/Vs[27]，28（X = Se）の移動度は1.5 cm^2/Vsと非常に高い[28]（図4）。

1.2.3　テトラチアフルバレン（TTF）類

TTF類は導電体を与える電子ドナーとして有名であるが，自己集積する性質を持つため，半導体材料としても有望である。しかし，TTF類はドナー性が強いため，薄膜状態では酸素による酸化を受け易く，デバイスにした時にオフ状態でも電流が流れ，オン／オフのスイッチング特性が低下する。従って，TTF類を半導体として使うためには，そのHOMO準位を下げて電子ドナー性を低下させることが必要である。TTF骨格に芳香環を縮合させると酸化電位が上がり，ドナー性が低下することが知られている。ベンゼンおよびチオフェン環を導入した誘導体29，30は，単結晶でそれぞれ1.0[29]，1.4 cm^2/Vs[30]の高い移動度を示すことが報告されている。29の薄膜での移動度は0.06 cm^2/Vsであったが，ナフタレン縮合体31では移動度0.42 cm^2/Vsと向上した[31]。これはπ電子系が広がり，分子間の相互作用が増大したためと考えられる。しかし，29および31のHOMOレベルはまだ高く，薄膜のFET特性は大気中では観測できない。これに対し，電子受容性のキノキサリン環を縮合した32の移動度は0.2 cm^2/Vsと若干低下したものの酸素に対しての安定性が増加し，オン／オフ比の向上も見られている[31]。ナフタレン縮合体31の結晶構造はペンタセンと同様のヘリングボーン型であるが，キノキサリン縮合体32はπスタック構造を取っている。これはTTFのドナー部とピラジンのアクセプター部が分子間の電荷移動相互作用をするためとして説明できる。この結果はドナー―アクセプターの相互作用を利用することで結晶構造を制御で

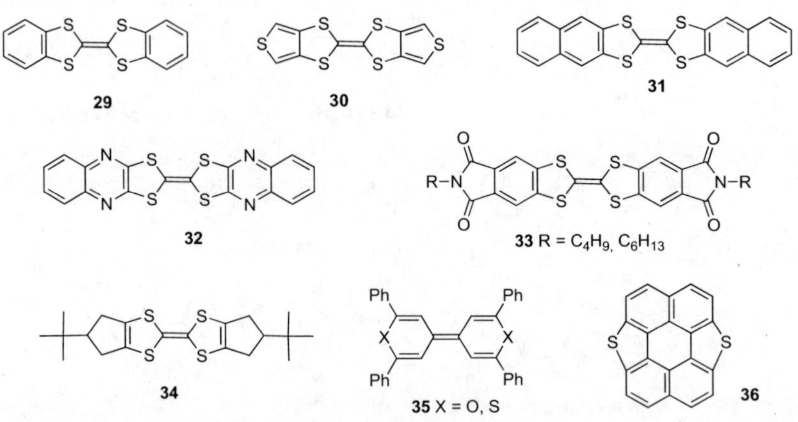

図5 構造式29〜36

きることを示している。ジベンゾTTF**29**のLUMO準位を下げて大気安定性を増大させるために
イミド部を導入した**33**が合成され，$0.40\,cm^2/Vs$（R＝Bu）が報告されている[32]。一方，*t*–ブチ
ル基を導入した誘導体**34**は，HOMO準位は高いが二次元的な結晶構造で密にパッキングするた
め，大気安定性があり，薄膜で$0.98\,cm^2/Vs$，単結晶で$2.3\,cm^2/Vs$の高い移動度を示している[33]。
また，TTFと等電子的な複素環ジピランおよびジチオピラン誘導体**35**も薄膜で$0.10\,cm^2/Vs$の移
動度を示す[34]。ジチオペリレン**36**はS···Sの短い接触（$3.45\,Å$）のカラム型の結晶構造を持ち，溶
液法で形成したナノリボンのホール移動度は最大，$2.13\,cm^2/Vs$であった[35]（図5）。

1.3　n型有機半導体

　p型半導体に比べてn型半導体は，種類が少なく，一般的にFET特性も低い。高性能n型半導体
はp–n接合や集積回路構築のために必要である。n型半導体としてフラーレン類が知られている
が，新規なn型有機半導体の開発は，p型特性を示すπ拡張電子系にフッ素などの電子受容性の置
換基を付けることにより可能となる。例えば，パーフルオロペンタセン**37**は電子移動度$0.11\,cm^2/$
Vsのn型FET特性を示す[36]。しかし，フラーレン類や**37**は大気中ではFET特性を示さない。一
方，フタロシアニンのパーフルオロ体**38**は大気安定性を示すが，移動度は$0.03\,cm^2/Vs$と高くな
い[37]。これに対して，最近，大気安定性を備えた高移動度のn型有機半導体の開発が進展してい
るので，それらを紹介し，n型半導体の分子設計の指針を述べたい。

1.3.1　ヘテロ環オリゴマー類

　チオフェンオリゴマーの末端にパーフルオロヘキシル基を導入した**39**もn型特性を示す。チオ
フェン環の数は4（n＝1）で移動度が一番高く$0.048\,cm^2/Vs$であり，長くなるに従い，移動度の
減少が見られる[38]。これは，チオフェン環が電子供与性であるために，チオフェン鎖が長くなる
と電子受容性が低下するためと考えられる。チオフェンオリゴマーの末端に電子求引性のアシル基

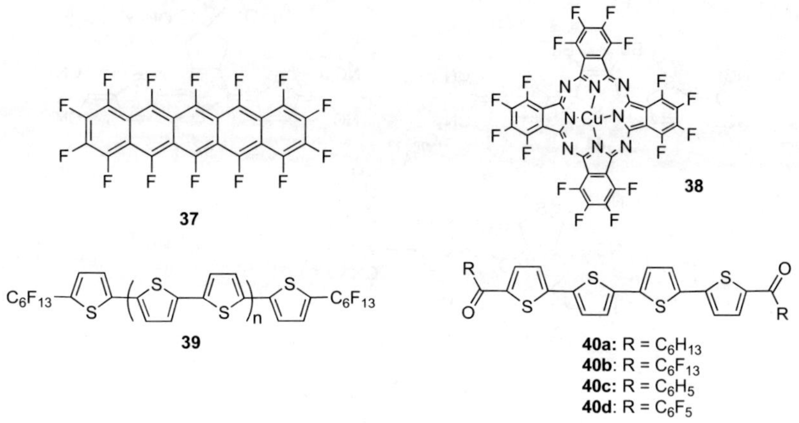

第4章　高移動度を目指した設計・解析・評価方法

図6　構造式37〜40

を置換することでもn型特性を誘起できる。ヘキシル基およびパーフルオロヘキシル基を有する**40 a**，**b**の電子移動度は，それぞれ，0.1, 0.6 cm^2/Vsであり[39)]，電子求引性の大きいフッ素置換体**40 b**の方が高い。**40 a**はn型だけでなくp型特性も示すアンバイポーラー（ambipolar）な挙動を示し，ホール移動度は0.01 cm^2/Vsであった。また，ベンゾイル体**40 c**は，p型特性（移動度0.043 cm^2/Vs），パーフルオロベンゾイル体**40 d**は，n型特性（移動度0.45 cm^2/Vs）のみ示した[40)]。これらの結果はFET特性に及ぼす末端置換基の重要性を示している。絶縁体—半導体界面にキャリアが蓄積される時に末端置換基が重要な役割を果たすと考えられる（図6）。

　以上に紹介したチオフェンオリゴマー骨格のn型半導体は，大気下ではFET特性を示さない。これは電子移動の活性種のアニオンラジカルが大気下で不安定で，酸素酸化などを受けるためと考えられる。アニオンラジカル種の安定化には強い電子受容性が必要であり，大気安定なn型有機半導体は−0.4 V vs. SCE以上の還元電位を示す必要があることが経験的に指摘されている。チオフェンオリゴマーで電子受容性を高めるためにジシアノメチレン基が導入された。末端にジシアノメチレン基を有するターチオフェン類縁体**41**は，キノイド構造を有するため高い電子受容性を示し，電子移動度0.2 cm^2/Vsのn型特性を示した[41)]。一方，類縁体**42**の溶液法（スピンコート法）で作製したデバイスが150度でアニーリングすることで大気下0.16 cm^2/Vsの電子移動度を示すことが報告された[42)]。さらに，縮合チオフェン系**43**は溶液法によるデバイスで0.9 cm^2/Vsの高い電子移動度を示している[43)]（図7）。

　筆者らは末端置換基としてトリフルオロメチルフェニル基を用いて，高い電子移動度を実現している。トリフロオロメチル置換体は一般的に結晶性がよく，グレインサイズが大きくなることと基板への配向がよくなるため高移動度を示す。チオフェンオリゴマーは電子供与性を有するため電子受容性は低く，そのためにキャリア注入の障壁が大きくなり，閾値電圧が高くなる。そこで電子受容性を高めるために電子受容性の含窒素複素環であるチアゾール環を導入した化合物が

101

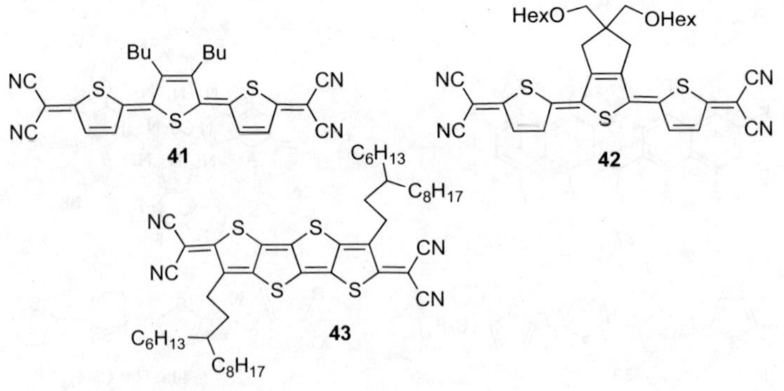

有機デバイスのための塗布技術

図7　構造式41〜43

合成された。チアゾロチアゾール環は剛直な二環性の環であるため π–π の分子間相互作用が期待され，分極した構造のため分子間のヘテロ原子の相互作用も期待できる。合成がジチオアミドと芳香族アルデヒドとの1段階反応で容易という利点もある。トリフルオロメチルフェニル基を有する**44**の結晶構造は，πスタック型であり，カラム環に短いS---S原子接触が認められ，二次元的な構造であった。**44**を用いたFETデバイスの電子移動度は$0.30\,\mathrm{cm^2/Vs}$，閾値は$60\,\mathrm{V}$であった[44]。OTS（オクタデシルトリクロロシラン）処理した基板を用いると移動度は，$1\,\mathrm{cm^2/Vs}$を上回った[45]。また，π電子系コアとしてビチアゾールを導入した**45**が合成された。**45**のSiO_2基板を用いたデバイスの移動度は，$0.21\,\mathrm{cm^2/Vs}$（閾値$67\,\mathrm{V}$）であり，OTS処理した基板を用いると移動度は$1.83\,\mathrm{cm^2/Vs}$に向上した[46]。この単結晶の結晶構造では完全な平面分子が二次元的なπスタック構造を形成している。嵩高いCF_3基の立体反発をさけるためにこうした構造を取ったと考えられる。π電子コアとしてさらに電子受容性の高いベンゾチアジアゾール環を有する**46**が合成された。このヘテロ環はキノイド骨格であることと，2つのC＝N二重結合を有するために高い電子親和力を持つ。実際に**46**のFETデバイスは，電子注入が容易になり，3Vの低い駆動電圧を示した（移動度$0.19\,\mathrm{cm^2/Vs}$）[47]。なお，**46**のデバイスではキャリア注入により発光が観測され，ゲート電圧に応じて発光強度が増大する発光FETの特性を示している。これは**46**のHOMO–LUMOのギャップが小さいため，電極からのホール注入が起こるためと考えられる。しかしながら，**44**〜**46**のFETは大気安定性がなく，安定性のためには中心コアの電子受容性をさらに高めることが要求された。この目的で開発された分子が**47**であり，超原子価のイオウ原子を有するヘテロ環は低いLUMO準位を有し，**47**の還元電位は$-0.37\,\mathrm{V}$ v. SCEであった。蒸着法で作製した薄膜の移動度は$0.77\,\mathrm{cm^2/Vs}$と高く，大気安定であった[48]。この半導体**47**とp型半導体ペンタセンからなるCMOSインバーター回路が試作され，大気下で150以上の高いゲインとスイッチング特性が実現された[49]（図8）。

1.3.2　ジイミドおよびジケトン類

　ジイミド類は合成が容易，高い熱的安定性，置換基導入により可溶性にできるなどの利点があ

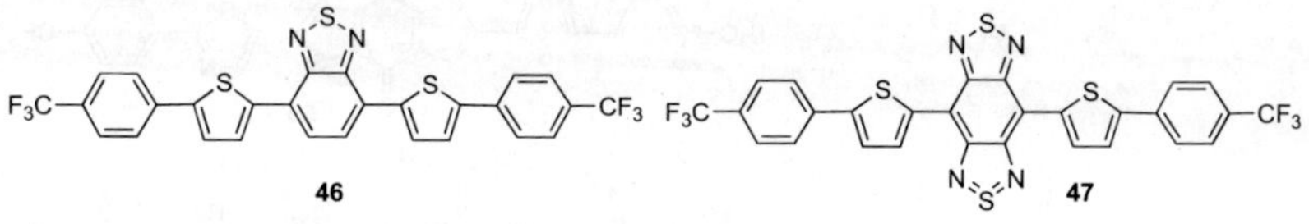

第4章　高移動度を目指した設計・解析・評価方法

図8　構造式44〜47

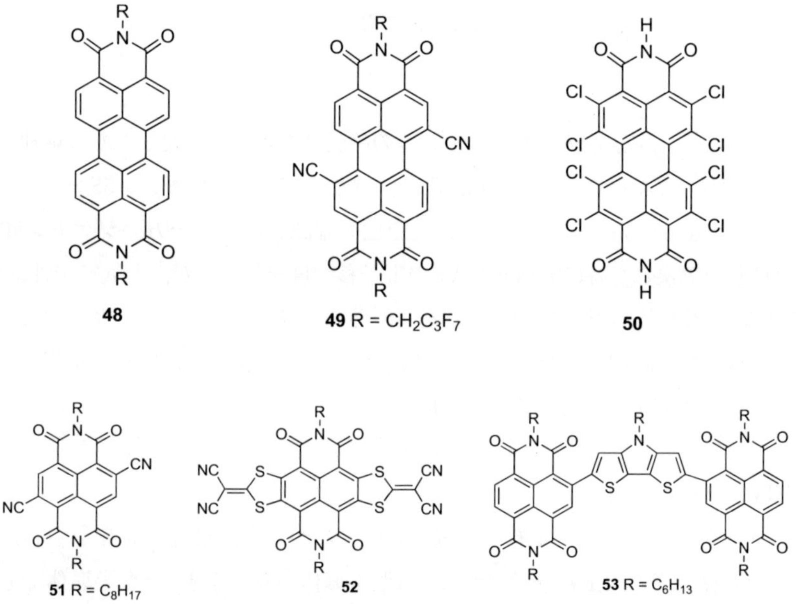

図9　構造式48〜53

り，活発な研究がなされている。例えば，ペリレンテトラカルボン酸ジイミド**48**が高移動度のn型半導体として知られている。オクチル置換体の電子移動度は$0.6\,\mathrm{cm^2/Vs}$と高いが，大気に不安定である[50]。アニオンラジカルの大気下での安定性には電子受容性の増大が必要であり，そのためにジシアノ置換体**49**が合成された。**49**のFETデバイスの移動度は$0.64\,\mathrm{cm^2/Vs}$と高く，期待されたように大気安定性が観測された[51]。また，オクタクロロ体**50**は，移動度$0.91\,\mathrm{cm^2/Vs}$で，大気安定性もあると報告されている[52]。一方，ペリレンをナフタレンに換えてπ系を縮小しても，高性能が実現されている。ジシアノ体**51**は大気安定で，$0.15\,\mathrm{cm^2/Vs}$の移動度を[53]，ナフタレン環を修飾した**52**も溶液法で$0.14\,\mathrm{cm^2/Vs}$の移動度を示す[54]。さらに，二量体にヘテロ環を挿入した**53**は，溶液プロセスで$1.5\,\mathrm{cm^2/Vs}$の高い電子移動度を示すことが報告されている[55]（図9）。

　キノン類は電子受容体として知られているが，キノン類をFETのn型半導体として用いた例は

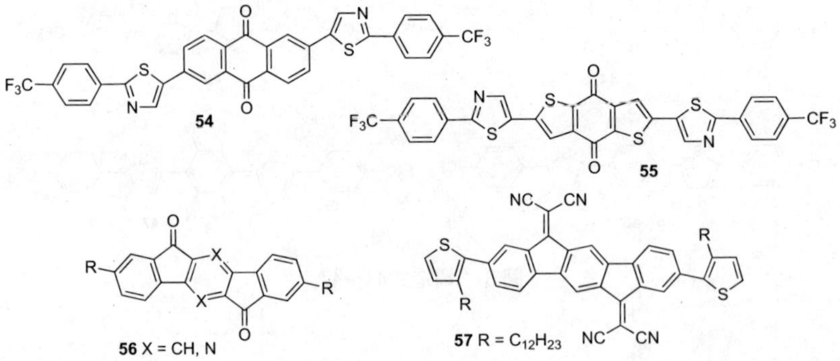

有機デバイスのための塗布技術

図10　構造式54〜57

　少ない。アントラキノン誘導体**54**は0.07 cm^2/Vsの移動度を示すが，大気下では駆動しない[56]。これは電子受容性が不十分なためと考えられ，より，電子受容性の高いキノン**55**が開発された[57]。**55**は電子移動度が0.15 cm^2/Vsと向上し，大気安定性も確認された。一方，ジケトン**56**はフッ素などの電子受容性基を置換した時に0.1 cm^2/Vsの電子移動度を示したが，大気安定性はなかった[58]。ジシアノメチレン基を導入すると大気安定性が見られるようになり，誘導体**57**は大気下で0.16 cm^2/Vsの移動度が観測された[59]。なお，**57**ではチエニル基に長鎖アルキル基が導入され，溶液法でのデバイス作製が可能となった（図10）。

1.4　おわりに

　高性能有機トランジスタを与える有機半導体の開発について，最近の研究を中心に構造毎に分類して紹介した。移動度の向上は日進月歩で，p型半導体のみならず，n型半導体でもアモルファスシリコンの移動度1 cm^2/Vsを上回る例が数多く報告されるようになった。デバイスも応用を考えて溶液プロセスを適用する場合も多くなった。多様性に富んだ有機化合物の特性を利用して新規な物質開発を進めることで，より高性能の有機半導体の開発が進展すると考えられる。

文　　　献

1)　H. Klauk *et al.*, *J. Appl. Phys.*, **92**, 5259（2002）
2)　M. L. Tang *et al.*, *J. Am. Chem. Soc.*, **128**, 16002（2006）
3)　M. L. Tang *et al.*, *J. Am. Chem. Soc.*, **131**, 882（2009）
4)　K. Xiao *et al.*, *J. Am. Chem. Soc.*, **127**, 13281（2005）
5)　T. Yamamoto *et al.*, *J. Am. Chem. Soc.*, **129**, 2224（2007）

第4章　高移動度を目指した設計・解析・評価方法

6) Y. Wu *et al.*, *J. Am. Chem. Soc.*, **127**, 614 (2005)

7) K. P. Weidkamp *et al.*, *J. Am. Chem. Soc.*, **126**, 12740 (2004)

8) C. D. Sheraw *et al.*, *Ad. Mater.*, **15**, 2009 (2003)

9) M. P. Payne *et al.*, *J. Am. Chem. Soc.*, **127**, 4986 (2005)

10) Y.-Y. Liu *et al.*, *J. Am. Chem. Soc.*, **132**, 16349 (2010)

11) K. P. Goetz *et al.*, *Ad. Mater.*, **23**, 3698 (2011)

12) S. Ando *et al.*, *Chem. Mater.*, **17**, 1261 (2005)

13) H. Meng *et al.*, *J. Am. Chem. Soc.*, **127**, 2406 (2005)

14) H. Klauk *et al.*, *Ad. Mater.*, **19**, 3882 (2007)

15) K. Takimiya *et al.*, *J. Am. Chem. Soc.*, **126**, 5084 (2004)

16) O. Meng *et al.*, *J. Mater. Chem.*, **20**, 10931 (2010)

17) M. Mamada *et al.*, *J. Mater. Chem.*, **18**, 3442 (2008)

18) L. Zhang *et al.*, *Chem. Mater.*, **21**, 1993 (2009)

19) K. Takimiya *et al.*, *J. Am. Chem. Soc.*, **128**, 12604 (2006)

20) H. Ebata *et al.*, *J. Am. Chem. Soc.*, **129**, 15732 (2007)

21) H. Minemari *et al.*, *Nature*, **475**, 364 (2011)

22) M. Halik *et al.*, *Ad. Mater.*, **15**, 917 (2003)

23) B. S. Ong *et al.*, *J. Am. Chem. Soc.*, **126**, 3378 (2004)

24) Y. Wu *et al.*, *Chem. Mater.*, **17**, 221 (2005)

25) I. Mcculloch *et al.*, *Nature Mater.*, **5**, 328 (2006)

26) H. Usta *et al.*, *J. Am. Chem. Soc.*, **128**, 9034 (2006)

27) X. Guo *et al.*, *J. Am. Chem. Soc.*, **133**, 13685 (2011)

28) J. Seung *et al.*, *J. Am. Chem. Soc.*, **133**, 10364 (2011)

29) M. Mas-Torrent *et al.*, *Appl. Phys. Lett.*, **86**, 012110 (2005)

30) M. Mas-Torrent *et al.*, *J. Am. Chem. Soc.*, **126**, 984 (2004)

31) Naraso *et al.*, *J. Am. Chem. Soc.*, **127**, 10142 (2005)

32) X. Gao *et al.*, *Ad. Mater.*, **19**, 3037 (2007)

33) M. Kanno *et al.*, *J. Mater. Chem.*, **19**, 6548 (2009)

34) A. Bolag *et al.*, *Chem. Mater.*, **21**, 4350 (2009)

35) W. Jiang *et al.*, *J. Am. Chem. Soc.*, **133**, 1 (2011)

36) Y. Sakamoto *et al.*, *J. Am. Chem. Soc.*, **126**, 8138 (2004)

37) Z. Bao *et al.*, *J. Am. Chem. Soc.*, **120**, 207 (1998)

38) A. Facchetti *et al.*, *Ad. Mater.*, **15**, 33 (2003)

39) M.-H. Yoon *et al.*, *J. Am. Chem. Soc.*, **127**, 1348 (2005)

40) J. A. Letizia *et al.*, *J. Am. Chem. Soc.*, **127**, 13476 (2005)

41) R. J. Chesterfield *et al.*, *Ad. Mater.*, **15**, 1278 (2003)

42) S. Handa *et al.*, *J. Am. Chem. Soc.*, **129**, 11684 (2007)

43) O. Wu *et al.*, *Chem. Mater.*, **23**, 3138 (2011)

44) S. Ando *et al.*, *J. Am. Chem. Soc.*, **127**, 5336 (2005)

45) D. Kumaki *et al.*, *Appl. Phys. Lett.*, **90**, 053506 (2007)

46) S. Ando *et al.*, *J. Am. Chem. Soc.*, **127**, 14996 (2005)

47) T. Kono *et al.*, *Chem. Mater.*, **19**, 1218 (2007)

48) T. Kono *et al.*, *Chem. Commun.*, **46**, 3265 (2010)

49) Y. Fujisaki *et al.*, *Appl. Phys. Lett.*, **97**, 133303 (2010)

50) P. R. L. Malenfant *et al.*, *Appl. Phys. Lett.*, **80**, 2517 (2002)

51) B. A. Jones *et al.*, *Angew. Chem., Int. Ed.*, **43**, 6363 (2004)

52) M. Gsänger *et al.*, *Angew. Chem., Int. Ed.*, **49**, 740 (2010)

53) B. A. Jones *et al.*, *Chem. Mater.*, **19**, 2703 (2007)

54) X. Gao *et al.*, *J. Am. Chem. Soc.*, **132**, 3697 (2010)

55) L. E. Polander *et al.*, *Chem. Mater.*, **23**, 3408 (2011)

56) M. Mamada *et al.*, *Chem. Commun.*, **45**, 2177 (2009)

57) M. Mamada *et al.*, *ACS Appl. Mater. Interfaces*, **2**, 1303 (2010)

58) T. Nakagawa *et al.*, *Chem. Mater.*, **20**, 2615 (2008)

59) H. Usta *et al.*, *J. Am. Chem. Soc.*, **130**, 8580 (2008)

2 電子材料の塗布流動解析

安原　賢[*]

2.1　はじめに

塗布（Coating）とは，基材（紙・Film・金属板・ガラス板など）に塗布液を塗る工程であり，科学的に表現すれば「基材上の気体（空気）を液体（塗布液）に置換する」操作である。製造業における塗布操作は，巻き出された長尺基材（ウェブ）に塗布を行いドライヤで乾かせて連続的に巻き取る連続塗布，テーブル塗布装置を用いた単板基材への毎葉塗布，また基材の一部に粘着材を塗り付ける場合も塗布操作のひとつであり，いずれの場合も巾方向及び流れ方向に対して均一な塗布面が望まれる。特に，写真感光材料や印刷製版材料，近年のフラットパネルディスプレイ部材，二次電池材料などではわずかな不均一塗布（塗布故障）も致命的な欠陥になるため，精密かつ効率的（高速，広巾）な塗布操作が求められる。

例えば，巾方向に乱れる代表的な塗布故障として，巾方向に等間隔のピッチを有する縦スジはリビング（ribbing）と呼ばれており，操業条件によって発生状況が変化することが知られている。

さらに，塗布において，最も重要だが難解なのは，基材に向かって塗布液が自由表面を描きつつ架橋する，いわゆる塗布ビードの挙動であり，基材と塗布液が初めて接触する部分は動的接触点（巾を考慮した3次元形状では動的接触線）と呼ばれ，気体・液体・固体の3相が共存する。高速塗布では，液が固体に濡れようとする力に，基材に随伴してきた空気層が液を押しのけようとする力が打ち勝ち，空気同伴現象（air entrainment）が発生する。この現象を抑制することは，あらゆる高速塗布の普遍的課題であり，数値解析による解明が望まれていた。

本節では，塗布ビード解析方法の現状について述べ，電子材料の塗布によく用いられるスロット塗布におけるリビングや空気同伴現象の解析再現について紹介する。

2.2　塗布流動解析方法の現状

2.2.1　塗布解析の分類

塗布に関して行われている主な流動解析は，ダイ内部流動解析と塗布ビード解析に大別される。

ダイ内部流動解析とは，流入口から供給された塗布液がキャビティー〜スリットを経て均一な液膜として吐出されるまでを解析するもので，全巾に渡る吐出精度の均一化，ダイ内部における塗布液滞留の抑制を目的として，閉空間内部の3次元定常解析がよく行われている。

一方，塗布ビード解析とは，ダイから吐出された塗布液が自由表面を形成しつつ基材に架橋して塗布膜となる状況を解析するもので，このビード挙動には多数のパラメータが複雑に影響するので解析による現象解明・最適設計が大いに役立つが，ミクロな自由表面の流動計算という独特の難しさがある。

＊　Masaru Yasuhara　MPM数値解析センター㈱　取締役センター長

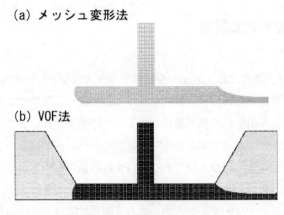

図1　メッシュ変形法とVOF法

2.2.2　自由表面計算手法の種類

　塗布ビードの自由表面計算手法として，メッシュ変形法，あるいはVOF法がよく用いられており，図1(a)にメッシュ変形法，(b)にVOF法で解析された2次元スロット塗布ビード形状の一例を示す。メッシュ変形法では塗布液のみが計算領域で，初期形状として仮定されたメッシュが計算中に変形して塗布ビード形状が得られる。VOF法では塗布液よりも一回り大きい領域を計算領域として，塗布液以外の部分は厳密には空気（air），あるいは簡易的に空隙（void）として扱われ，流体占有率（volume of fluid：VOF）という変数でビード形状が表現される。

　両者の特徴として，メッシュ変形法は液がちぎれるような激しい挙動の解析は難しいが，ある程度予測可能な挙動には向いており，少ないメッシュ数で高精度な自由表面が得られる。一方VOF法は予測困難な激しい自由表面挙動でも解析可能だが，ミクロな現象を再現するには精細なメッシュ・高い演算能力が必要となる。

　従来はメッシュ変形法による2次元定常解析がよく行われてきたが，VOF法による3次元非定常解析ならば空気同伴現象・リビングなどの塗布故障を解析結果として視覚的に表現できるので注目されており，実現象との定量的比較検証が求められていた。

2.2.3　市販解析ソフトの種類

　上記自由表面解析手法を搭載した市販解析ソフトがいくつか存在し，塗布ビード解析にも約5種類の市販ソフトが適用されている。メッシュ変形法は有限要素法（FEM）と組み合わされ，VOF法は有限差分法（FDM）や有限体積法（FVM）と組み合わされる場合が多い。これら各種市販ソフト適用の議論・情報交換は後述のWGでも活発に行われている。

2.2.4　解析ハード（コンピュータ）

　1980～90年頃には，数値解析用途としてスーパーコンピュータやEWS（Engineering Work Station）が一般的だったが，近年のPC性能向上に伴い，CPUとしてやXeonなどを搭載したPCがよく用いられている。2000年頃には計算高速化のために，ひとつの解析モデルをネットワーク

第4章　高移動度を目指した設計・解析・評価方法

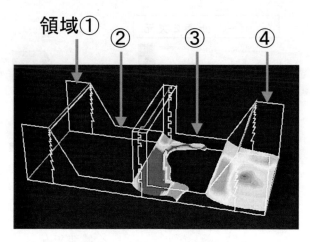

図2　4ノードへの負荷分散

表1　負荷分散による計算時間短縮効果

	本事例 (13,250 mesh)	参考事例 (53,000 mesh)	参考事例 (175,500 mesh)
1 node	1　　(145 min)	1	1
2 node	1.20 (120 min)	1.48	2.23
3 node	1.47 (99 min)	1.79	3.06
4 node	1.50 (97 min)	2.13	3.62

上の複数CPUノードに負荷分散する方法が用いられ，後述解析事例を4ノードに分散して解く様子を図2に示す。図2にて解析領域全体は領域①～④に分割されており，①～④各領域の計算を個別のCPUノードに割り当てて負荷分散することで計算時間の短縮を図っている。

表1は負荷分散による計算時間短縮効果であり，本事例（塗布液が流入してビードが安定するまでの非定常計算）を1ノード（Pentium4-2GHz）で解いた場合に，計算時間は145分と十分実用的な計算時間である。さらに計算時間短縮を狙って4ノード（ギガビットイーサ接続）に負荷分散した場合，計算時間短縮は145→97分（短縮効果1.5倍）と，期待したほどの効果は得られない。これは本事例が13,250メッシュと比較的小規模なためで，参考事例の大規模モデルでは，理想値である4倍に近い効果を発揮している。

最新の状況として，2010年頃からは1筐体内に多数のCPU・コアを搭載したPCが一般的となり，これらのコアに負荷分散する場合には上記のネットワーク経由分散に比べて非常に効率がよい。ただし小規模モデルでは，コア数を増やしても計算時間がほとんど短縮できない場合もあり，ハード・ソフト・解析モデルに応じて最適な選択をすることで計算時間短縮を目指すべきである。

2.2.5　解析仕様の決定

解析のディメンジョンとして，ビード断面2次元解析（図3(a)），両端シンメトリー3次元解析（図3(b)），エッジ効果を考慮した完全3次元解析[1]がある。また解析領域の大きさをどの程度の

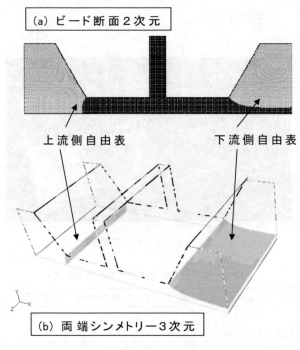

図3　解析ディメンジョン

寸法に設定するか，定常解析か非定常解析か，などを目的に応じて設定する必要がある。解析で再現したい塗布故障が，どの程度の寸法ピッチやタイムスケールで発生しているかを十分考慮して仕様を決める必要がある。

2.2.6　解析メッシュ生成

解析形状を定義してメッシュを生成する。多くの市販ソフトにてCAD的なユーザーインターフェースが準備されており，複雑な形状にはCAD形式ファイルからのインポートも便利である。メッシュの種類として，塗布解析では規則正しい直交構造格子が理想的（不規則メッシュは塗布故障発生の判断をまぎらわしくするため）であり，最薄部にも最低限3メッシュを設けて速度や圧力などの勾配が表現されるようにする。詳細な解析には細かいメッシュが必要だが，特に非定常計算の場合には極めて小さなタイムステップを要求されるので計算時間が莫大に増加する場合がある。市販ソフトによっては，重要な部分のみメッシュを細分したり，気液界面に沿ってメッシュを細分する機能もあり，計算時間を極力抑えた詳細解析に活用できる。

2.2.7　境界条件・計算パラメータなどの設定

塗布ビード解析では特有の条件として，走行する基材を移動壁と扱い，液の表面張力・液と基材の接触角度などを与える。また，物理学に基づく各種計算スキームの選択，数値計算上の不足緩和係数・収束条件・非定常計算タイムステップなどを適切に与えることが必要で，経験やノウハウが必要な作業である。

第4章 高移動度を目指した設計・解析・評価方法

2.2.8 解析結果の評価

VOF法の場合，解析結果の自由表面輪郭（気液境界）は液のVOF値＝0.5の等値線（3次元の自由表面は等値面）で表現される。解析結果から塗布故障のわずかな傾向を読み取るには，巾方向や流れ方向に対する塗布膜厚変動をスキャンして，定量的にプロットする処理方法が向いている。また，非定常計算の場合には，アニメーションを作成して時間依存挙動を把握することも重要である。

2.2.9 現実と解析結果の比較・反映

解析結果のビード形状が実現象と一致するかを確認するために，マイクロスコープなどを用いたビード可視化実験と比較することが考えられる。しかし，塗布ビードは数百μm以下と非常に薄く，実操業レベルの高速域でビード観察を行うことはかなり難しい。そこで，解析結果の信憑性を間接的に評価する方法として，coating windowを用いて解析結果と塗布試験結果を相対比較する方法もある。coating windowとは，各種操業条件（あるいは各種無次元数）と塗布故障発生の相関をグラフにプロットしたもので，スロット塗布の一例を図4に示す。本事例では，解析結果（実線）と実験結果（点線）が比較的よく一致しており，解析結果の信憑性が確認された。ただし，一部では危険側の解析結果（解析結果では正常塗布なのに，実験では塗布故障を生じる）が得られた。そこで，その条件における解析の妥当性を再検討した結果，解析の巾方向領域が狭すぎる場合には故障を再現できず，実現象に対して適正な巾方向解析領域を確保すれば故障を再現できることが判明した。このように，実現象と解析を定量的に比較して，解析仕様の妥当性を振り返ることも重要である。また，いくら加工精度のよい塗布設備でも機械加工上のうねりや凹凸があるはずだが，通常の解析ではこれらを簡略化して凹凸を無視した線もしくは面で形状を表

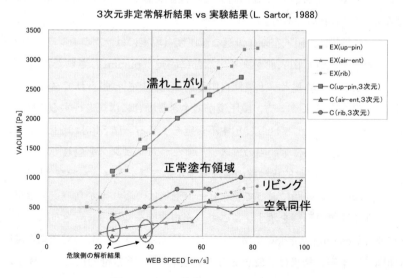

図4 スロット塗布のcoating window

現する場合が多い。従って，液割れなどの塗布故障は現実の方が発生しやすい場合もあり，解析による最適設計では十分な安全率を考慮する必要がある。

2.3 シミュレーションWGに関して

　最近の塗布解析では市販ソフトがよく用いられるようになったが，上述のように塗布解析には独特のノウハウや経験が必要になる。そこで，塗布技術研究会 塗布・乾燥シミュレーションワーキンググループ（略称：CRACFDWG）では，塗布流動及び乾燥解析に興味を持つ企業や大学が集まり，互いの解析技術レベルアップを目的として，解析方法・市販解析ソフト適用を・無償オープンソース解析ソフト活用を主とした情報交換を行った。具体的な活動として，3ヶ月毎のミーティングを開催しており，2011年9月にて第35回ミーティングを迎え，正式メンバーは34名に至った。

　また，これまでのWG共同研究実績として，メンバー各企業で使用している3種類の市販ソフトを用いて同一条件のスロット塗布解析を相互比較した結果[2,3]をCRACFDWG共同名義で学会発表した。さらに，塗液の自由表面解析には表面張力・接触角度の考慮が非常に重要であり，市販解析ソフトでの解析精度検証[3,4]，オープンソース解析ソフトでの解析精度検証[5]も学会発表した。

2.4 スロット塗布解析事例の紹介

2.4.1 3次元解析によるcoating window

　上記CRACFDWGによるスロット塗布解析は2次元（図3(a)）であり，これを『3次元（図3(b)）に拡張した研究[6]』の概要を紹介する。本事例では，離散化手法として有限体積法，自由表面手法としてVOF法を搭載した市販解析ソフトを用い，3次元及び2次元形状の非定常解析を行っている。また，空気・塗布液の2流体両方に物性値を与えており，塗布液以外の部分は空隙（void）ではなく空気（air）である。

　図3に示すビード形状は，領域左端に最適な減圧度（現実にはサクションチャンバーを用いる）を与えているため，上流側自由表面がダイ先端部に固定（pinning）された最も安定な状態である。これ以上に減圧度を強めると，上流側自由表面は左側に引っ張られてダイリップ面を濡れ上がり（wetting）不安定になる。一方，減圧度が弱すぎる場合には，走行する基材に引きずられて上流側自由表面が右側へ移動して図5に示す不安定を生じる。図5(a)は減圧度が弱いため動的接触線が波状に揺らぎ，巾方向に等間隔の縦スジ，すなわちリビングを生じている。さらに減圧度を弱めると，図5(b)のように動的接触線の前進部分から空気を噛み込んで空気同伴現象を生じる。

　以上のように，減圧度の強弱によって塗布ビード形状は，濡れ上がり→正常塗布→リビング→空気同伴，という4種類の形態を示す。ここで，塗布速度を変更（wet塗布厚さは一定）して上記4形態を整理したcoating windowを図4に示す。塗布速度上昇に伴って適切な減圧度は上側にシフトする傾向で，本解析結果は「Sartorらの実験結果[7]」と定量的によく一致することが確認された。

第4章 高移動度を目指した設計・解析・評価方法

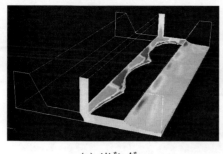
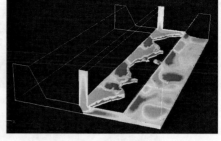

(a) リビング　　　　　　　　　　　(b) 空気同伴現象

図5　代表的な塗布故障解析結果

2.4.2　2次元詳細解析による空気同伴臨界速度

ただし，図4において空気同伴が発生した領域は減圧度が弱すぎることが原因であり，適切な減圧度を与えれば工業的には問題にならない。これを空気同伴臨界速度V_{ae}以下の空気同伴と呼び，比較的大きな気泡が塗布膜を破壊したり，いわゆる条塗り（塗布部と無塗布部のストライプ）になる場合もある。しかし，塗布速度をさらに上げるといくら減圧度を強めても空気同伴を回避できない領域があり，これをV_{ae}以上の空気同伴と呼ぶ。この状態にて，『塗布膜中の気泡を実験的に確認した事例[8]』が報告されている。ただし，あまりにも微小な同伴気泡ならば，塗布液に溶解して最終的には消滅して品質上の問題にはならない，という説もある。

そこで，V_{ae}以上の空気同伴が解析結果として再現できるか確認するために，2次元モデルに戻って動的接触点近傍メッシュを細分し，pinningビード形状が得られる最適な減圧度条件（A：2800 Pa，B：3600 Pa，C：4700 Pa）を与えた場合の動的接触点挙動を観察した解析結果を図6に示す。

動的接触点において塗布液と基材のなす角度は動的接触角度と呼ばれ，(a)→(b)→(c)と高速になるに従って解析結果の動的接触角度が増大する。また，(b)では基材上に同伴気泡が認められるため，本解析では75～100 cm/secの間に空気同伴臨界速度V_{ae}が存在すると判断した。なお，明らかに気泡を噛み込む(c)の状態をアニメーション表示すると，動的接触角度は時間的に変動しており，180度に漸近した瞬間に気泡を噛み込む挙動が観察された。ここで，本解析によるV_{ae}を既往の実験的研究と比較すると，「Burleyによる空気同伴臨界速度[9]」は

$$V_{ae} = 1.14(\sigma/\mu)^{0.77} = 78.6 \text{ cm/sec}$$

となり，本解析によるV_{ae}に近い値である。

以上のように，VOF手法を用いた気液2相解析にて，空気同伴臨界速度V_{ae}以上の空気同伴現象が再現され，動的接触角度が微小時間スケールで非定常的に変動して微小気泡を噛み込む挙動が確認された。

有機デバイスのための塗布技術

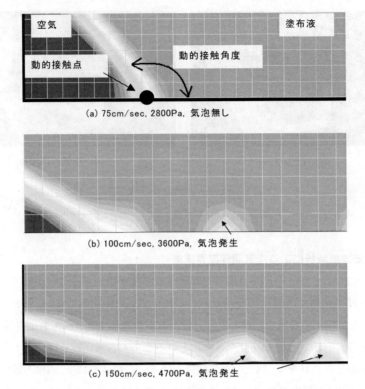

図6 空気同伴臨界速度

2.4.3 巾方向塗布エッジ，塗布開始及び終了端の不均一解析

塗布巾方向エッジ近傍では膜厚不均一（厚塗や薄塗）を生じやすく，歩留まり悪化や乾燥負荷増大の問題を招く。この現象を解明するにはエッジ近傍のみを解析領域として取り出した，先述の3次元ビード解析が有用である。

また，巻取フィルム基材などへのロールtoロール連続塗布では，塗布開始端（塗始め）・終了端（塗終わり）の不均一は，その発生頻度が頻度が少ない（例えば数百mに一度しか存在しない）ためあまり問題視されない。しかし，単板ガラス基材などへの毎葉テーブル塗布や，特に間欠パターン塗布では頻度が高い（数cmや数十cm毎に存在する）ため重要な課題になる。この現象を解明するには，塗液供給流量を時間軸で変更した非定常解析[10]が有用である。

図7は，2種類の塗液初期形状（A：ビードを貼った状態　B：ビードを貼らない状態）から塗布を開始した場合に，定常膜厚に達するまでの厚塗・薄塗挙動が異なることを示している。

これらの塗液挙動は非常にドラスティックな動きであり，メッシュ変形法で再現するには何かと厳しい現象であったが，VOF法ならば比較的容易に再現可能である。ただし，解析領域を比較的大きく取り，非定常計算の時間ステップを多く取る必要がある（例えば数cm領域の3次元非定常解析を数sec間も進行させる）ため，上述の計算効率化が有用な解析分野である。

第4章　高移動度を目指した設計・解析・評価方法

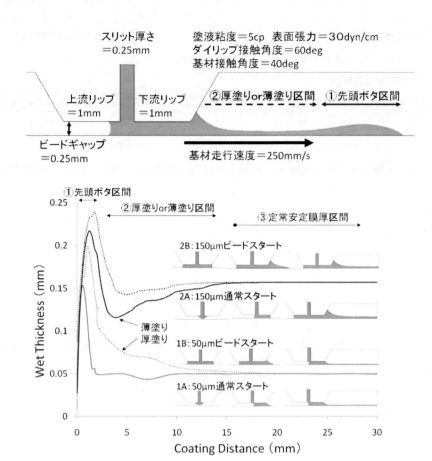

図7　塗布開始部のWET膜厚変動

2.5　今後の展望
2.5.1　空気同伴の基礎研究

　従来の空気同伴解析では，「動的接触角度が180度に漸近するという解析結果は空気同伴発生を示唆する」とされていたが，本節では，実際に気泡を噛み込む様子まで解析結果として表現されることを示した。ただし，気泡の定量的な大きさ，塗布膜中での気泡不安定性による激しいムラ状空気同伴への遷移，なども言及していく必要がある。現状の解析は純粋な流体力学のみに基づくものだが，より現実的には静電気力・分子間力などを考慮必要な可能性もある。また今回の空気同伴解析を塗布装置全体のマクロ解析に組み込み，高速塗布達成の研究に活用することが期待される。

2.5.2　構造連成解析

　本節では基材を剛体として扱ったが，テンションウェブ塗布では基材張力による変形反発力を，またブレード塗布や変形ロール塗布ではブレードやゴムの反発力を考慮すべきで，流体解析に構

造解析を取り入れた連成解析が用いられる。従来はメッシュ変形法に構造解析を付加した手法が
よく用いられたが，VOF法への構造連成[11]も実用化されている。

2.5.3　粒子挙動連成解析

　流体中に浮かべた比較的大きな粒子に関して，粒子の質量，大きさ，粒子同士の衝突反発力も
考慮したモデルが組み込まれつつあり，さらには粒子を数珠状につないだ流体中の繊維（fiber）
挙動解析などへの応用も期待される。他方，ナノオーダー粒子の配向挙動解析も検討されており，
塗布工程における意図的な配向制御や，乾燥工程における相分離制御への適用が期待される。

2.6　最後に

　以上のように，塗布流動解析において最大の関心事項である空気同伴解析も達成されつつあり，
今後は流体力学以外の解析手法とも連成して，より実現象に忠実な塗布解析が可能になるであろう。

　市販ソフト適用の一般化，解析方法の情報交換などにより，これまで敷居の高かった塗布解析
もかなり親しみやすくなったと思われる。しかし，効率的な解析を行い実操業にタイムリーなフ
ィードバックを得るには，本格的なソフトやハード・解析上のノウハウも必要であり，塗布解析
に関する相談をいただく機会も多い。このような要望に応えるべく，三菱製紙㈱では2005年4月
より「塗布流動解析の受託及びコンサルティング業務」を開始し，さらに2011年4月に本事業部
門を「MPM数値解析センター㈱」として分社化しており，様々な分野での塗布最適化に貢献し
たいと考えている。

文　　　献

1)　M.Yasuhara，コンバーテック，**343**（2001）
2)　CRACFDWG，化学工学会第36回秋期大会，E2P08（2003）
3)　CRACFDWG, 14 th ISCST（2008）
4)　CRACFDWG，化学工学会第39回秋期大会，J215（2007）
5)　CRACFDWG，化学工学会第43回秋期大会，J315（2011）
6)　M.Yasuhara, 化学工学会第36回秋期大会，E3A01（2003）
7)　L.Sartor, L. E. Scriven, AIChE Spring Meeting（1988）
8)　K.Miyamoto, Industrial Coating Research 1（1991）
9)　R.Burley, Industrial Coating Research 2（1992）
10)　M.Yasuhara，化学工学会第41回秋期大会，S315（2009）
11)　M.Yasuhara，化学工学会第43回秋期大会，J316（2011）

3　エレクトロスピニング法を用いたπ共役系高分子ナノファイバーの作製と分子配向状態評価

石井佑弥[*1]，村田英幸[*2]

3.1　はじめに

　主鎖骨格に沿ってπ電子を有するπ共役系高分子は，主鎖方向へ大きく偏った電気・光特性を示す。π共役系高分子鎖は通常，ランダムコイル状もしくはランダム方向を向いた微結晶の形態をとっているので，高分子鎖を一軸配向させることにより，例えばキャリア移動度および導電性の向上，偏光発光などの特異な物性が発現する。π共役系高分子を配向させる方法として，例えばフィルムを機械的に延伸する方法[1]，摩擦転写法[2]，Langmuir-Blodgett法[3]，特殊な基板（テンプレート）を用いて配向させる方法[3]，エレクトロスピニング法[4]が報告されている。なかでもエレクトロスピニング法は，静電界により簡便に高分子ナノファイバーが作製可能な手法であり，ファイバー中で高分子鎖が配向することが報告されている[4]。加えて，電界を制御することによりファイバーの堆積位置が制御可能である。したがって，同手法により作製されたπ共役系高分子ナノファイバーは，極小の高性能光電子デバイス基材として期待される。

3.2　本数制御したπ共役系高分子ナノファイバーの作製

　エレクトロスピニング法は，高電圧で高分子溶液を帯電させて噴出するジェット溶液からナノファイバーを作製する手法である。作製されるナノファイバーは高速でらせん状の軌道を描きながら形成されるため，通常ランダム方向を向いた不織布としてコレクター上に得られる[5,6]。この場合，フィルターや補強材，センサー，細胞培養基材へ応用する際には有用であるが，作製した機能性高分子ナノファイバーを光電子デバイスや回路に応用する際には，ファイバーの配向と本数を制御することが必要となる。加えて，1本，2本と本数制御してナノファイバーを作製できることは，ファイバーの定量的な物性評価に必須の要素となる。しかしながら，本数制御して一軸配向したナノファイバーを作製することは従来のエレクトロスピニング法では極めて困難であった。これは，瞬時に多数のファイバーがコレクター上に堆積してしまうためである。そこで我々は，本数制御した一軸配向ナノファイバーを実現するために，新たにコレクター切替式エレクトロスピニング法を開発した[7]。この手法を用いることで，ナノファイバーの本数と配向制御が初めて可能になる。さらに，得られたファイバーを延伸することによって分子鎖の配向制御も可能になる。概要図を図1に示す。STEP 1で本数および配向制御を行い，STEP 2で得られたファイバーを延伸する。以下，各STEPの詳細な説明を行う。

　①　STEP 1：本数制御および配向制御

　　一般的なエレクトロスピニング装置とは異なり，2つのコレクター電極が対向した構造になっており，高圧電源（HVPS 2）からの電圧を選択的に一方のコレクターに印加できる。シリ

＊1　Yuya Ishii　北陸先端科学技術大学院大学　マテリアルサイエンス研究科

＊2　Hideyuki Murata　北陸先端科学技術大学院大学　マテリアルサイエンス研究科　教授

有機デバイスのための塗布技術

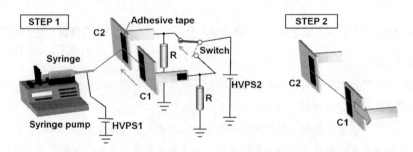

図1　コレクター切替式エレクトロスピニング法の概要図

ンジ先端に接続した高圧電源（HVPS 1）と逆極性の電圧をHVPS 2からコレクターに供給することにより，選択的に一方のコレクターにファイバーを堆積させることができる。例えば，図1中のコレクターC 1からコレクターC 2へ印加電圧の切替を1回行うと，ファイバーの堆積するコレクターがC 1からC 2に切り替わり，同時にC 1とC 2の間にファイバーが1本だけコレクター間を橋渡しするように得られる。したがってスイッチ回数を2回，3回と制御すると，ナノファイバーを2本3本と正確に本数制御された状態で作製することができる。

② STEP 2：延伸

あらかじめコレクターに張り付けておいた導電性両面テープにより，STEP 1で作製されたファイバーは両端を固定されている。したがって，コレクター間距離を広げることにより作製したファイバーを延伸することができる。

Poly［2-methoxy-5-（2'-ethyl-hexyloxy）-1,4-phenylenevinylene］（MEH-PPV）とPoly（ethylene oxide）（PEO）（図2）の混合ナノファイバーを実際に本数制御して作製した（図3）。MEH-PPVは赤色発光材料として有機ELなどに広く用いられているπ共役系高分子である。本数制御して2つのコレクターC 1，C 2間に作製されたファイバーを，機械的に延伸し，ガラス基板上のAl電極上に配置した。コレクター切替式エレクトロスピニング法を用いることで，本数制御された一軸配向ナノファイバーが簡便に作製可能であることが分かる。これまでに報告されている高速で回転しているドラムやディスクコレクターでファイバーを巻き取る方法[8]や，接地した2枚のコレクターを対向させコレクター間にファイバーを作製する方法[9]では，一軸配向したファイバーは作製可能であるが，一瞬にして多数のファイバーが堆積してしまうために本数制御することは不可能に近い。しかしコレクター切替式エレクトロスピニング法では，ファイバーの向きは2つのコレクター間の静電界により決定され，ファイバーの本数もスイッチの切替回数により簡便に制御可能である。図3(d)は5000本のMEH-PPV/PEOファイバーの走査型電子顕微鏡（SEM）像である。高度に一軸配向し，正確に本数制御されたナノファイバーシートが作製可能であることが分かる。後に述べるが，エレクトロスピニング法で作製されたナノファイバー中のπ共役系高分子鎖は，スピンコートフィルム中の分子鎖よりも高度に配向している。したがって，互いのファイバーが高度に一軸配向した構造は，光電子デバイスへの応用に適していると考えられる。

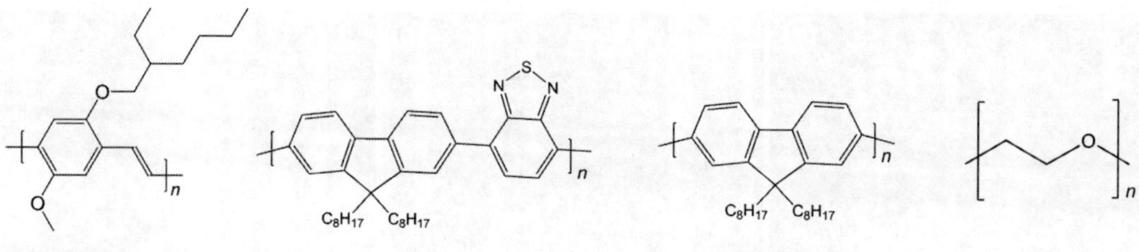

第4章　高移動度を目指した設計・解析・評価方法

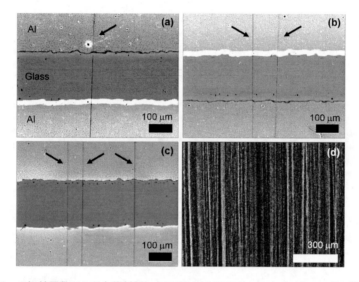

図2　使用した有機高分子材料

図3　(a)〜(c)スイッチ切替回数により本数制御したMEH-PPV/PEOファイバーのレーザー顕微鏡像, (a)1本, (b)2本, (c)3本, (d)5000回スイッチ切替を行い作製したMEH-PPV/PEOファイバーシートのSEM像

3.3　平均ファイバー直径の制御

　MEH-PPVと同様に，Poly (9,9-dioctylfluorene) (F8) およびPoly[(9,9-di-n-octylfluorenyl-2,7-diyl)-alt-(benzo [2,1,3] thiadiazol-4,8-diyl)] (F8-BT) を材料としファイバーを作製した。F8およびF8-BTはそれぞれ青色および黄色発光のπ共役系高分子であり，有機ELなどに広く用いられている。各π共役系高分子をPEOと重量比1：2で混合し，等重量濃度でクロロホルムに溶解させ試料溶液とした。図4にコレクター切替式エレクトロスピニング法で紡糸し各延伸倍率で延伸したMEH-PPV/PEO，F8/PEO，F8-BT/PEOナノファイバー束のSEM像を示す。良好なナノファイバーが作製されており，各ファイバーが高度に一軸配向していることが分かる。SEM像から測定した100点のファイバー直径から平均ファイバー直径の延伸倍率依存性を評価した（図5）。延伸倍率の増加に伴い平均ファイバー直径は減少し，π共役系高分子ナノファイバーの平均直径の制御が可能であることが分かった。例えば未延伸MEH-PPV/PEOファイバーの平均ファ

有機デバイスのための塗布技術

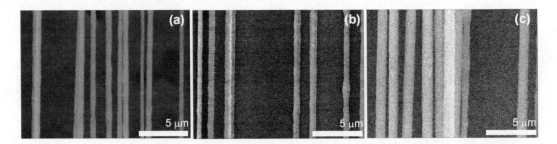

図4 (a) 3倍延伸MEH-PPV/PEOファイバー束，(b) 5倍延伸F8/PEOファイバー束，および(c) 3倍延伸F8-BT/PEOファイバー束のSEM像

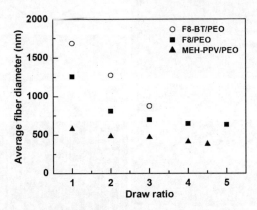

図5 平均ファイバー直径の延伸倍率依存性

イバー直径は580±100 nmであったが，延伸4.5倍で380±60 nmまで減少している（エラーは標準偏差を表す）。同様にF8/PEOファイバーとF8-BT/PEOファイバーでは，未延伸時の平均ファイバー直径がそれぞれ1260±250 nmと1690±290 nmであったものが，延伸5倍または延伸3倍で650±120 nmまたは870±150 nmまで減少している。したがって，エレクトロスピニング法と機械的延伸を組み合わせることで，π共役系高分子ファイバーの直径をナノメートルオーダーで制御可能であることが分かる。

3.4　ナノファイバーからの高度偏光発光[4]

図6に3倍に延伸したMEH-PPV/PEOナノファイバー束の偏光蛍光顕微鏡像を示す。偏光子および検光子がファイバー軸に対して平行の場合（図6(a)）は，発光しているファイバーが明確に観察できるが，偏光子および検光子がファイバー軸に対して垂直の場合（図6(b)）にはファイバーからの発光が観察できない。このことから，ファイバー内部の高分子鎖がファイバー長軸方向に配向していることが示唆された。より定量的にπ共役系高分子鎖の配向性を評価するために，偏光発光スペクトルを測定した。ここでは，無偏光の励起光を用いた。図7に未延伸一軸配向π

第4章　高移動度を目指した設計・解析・評価方法

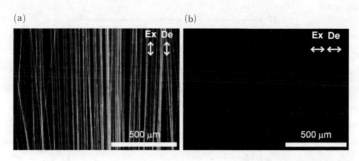

図6　3倍に延伸したMEH-PPV/PEOナノファイバー束の偏光蛍光顕微鏡像
(a)偏光子，検光子ともにファイバー軸に平行，(b)偏光子，検光子ともにファイバー軸に垂直

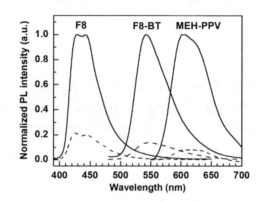

図7　未延伸ファイバー1000本の偏光発光スペクトル
実線はファイバー軸に対して平行方向の偏光発光スペクトルであり，
破線はファイバー軸に対して垂直方向の偏光発光スペクトル。

　共役系高分子ファイバー1000本の偏光発光スペクトルを示す。MEH-PPV/PEOナノファイバーの偏光発光二色比（ファイバー軸に対して垂直方向の偏光発光強度に対する平行方向の偏光発光の強度比）は，未延伸時で13.3であり，この値はすでにメソポーラスシリカを用いたMEH-PPVの配向法で報告された偏光発光二色比12.2[10,11]を上回った。したがって，エレクトロスピニング法はπ共役系高分子鎖の配向に対して極めて有効であることが明らかになった。さらに延伸により偏光発光二色比は向上し，MEH-PPV/PEOファイバーでは最高25，F8-BT/PEOファイバーでは9.3，F8/PEOファイバーでは9.5を示した（図8）。このことから，ファイバーの延伸も高分子鎖の配向性向上に有効であることが分かった。また，配向性を制御するという点では，延伸倍率制御により配向性も制御可能であると言える。これまでにフィルムの機械的な延伸により高分子鎖が配向することが報告されているが，ナノファイバー中では未延伸時ですでに高度にπ共役系高分子鎖が配向していることが明らかになった。

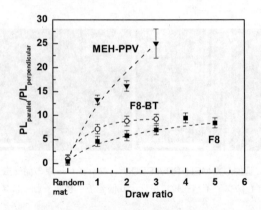

図8 偏光発光二色比の延伸倍率依存性

延伸倍率0にランダムマットの偏光発光二色比をプロットした。エラーバーは標準偏差を表す。

3.5 偏光ラマン分光法を用いたπ共役系高分子鎖の配向度評価

π共役系高分子鎖の長鎖軸（z軸）とファイバー軸（Z軸）とのなす角（配向角）をφとする。すなわち，一軸配向したファイバー中でのπ共役系高分子鎖の配向角がφであったとする。簡単のために，π共役系高分子鎖のラマン散乱テンソル a を(1)式のようにおく。

$$a = \begin{pmatrix} 0 & 0 & 0 \\ 0 & 0 & 0 \\ 0 & 0 & \alpha_{zz} \end{pmatrix} \tag{1}$$

この場合，Z軸方向の入射偏光に対するY軸方向（図9(a)内挿入図参照）の偏光ラマン散乱光強度（I_{YZ}）と，同Z軸方向の偏光ラマン散乱光強度（I_{ZZ}）との比である偏光比（ρ）は，φを用いて(2)式のように記述できる[12]。

$$\rho = \frac{I_{YZ}}{I_{ZZ}} = \frac{\langle \sin^2\phi \cos^2\phi \rangle}{\langle \cos^4\phi \rangle} \approx \tan^2\phi \tag{2}$$

したがって，ρ を実測することによって配向角φを評価することができる。

最も高い偏光発光二色比を示したMEH-PPV/PEOナノファイバーを評価対象として用いた。図9にMEH-PPV/PEOシングルナノファイバーの偏光ラマンスペクトルを示す。ラマンスペクトルの測定には633 nmのレーザー光を用いた。サンプルがシングルナノファイバーと極めて微小であるにもかかわらず明確なピークが得られた。偏光ラマンスペクトルは未延伸時ですでに大きな偏光二色性を示し，延伸に伴い偏光二色性が顕著になることが分かった。1580 cm^{-1}付近の強いピークはフェニレン環の伸縮モードに帰属される。フェニレン環の伸縮モードはMEH-PPV分子鎖軸に平行であると考えられるので，このピークの偏光比 ρ から配向角φを算出した（図10(a)）。

第4章 高移動度を目指した設計・解析・評価方法

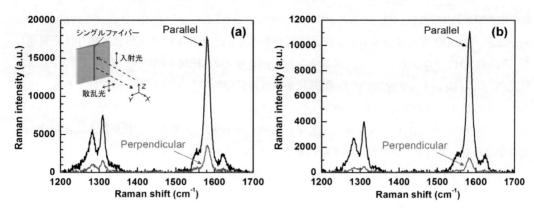

図9 MEH-PPV/PEOシングルナノファイバーの偏光ラマンスペクトル
(a)未延伸, (b)4.5倍延伸

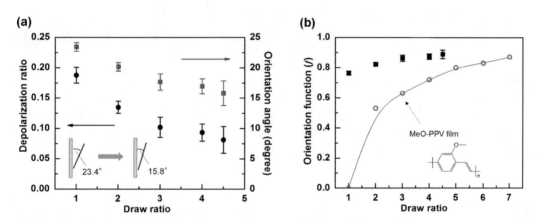

図10 (a)偏光比および配向角の延伸倍依存性：エラーバーは標準偏差を表す, (b)MEH-PPV/PEOシグナルナノファイバー中におけるMEH-PPV分子鎖の配向係数の延伸倍率依存性（■）およびMeOPPVフィルム延伸におけるMeOPPV分子鎖の配向係数の延伸倍率依存性（○）：エラーバーは標準偏差を表す

ϕは未延伸時ですでに23.4度であり，π共役系高分子ナノファイバー中で高分子鎖が高度に配向していることが分かった。さらに，延伸倍率の増加に伴い配向角は減少し，4.5倍延伸時で15.8度であった。したがって，延伸により共役系高分子鎖の配向性はさらに向上することが分かった。
(3)式で表される配向係数fは，一軸配向試料の配向状態を表すのに広く用いられている。

$$f = (3\langle\cos^2\phi\rangle - 1)/2 \approx (3\cos^2\phi - 1)/2 \quad (3)$$

$f = 1.0$のとき高分子鎖はファイバー軸方向に完全に配向しており，$f = -0.5$のとき垂直に配向している。また，$f = 0.0$のときは無配向状態である。先に得られたϕ（図10(a)）から，(3)式を用いてfを算出した（図10(b)）。fは未延伸時ですでに0.76と高い値を示すことが明らかになった。延

伸倍率の増加に伴いfは向上し，4.5倍延伸時で0.89であった。Liangらはpoly(2-methoxyphenylene vinylene)（MeOPPV）フィルムを延伸し，偏光赤外分光法を用いてfの延伸倍率依存性を評価した（図10(b)中にプロットした）[13]。未延伸ファイバー中でのMEH-PPV分子鎖のf（=0.76）は，MeOPPVフィルム4倍延伸時のf（=0.72）から5倍延伸時のf（=0.80）と同程度であり，未延伸時ですでに4～5倍延伸と同等の配向度が得られていることが分かった。また，ファイバー延伸4.5倍時のf（=0.89）は，フィルム延伸7倍時のf（=0.87）よりも高い値を示すことが分かった。すなわち，エレクトロスピニング法によるナノファイバー化と得られたファイバーの延伸は，π共役系高分子鎖の一軸配向法として極めて有効であることが分かった。

3.6 おわりに

コレクター切替式エレクトロスピニング法を新たに開発し用いることにより，本数制御した一軸配向π共役系高分子ナノファイバーの作製に成功した。得られたナノファイバー中でπ共役系高分子鎖は高度に配向し，延伸によりさらに配向性が向上することが明らかになった。したがって，π共役系高分子ナノファイバーは極小の高性能光電子デバイス基材として大いに期待される。

謝辞

本研究の一部は古川行夫先生（早稲田大学　先進理工学部），酒井平祐先生（早稲田大学　先進理工学部）との共同研究である。日本学術振興会特別研究員（DC1）として研究奨励費および研究費を支援いただきました(独)日本学術振興会に深く感謝します。最後に，F8およびF8-BTを提供いただきました住友化学(株)に深く感謝いたします。

文　献

1) C. Weder, C. Sarwa, C. Bastiaansen, P. Smith, *Adv. Mater.*, **9**, 1035-1039 (1997)
2) S. Nagamatsu, W. Takashima, K. Kaneto, Y. Yoshida, N. Tanigaki, K. Yase, *Appl. Phys. Lett.*, **84**, 4608 (2004)
3) M. Grell, D. D. C. Bradley, *Adv. Mater.*, **11**, 895-905 (1999)
4) M. Campoy-Quiles, Y. Ishii, H. Sakai, H. Murata, *Appl. Phys. Lett.*, **92**, 213305 (2008)
5) S. Ramakrishna, K. Fujihara, W.-E. Teo, T.-C. Lim, Z. Ma, An Introduction to Electrospinning and Nanofibers, Word Scientific (2005)
6) 山下義裕，エレクトロスピニング最前線，繊維社（2007）
7) Y. Ishii, H. Sakai, H. Murata, *Mater. Lett.*, **62**, 3370-3372 (2008)
8) A. Theron, E. Zussman, A. L. Yarin, *Nanotechnology*, **12**, 384-390 (2001)
9) D. Li, Y. L. Wang, Y. N. Xia, *Nano Lett.*, **3**, 1167-1171 (2003)
10) W. C. Molenkamp, M. Watanabe, H. Miyata, S. H. Tolbert, *J. Am. Chem. Soc.*, **126**, 4476-

4477 (2004)

11) T.-Q. Nguyen, J. Wu, V. Doan, B. J. Schwartz, S. H. Tolbert, *Science*, **288**, 652-656 (2000)

12) 濱口宏夫, 平川暁子, ラマン分光法, 学会出版センター (1988)

13) W. Liang, F. E. Karasz, *Polymer*, **32**, 2363-2366 (1991)

4 高性能有機FETにおけるキャリアの伝導機構

植村隆文[*1], 竹谷純一[*2]

4.1 はじめに

　低分子からなる有機半導体は，通常1種類のπ共役分子が弱い分子間力によって集合して固体となっているため，室温近くでの簡単な方法で作製できて，機械的にも柔らかいという特徴が現れる。これは，シリコンに代表される無機物の半導体では，強い共有結合が原子を結びつけて，固い固体を形成していることと対照的である。現在，有機物からなるこうしたユニークな半導体への注目が産業界からも高まっているが，"柔らかい固体"の中でのキャリア伝導については，あまりよく理解されていないのが現状である。本節では，最近になって開発された$10\,\mathrm{cm}^2/\mathrm{Vs}$級の高移動度有機半導体トランジスタを中心に，電流に対する磁場の作用の結果現れるホール効果測定を利用して，高移動度のキャリア伝導を実現する機構についての理解を進める。

　一般に，無機半導体の結合エネルギーが典型的に数eVであるのに対して，低分子有機半導体では分子の凝集するエネルギーは一桁以上小さく，化学的に変化しなければ常圧でも数百℃で昇華する。有機半導体の持つこれらの性質は，プラスティックなどのフレキシブルな基板上にも半導体を容易に形成できるという利点につながる。特に，室温近くで有機溶媒中に溶解したπ共役分子を塗布することによって作製するプロセスは，生産性に優れるため，低価格の半導体デバイスの開発に直結することから，「プリンテッドエレクトロニクス」とも名づけられて，エレクトロニクス業界だけでなく印刷業界など広範な業種においても大いに注目されている。

　一方，有機半導体デバイス中での電子伝導機構に目を向けると，無機半導体にはない複雑さがあるため，微視的な理解がより困難になる。強い共有結合を有するシリコンの場合には，図1(a)のように共有結合の軌道を介して，電子が非局在化しており，バンド伝導する。非局在化することによるエネルギーの利得は，結合エネルギーと同じく，数eVの大きさがあり，そのバンド幅によって，電子の有効質量は自由電子の数十分の一になっている。ところが，弱い分子間力で集合している有機半導体では，分子間の軌道の重なりがずっと小さい上に，室温での分子の揺らぎの影響が同程度に大きくなるため，電子の伝導に分子揺らぎが大きく影響し，電子伝導には不利になると考えられる（図1(b)）。つまり，柔らかくて低温で簡便に作製できる利点が得られるのは，弱い凝集力のおかげである一方で，それは同時に移動度の高い高性能のデバイスを得にくいデメリットにもなるので，両者の最適化をするためにも，微視的なキャリア伝導を理解することが求められる。

＊1　Takafumi Uemura　大阪大学　産業科学研究所　先進電子デバイス研究分野　助教

＊2　Jun Takeya　大阪大学　産業科学研究所　先進電子デバイス研究分野　教授

第4章 高移動度を目指した設計・解析・評価方法

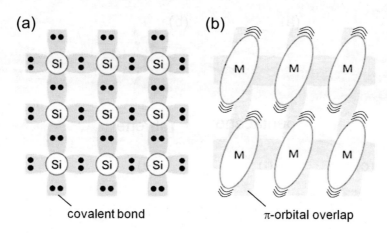

図1　シリコンと有機半導体におけるキャリアの伝導する経路
有機半導体では，室温でも有機分子（M）の位置揺らぎが大きい。

4.2　高移動度有機半導体トランジスタのホール効果測定
4.2.1　高移動度の有機トランジスタ

　有機トランジスタは図2のような構造を有し，ゲート絶縁膜に電界を加えることによって，キャリアを注入することが可能となる。ゲート電極と有機半導体活性層の間にゲート電圧V_Gを加えると，ゲート絶縁層に電界が現れるのでゲート電極と有機半導体の表面に（互いに逆の符号の）電荷が現れることになる。有機半導体に注入されたキャリアが伝導性を持つため，ソース－ドレイン電極間にドレイン電圧V_Dを加えれば，ゲート電圧がかかったときには有機半導体を流れるドレイン電流I_Dを得ることができる。有機半導体に導入される単位面積当たりの電荷Qは，ゲート絶縁膜のコンデンサー容量C_iを用いて$Q=C_i(V_G-V_{th})$と与えられるので，移動度μとかけ合わせて，伝導度σは$\sigma=Q\mu=ne\mu$と表される（eは電荷素量，V_{th}はしきい電圧）。従って，V_Gに対するI_Dやσの増加量から移動度μが求められる。

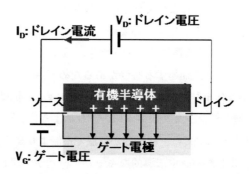

図2　有機トランジスタの構造

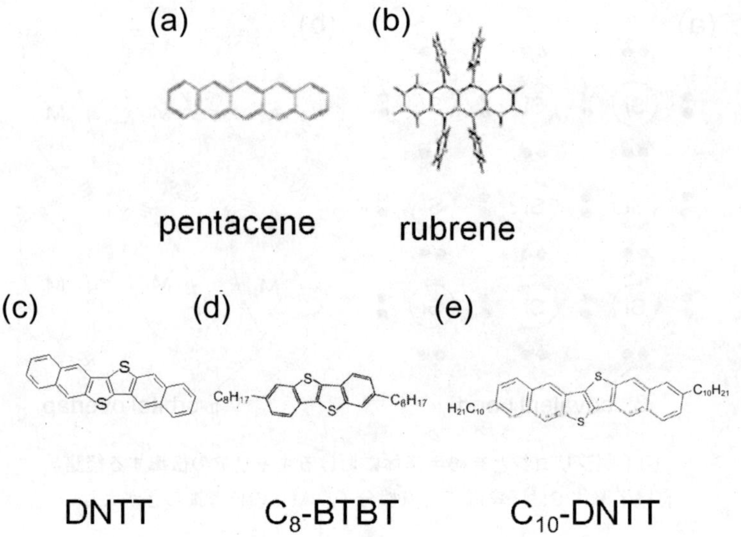

(a) (b)

pentacene   rubrene

(c)   (d)   (e)

DNTT   C$_8$-BTBT   C$_{10}$-DNTT

図3　本研究で用いた高移動度の有機半導体化合物

　2000年以前に報告されていた有機トランジスタ（有機FET）の移動度はあまり高くなく，最高でも真空蒸着法で作製されたペンタセン（図3(a)）の多結晶薄膜における1 cm^2/Vs程度であった[1]。また，多くの多結晶薄膜において，温度を下げると移動度が低くなる傾向が見られたため，移動度μは，プランク定数$\hbar$，ボルツマン定数k，電荷素量e，分子間距離a，温度T，分子間電荷移動積分t，再配置エネルギーλを用いて，

$$\mu = \frac{2\pi}{h} \frac{ea^2}{kT} \frac{t^2}{\sqrt{4\pi\lambda kT}} \exp\left(-\frac{(\lambda/4 - t)}{kT}\right) \tag{1}$$

で表されるマーカス理論の変形版の式をベースに議論されることが多かった[2]。例えば，キャリアがホールの場合，導入されたホールはπ共役分子に局在して，分子はカチオンとなり，順々に隣の分子に飛び移るホッピング伝導によって伝導が実現しているとする。このモデルでは，各ホッピング過程において，隣の分子を酸化する必要があるため，その際の分子軌道の変化（分子変形）に基づく再配置エネルギーλから隣同士の分子軌道の重なりによる電荷移動積分tからくるエネルギー利得を差し引いた分だけ熱励起する必要があるため，温度変化は熱活性的になる。

　今世紀になると，有機半導体単結晶のトランジスタをはじめ[3]，新規に合成されたものを含めて，1 cm^2/Vsを超える有機トランジスタが多々報告されるようになってきた[4~7]。また，ルブレン（図3(b)）の単結晶トランジスタでは，移動度が低温で室温より高くなる結果も得られたため，キャリアが分子間に非局在化したバンド伝導的なキャリア輸送が実現していることが示唆されるようになった[8]。極めて高純度の有機半導体のバルク結晶においては，以前より光励起されたキ

第4章　高移動度を目指した設計・解析・評価方法

ャリアがバンド伝導することを，飛行時間測定によって求められた移動度の温度変化から議論されていた[9]。有機半導体の表面に蓄積された高移動度のキャリアが，実デバイスにおいてどのような機構に基づいて伝導するかを明らかにすることへの関心がさらに高まってきていた。

4.2.2　有機FETのホール効果測定

　ホール係数は，キャリア輸送特性の最も基本的な量の一つであるにもかかわらず，長らく有機トランジスタについての測定例がなかった。シリコンなどの無機トランジスタでは，キャリア量や移動度の正確な同定，またアモルファス材料では伝導機構そのものに関する重要な情報が得られていたため，有機FETでも，測定手法を開発することが求められていた。以前の有機薄膜トランジスタでは伝導度が無機半導体に比べて数桁小さく，MΩ以上の高インピーダンスであったため，十分な検出感度が得られなかったことが測定を困難にしていた。

　2005年になって初めて，高移動度のルブレン単結晶FETを用いたホール効果測定が可能になり[10,11]，その後，測定の精度をさらに向上する工夫がされたことによって，現在では様々な高移動度有機半導体に適用されるようになった[12~16]。本節では，これまでにホール効果測定が行われた有機FETに用いた高移動度有機半導体の分子すべてについて，測定結果を紹介し，キャリア伝導の機構について考察する。即ち，ペンタセンとルブレン以外の系としては，最近Takimiyaらによって合成されたdinaptho［2,3-b:2',3'-f］thieno［3,2-b］thiophene（DNTT），2,7-dioctyl［1］benzo-thieno［3,2-b］［1］benzothiophene（C_8-BTBT），2,9-didecyl-dinaphtho［2,3-b:2',3'-f］thieno［3,2-b］thiophene（C_{10}-DNTT）である[5~7]。

　ホール効果は，連続的なキャリアの流れ（電流）が磁場によって受けるローレンツ力に由来するため，非局在化したキャリアの存在が前提となっている。即ち，ホッピング伝導が主体的な場合には，ホール効果による起電力はほとんど得られない。より微視的には，系のハミルトニアンのうち荷電粒子の運動を表す項$\frac{1}{2m^*}(\hbar\hat{\mathbf{k}}-e\mathbf{A})^2$において，有効質量$m^*$の電子の波数演算子$\hat{\mathbf{k}}$とベクトルポテンシャル$\mathbf{A}$のカップルした一次の項から，電流$I_D$と磁場$B$の両方に垂直な方向に起電力が現れる[17]。横電圧（ホール電圧）V_Hから$R_H=\frac{V_H}{I_D B}$によって求められるホール係数R_Hは，キャリアが自由電子的で，波数$\mathbf{k}$で定義される状態が実現している場合には，非弾性散乱が少ない条件で，キャリア量neと$R_H=\frac{1}{ne}$の関係で結ばれる。一方，非連続的なトンネル過程で電子が伝搬するホッピング伝導の場合には，ホッピングの経路が干渉する場合にしか磁場による影響を受けないため，V_Hは，得られたとしても非常に小さい。実際，低移動度のアモルファスシリコンの場合には，自由電子的な場合の1/10程度しかホール電圧は得られていない[18]。以上のことから，ホール効果の測定によって，キャリアの伝導機構に関しての議論ができるため，様々な高移動度の有機半導体についての測定が行われた。

　図4に，高感度でのホール効果測定が可能な測定法を示した[10,13~16]。酸化シリコンなどのゲート絶縁層上に，単結晶または多結晶薄膜の有機半導体を形成し，まず有機FETの構造を作製する。電極は，電流を流すためのソース及びドレイン電極に加えて，ホール電圧と4端子伝導度を同時に計測できるように，チャネルの中央部にアクセスする4つの電極を準備する。さらに，レ

129

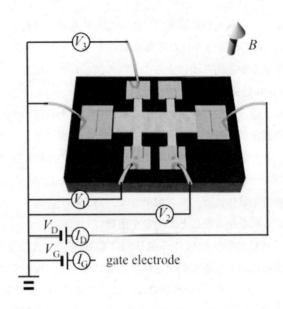

図4　ホール効果測定のダイアグラム

ーザーを局所的に照射して有機半導体層をエッチングする装置を用いて，ホールバー状にデバイスを成型した．この方法を用いて，エッチングするべき部分にレーザーを照射すると，その部分だけを昇華させることができるので，レーザーをスキャンすることによって，2μmの分解能で任意の形状にデバイスを成型することができる．伝導チャンネルに垂直に磁場を印加した状態で，ソース－ドレイン間に電流を流し，ホール電圧と4端子伝導度のためのチャネル内電位降下を測定する．測定には，半導体パラメーターアナライザーのSMU（source-measure unit）を用いて，図のようにデバイスと接続する．SMU1にドレイン電圧V_Dをかけながらドレイン電流I_Dを測定し，同時にSMU3，SMU4，SMU5によって中間電極のグランドに対する電圧V_1，V_2及びV_3を測定する．デバイスチャンネルの幅をW，電圧測定端子間距離をLとして，4端子伝導度は，

$$\sigma = \frac{I_D}{V_2 - V_1} \frac{W}{L} \tag{2}$$

によって求められる．SMU2によってゲート電圧V_Gを加え，V_Gをスキャンすることによってトランジスタの伝達特性が得られる．磁場のスイープは，V_Gを何度もスキャンしながらそれよりもずっと遅いスピードで行う．その結果，磁場に対して変動する成分ΔV^{trans}から，ホール係数

$$R_H = \frac{\Delta V^{trans}}{\Delta B I_D} \tag{3}$$

を求めることが可能になる．

第4章　高移動度を目指した設計・解析・評価方法

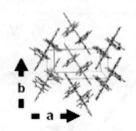

図5　ルブレン単結晶の結晶構造

4.3　有機単結晶トランジスタのホール効果
4.3.1　ルブレン単結晶FETのホール効果

　単結晶FETの場合には、結晶粒界がないため、有機半導体層における本来のキャリア輸送係数を測定することができる利点を有する。ルブレン単結晶FETは、有機トランジスタで初めてホール効果が測定された系であるため、まず、その結果について述べる[10,13]。

　ルブレンの単結晶は、Physical Vapor Transport（PVT）法によって作製した。管状炉に温度勾配を設定し、高温部で昇華させた原料をアルゴンガスフローによって低温部へ輸送して、分子を結晶化する単純で一般的な気相成長法である。この方法によって、図5の結晶構造を有し、表面方向で分子が2次元的に配列している平板状の結晶が得られる。ルブレン分子では中央の4つのベンゼン環が共役電子系を構成し、分子間に電子が飛び移るためにはベンゼン環の面と垂直方向に広がっているπ軌道を利用する。なお、π軌道が広がる平板方向に電子伝導が得やすいので、ゲート絶縁膜との界面がこの方向に形成できることは大変好都合である。（厚さ1μm以下の）薄片状のルブレン単結晶を選んで、静電引力によってゲート絶縁膜に貼り合わせる方法によって、単結晶トランジスタを構成した。

　図6には、ホール効果測定の結果を示す。ホール係数の逆数$1/R_H$をゲート電圧V_Gに対してプロットし、ゲート絶縁層のキャパシタンスとV_Gから見積もったキャリア数と比較した。その結果、ゲート電圧に対して増加する両者の値がよく一致していることがわかる。この結果は、電界効果によって注入されたホールが、分子内に局在しているのではなく、分子間に広がって分布していることを意味する。4端子伝導度のゲート電圧依存性から、このデバイスの移動度は$8\,cm^2/Vs$程度であって、高移動度の単結晶トランジスタにおいては、キャリアが分子間にも広がって、少なくとも室温ではバンド伝導的であることが示された。ルブレン単結晶トランジスタのホール効果測定は、Podzorovらによっても、同様に室温ではバンド伝導的であることが報告されている[11]。また、ホール効果によって求めた移動度が低温において上昇することも示されており、この移動度の温度依存性もバンド伝導とコンシステントである。なお、200K程度の温度では、ルブレン結晶表面に存在する吸着物などに起因する浅いトラップ準位の効果によって、一部のキャリアが局在して、ホール効果に寄与しない現象が現れている。あるいは、multiple-trap-and-releaseモ

131

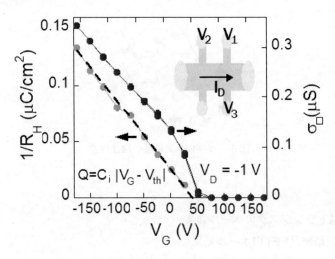

図6 ルブレン単結晶トランジスタのホール効果
赤丸のデータで示したホール係数の逆数は，ゲート絶縁層のキャパシタとゲート電圧から求めたキャリア量とよく一致する。

デルの描像に従い，ホール効果に寄与するのは，キャリアが浅いトラップに滞在する時間を除いて，バンド伝導している期間のみであるため，$\frac{1}{R_H} < C_i |V_G - V_{th}|$ となっている[11]。

ルブレンの単結晶FETにおいてキャリアが非局在化していることは，その後他の実験手法によっても示されている。Basovらは，光吸収測定の結果，低エネルギーのDrude的な伝導度を報告している[19]。また，Ishii, Uenoらは，最近ルブレン単結晶の角度分解光電子分光の測定に成功し，明瞭なバンド分散を得ている[20]。さらに，高輝度のX線回折測定によって，ルブレン分子間の電子密度の直接観察も行われ，図7のように実際に分子間に"共有"されている電子の存在が確認されている。以上のことから，ルブレン結晶において，分子間に広がった電子状態が実現しており，高移動度のキャリア伝導に結びついていることがわかる。

4.4 DNTT, C_8-BTBT, C_{10}-DNTT トランジスタのホール効果

ルブレン単結晶FETで，自由電子的なホール効果が示されたので，次に他の高移動度の有機半導体の伝導機構についても明らかにすることによって，一般性を調べる必要がある。Takimiyaらは，図3(c)に示したDNTT, C_8-BTBT, C_{10}-DNTTなどの高移動度の有機半導体材料を開発し，多結晶薄膜トランジスタにおいて，それぞれ3 cm^2/Vs，4 cm^2/Vs，8 cm^2/Vs程度の高移動度が得られることを示した[5~7]。これらの化合物は，ペンタセンよりも酸化されにくく，大気中で安定であるというメリットもあるため，実用上の重要性から注目度が高まっている。特に，C_8-BTBT，C_{10}-DNTTでは，塗布による単結晶トランジスタも得られており，6 cm^2/Vs，11 cm^2/Vsに至る移動度の最高値が溶液法によっても得られている[16,21]。さらに，ルブレンの場合には多結晶薄膜の作製が困難であったが，これらの化合物では単結晶と多結晶薄膜の両方を作製するこ

第4章 高移動度を目指した設計・解析・評価方法

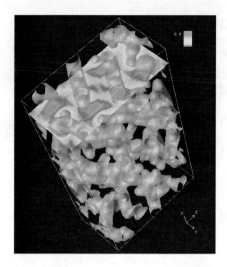

図7 高輝度X線回折によって得られた，分子間電子密度分布

とが可能であるため，両者を比較して，伝導機構を議論することが可能となる．

4.4.1 DNTT単結晶FETのホール効果

まずDNTTの単結晶は，ルブレンと同様にPVTの方法によって，気相から成長して，同じく薄片状の結晶を酸化シリコン基板上に貼り合わせてデバイスを作製した．典型的な移動度として，3 cm^2/Vs程度が得られた[22]．なお，他の方法で作製した場合には最高で8 cm^2/Vsの移動度も得られている[23]．ルブレン単結晶FETと同様に，ホールバー形状のサンプルを用意して，ホール効果測定を行った結果を図8に示した．ルブレン単結晶と同様に，$1/R_H$ と Q は極めてよい一致を示し，このことからキャリアが非局在化していることがわかる．この結果は，バンド伝導する有機半導体がルブレンだけではなく，より一般的に高移動度の有機半導体においても分子間に広がった電子状態が得られていることを示唆する[14]．

4.4.2 塗布再結晶法によって作製したC$_8$-BTBT及びC$_{10}$-DNTTの高移動度単結晶FET

C$_8$-BTBT及びC$_{10}$-DNTTの単結晶トランジスタは，溶液から基板上に結晶を析出させる方法によって作製した[16,21]．この方法で作製したトランジスタは良好な特性を示し，移動度の最高値は10 cm^2/Vsを超えており，約100℃における溶液プロセスでアモルファス酸化物並みの移動度が実現することから，産業技術としての実用化が期待される[16]．

こうして得られたC$_8$-BTBT及びC$_{10}$-DNTTの単結晶トランジスタのホール効果測定を行ったところ，ルブレン，DNTT単結晶と同様に，分子間に広がった電子状態による自由電子的なホール効果が得られた（図9）．こうして，バンド伝導的な機構によりキャリアが伝導する系が高移動の有機半導体では多数得られたことから，バンド伝導的なキャリア伝導が有機半導体においても一般性のある機構であることが明らかになった[21,24]．

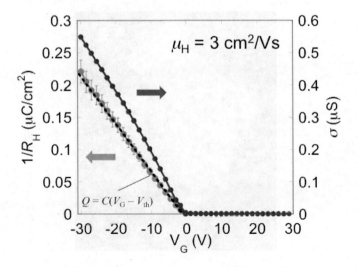

図8　DNTT単結晶トランジスタの自由電子的なホール効果

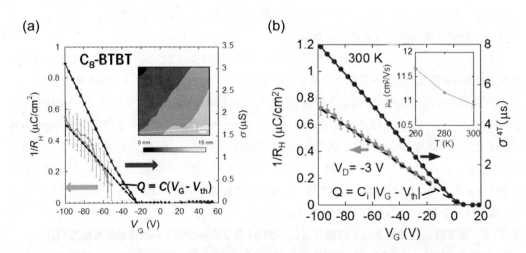

図9　C_8-BTBT(a)及びC_{10}-DNTT(b)の高移動度塗布型単結晶トランジスタの自由電子的なホール効果
(a)には，結晶表面の分子スケールの平坦性を示す原子間力顕微鏡像，(b)には，移動度の温度変化も示した。

4.4.3　DNTTとC_8-BTBT多結晶薄膜のホール効果

次に，DNTT多結晶においても同様の方法を用いて，ホール効果測定を行い，単結晶の結果との比較を行った。特に，多結晶の有機半導体のFET特性には，結晶粒界における高抵抗成分を含んでいるため，その寄与が問題視されている。測定されるホール起電力は，多結晶の場合でも結晶粒が電気的につながっていれば，各結晶粒における起電力の多結晶となるため，キャリアが自由電子的なら単結晶と同様のホール係数が得られることが期待される。従って，結晶粒内部の電

第4章 高移動度を目指した設計・解析・評価方法

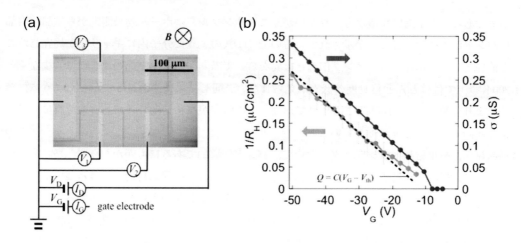

図10 DNTT多結晶薄膜トランジスタのホール効果測定用サンプルの写真(a)と測定結果(b)
(b)は，自由電子的なホール効果を示している。

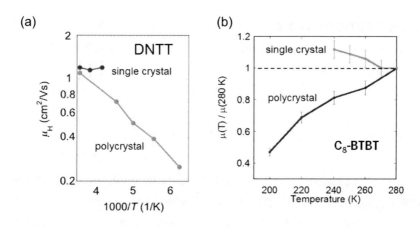

図11 DNTTとC₈-BTBTの多結晶及び単結晶トランジスタの移動度の温度変化

子状態を明らかにすることによって，これまでより詳細にキャリアの伝導機構を調べることが可能となる[14]。

図10にDNTT多結晶トランジスタのホール効果測定の結果を示す。その結果，やはりDNTT単結晶と同様に，$1/R_H$ とQは極めてよい一致を示したことから，真空蒸着法で基板上に作製した場合でもDNTT分子の微視的な配列は十分規則的で，粒内部ではキャリアは非局在化していることがわかる。実際，X線回折の測定においても優れた配向性を示している[25]。測定したサンプルの移動度は単結晶よりは低く，1 cm²/Vs程度であった。

図11(a)には，単結晶と比較して移動度の温度変化をプロットした。多結晶サンプルでは，温度の低下とともに移動度が減少することがわかる。従来であれば，キャリアの伝導機構がホッピン

グ伝導であるとの議論になるかもしれないが，このサンプルではホール効果測定から結晶粒内部ではバンド伝導的であることが示されているので，(1)式のように分子内にキャリアが局在したことを前提とした，単純なホッピング伝導とは異なる。実際，DNTT単結晶の場合には，少なくとも200 K以上ではほとんど移動度の低下が見られない。同じ結果は，図11(b)に示したように，蒸着法により作製したC$_8$-BTBTでも現れており，この傾向が高移動度の多結晶有機薄膜に一般性のある傾向であることを示唆している。

結晶粒内部や単結晶トランジスタにおいて，バンド伝導的であるにもかかわらず，多結晶トランジスタでは低温で移動度が減少する理由としては，結晶粒間の界面付近における浅いトラップの影響が考えられる。即ち，結晶粒界ではディスオーダーや欠陥が多いと考えられるため，ポテンシャルのランダムネスによる浅いトラップが存在し，低温にするとその影響がより顕著になっていると思われる。このように，ホール効果と4端子伝導度の測定を組み合わせることによって，結晶粒内部と結晶粒界面の電子伝導への寄与を定性的に分離することが可能になり，高移動度の多結晶薄膜でのキャリア伝導について，より詳細に理解されるに至った。

4.5　ペンタセンFETのホール効果

最後に，ペンタセンの単結晶及び多結晶のトランジスタのホール効果測定について紹介する。単結晶は気相成長した薄片結晶を貼り合わせて作製し，多結晶薄膜は真空蒸着により形成した。移動度は，単結晶デバイスで2 cm^2/Vs程度，多結晶薄膜では1 cm^2/Vs程度と，典型的な値が得られた。

これまで述べてきたすべての高移動度有機半導体が自由電子的なホール効果を示したのに対して，図12のように，ペンタセンFETの場合には，$1/R_H$とneは明瞭に不一致を示した。同様の結果は，多結晶薄膜に関してSekitaniらによっても得られていた[12]。ホール効果測定の精度は他のサンプル同様十分に高いため，この違いが，本質的な現象を反映していることがわかる。図12の結果は，Podzorovらによって報告されていた，ルブレン単結晶トランジスタの室温より低温でのホール効果で，$\frac{1}{R_H} < C_i|V_G - V_{th}|$となっていたのとは反対に[11]，単結晶，多結晶ともに$\frac{1}{R_H} > C_i|V_G - V_{th}|$である。ホール効果に寄与する（トラップに局在することなく）伝導性の高いキャリアの量が，キャパシタンスとゲート電圧から見積もったキャリア量より多くなることはないので，この結果は，ペンタセンに蓄積されたキャリアの微視的な状態が，自由電子的な描像から外れていることを示している。興味深いことに，$\frac{1}{R_H}$と$C_i|V_G - V_{th}|$の傾きの比，即ち$\alpha = C_i / \left(\frac{\partial(1/R_H)}{\partial V_G} \right)$は，単結晶，多結晶にかかわらず，移動度の異なる5サンプルにおいてすべて室温での値がほぼ同じになった。この結果は，$\frac{1}{R_H}$と$C_i|V_G - V_{th}|$の傾きの比αが分子もしくは結晶粒内の微視的な要因によって決定されており，粒界などに存在するトラップ準位の影響を受けないことを示唆する。

ホール効果の起源が，電子の波動関数のコヒーレンスにあることを思い出すと，ペンタセンFETにおいて得られた結果は，キャリアが十分な距離にわたってコヒーレンスが保たれないことが原因と推論される。また，サンプル間の依存性がないことから，分子間にわたるコヒーレンス

第4章　高移動度を目指した設計・解析・評価方法

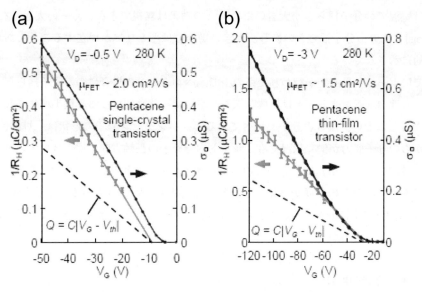

図12　ペンタセンの単結晶FET(a)及び多結晶FET(b)のホール効果

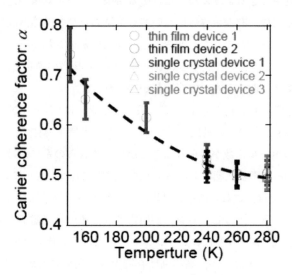

図13　単結晶と多結晶の5種類のペンタセンFETにおける$\frac{1}{R_H}$と$C_i|V_G-V_{th}|$の傾きの比をとり，その温度変化をプロットした図
温度によって分子揺らぎが増大するとともにキャリアのコヒーレンスが失われていくと理解される。

が不十分なことは，ディスオーダーなどの非本質的な要因によるのではなく，分子固有の性質であると考えられる。さらに，室温より低い温度で同様の測定を行ったところ，図13のように，低温でαの値が増大することがわかった。このことから，温度によって変化する分子揺らぎの効果がキャリアのコヒーレンスに大きく影響することが示唆される。実際，最初に述べたように，有

137

有機デバイスのための塗布技術

機分子では室温での分子揺らぎが大きいため，この効果は無視できないくらい大きくなりうる。実際，Troisiにより，分子揺らぎの影響が大きい場合にはキャリアが局在することもありうることが理論的に示されている[26]。

　これまでにホール効果測定が行われた系の中で，ペンタセンの場合にのみ分子揺らぎの効果が大きく現れる理由を考察することは，興味深く，室温で高移動度になる有機半導体を設計する指針になるかもしれない。図3の分子を比べてみると，ペンタセン分子の形状は，対称性が高く，隣の分子からの分子間力が働く状況でも，サイト内で分子の長軸方向に揺らぎやすい可能性がある。もっと対称性の高い分子として，C_{60}のホール効果を調べると，ホール係数は測定ができないほどに小さかった。測定の感度から見積もると，この結果は$\alpha < 0.1$であることを意味するため，C_{60}でもペンタセン以上に分子揺らぎの影響が大きいと考えられる。今後，様々な分子において以上の仮説を検証する必要がある[15]。

4.6　まとめと今後の展望

　有機半導体FETにおいてもホール効果が高精度で測定できる手法が確立され，様々な高移動度有機トランジスタに適用できるようになった。その結果，ホール効果測定は，無機の半導体研究で用いられてきたのと同様，有機半導体においても単結晶及び多結晶薄膜におけるキャリア伝導の本質的な機構に迫るツールとなった。即ち，電界効果で蓄積されるキャリアの量は，キャパシタンスに比例する量として，正確に決められるため，ホール係数の逆数と比較することによって，キャリアのコヒーレンスに関する本質的な情報が得られる。

　ルブレン，DNTT，C_8-BTBT，C_{10}-DNTT（最新の結果ではPDIF-CN_2のn型トランジスタでも）といった数cm^2/Vs以上の高移動度を示すいくつもの有機半導体で，非常に教科書的な，自由電子的描像と同一のホール係数が得られたことから，これらの系における高移動度のキャリア伝導が，分子間に広がった電子状態によるバンド的な機構に基づいていることが明らかとなった。一方，ペンタセンFETでは，これらの系とは異なり，室温での分子揺らぎの影響がより顕著に電子状態に影響した結果，電子のコヒーレンスが阻害され，その結果磁場とカップルすることによって得られるホール起電力が，フルにコヒーレントな自由電子的状態と比べて，十分に現れない。分子揺らぎを小さくする分子設計が，高移動度有機半導体開発のために有利であるようなので，今後，理論的な検討を組み合わせて，より定量的な議論を組み立てるとともに，さらに他の系でもこのことを検証していく必要がある。

　また，再配置エネルギーλや電荷移動積分tといった物質パラメータとキャリア伝導機構を，より精密に関連づけることも求められる。即ち，$2t/\lambda$が小さい場合には自己束縛の効果によって分子内にキャリアが局在しやすく，逆に，大きい場合にはバンド伝導しやすいことは想像できるが，その境界はどのあたりにあるのかをいう問題も明らかにするべきである。DFT計算によると，ルブレン，DNTTでは$2t/\lambda$は1より少し大きいが，C_8-BTBTでは0.5程度になる。クリーンな系であるが故に，分子間に非局在化した場合に再配置エネルギーの寄与がどのように現れるかなど

第4章　高移動度を目指した設計・解析・評価方法

の本質的な問題に迫れることも期待される。

　最近，新規有機半導体が目覚ましい勢いで開発されると同時に，室温近くで塗布法による作製が可能という有機半導体のメリットを最大限に生かした，溶液プロセスの開発も進み，今では塗布法で移動度が10 cm^2/Vsを超える有機FETが得られている。今後，産業応用に向けて，ますます重要性を増していく高移動度有機半導体のキャリア伝導を理解することは，さらなる物質開発と界面2次元電子系の電子物性研究を発展させることになると考える。

文　　　献

1)　Y.-Y. Lin, D. J. Gundlach, S. F. Nelson and T. N. Jackson, *IEEE Electron Device Lett.*, **18**, 606 (1997)

2)　Z. Bao Z and J. Locklin, *Organic Field-Effect Transistors: Optical Science and Engineering Series*, London, New York, CRC Press (2007)

3)　V. Podzorov, V. M. Pudalov and M. E. Gershenson, *Appl. Phys. Lett.*, **82**, 1739 (2003); J. Takeya, C. Goldmann, S. Haas, K. P. Pernstich, B. Ketterer and B. Batlogg, *J. Appl. Phys.*, **94**, 5800 (2003); V. Podzorov, S. E. Sysoev, E. Loginova, V. M. Pudalov and M. E. Gershenson, *Appl. Phys. Lett.*, **83**, 3504 (2003); R. W. I. De Boer, T. M. klapwijk and A. M. Morpurgo, *Appl. Phys. Lett.*, **83**, 4345 (2003); V. C. Sundar, J. Zaumseil, V. Podzorov, E. Menard, R. L. Willett, T. Someya, M. E. Gershenson and J. A. Rogers, *Science*, **303**, 1644 (2004); E. Menard, V. Podzorov, S.-H. Hur, A. Gaur, M. E. Gershenson and J. A. Rogers, *Adv. Mater.*, **16**, 2097 (2004); A. L. Briseno, S. C. B. Mannsfeld, M. M. Ling, S. Liu, R. J. Tseng, C. Reese, M. E. Roberts, Y. Yang, F. Wudl and Z. Bao, *Nature*, **444**, 913 (2006); C. Reese, W.-J. Chung, M.-M. Ling, M. Roberts and Z. Bao, *Appl. Phys. Lett.*, **89**, 202108 (2006); J. Takeya, M. Yamagishi, Y. Tominari, R. Hirahara, Y. Nakazawa, T. Nishikawa, T. Kawase, T. Shimoda and S. Ogawa, *Appl. Phys. Lett.*, **90**, 101120 (2007); O. D. Jurchescu, M. Popinciuc, B. J. van Wees and T. T. M. Palstra, *Adv. Mater.*, **19**, 688 (2007)

4)　J. E. Anthony, J. S. Brooks, D. L. Eaton and S. R. Parkin, *J. Am. Chem. Soc.*, **123**, 9482 (2001); H. Klauk, M. Halik, U. Zschieschang, G. Schmid, W. Radlik and W. Weber, *J. Appl. Phys.*, **92**, 5259 (2002); M. M. Payne, S. R. Parkin, J. E. Anthony, C. C. Kuo, T. N. Jackson, *J. Am. Chem. Soc.*, **127**, 4986 (2005)

5)　T. Yamamoto and K. Takimiya, *J. Am. Chem. Soc.*, **129**, 2224 (2007)

6)　H. Ebata, T. Izawa, E. Miyazaki, K. Takimiya, M. Ikeda, H. Kuwabara and T. Yui, *J. Am. Chem.* Soc., **129**, 15732 (2007); T. Izawa, E. Miyazaki and K. Takimiya, *Adv. Mater.*, **20**, 3388 (2008)

7)　M. J. Kang, I. Doi, H. Mori, E. Miyazaki, K. Takimiya, M. Ikeda and H. Kuwabara, *Adv. Mater.* (2011)

8) V. Podzorov, E. Menard, A. Borissov, V. Kiryukhin, J. A. Rogers and M. E. Gershenson, *Phys. Rev. Lett.*, **93**, 086602 (2004)

9) W. Warta, R. Stehle and N. Karl, *Appl. Phys. A*: Solids Surf., **36**, 163 (1985)

10) J. Takeya, K. Tsukagoshi, Y. Aoyagi, T. Takenobu and Y. Iwasa, *Jpn. J. Appl. Phys.*, **44**, L1393 (2005)

11) V. Podzorov, E. Menard, J. Rogers and M. Gershenson, *Phys. Rev. Lett.*, **95**, 226601 (2005)

12) T. Sekitani, Y. Takamatsu, S. Nakano, T. Sakurai and T. Someya, *Appl. Phys. Lett.*, **88**, 253508 (2006); Y. Takamatsu, T. Sekitani and T. Someya, *Appl. Phys. Lett.*, **90**, 133516 (2007)

13) J. Takeya, J. Kato, K. Hara, M. Yamagishi, R. Hirahara, K. Yamada, Y. Nakazawa, S. Ikehata, K. Tsukagoshi, Y. Aoyagi, T. Takenobu and Y. Iwasa, *Phys. Rev. Lett.*, **98**, 196804 (2007)

14) M. Yamagishi, J. Soeda, T. Uemura, Y. Okada, Y. Takatsuki, T. Nishikawa, Y. Nakazawa, I. Doi, K. Takimiya and J. Takeya, *Phys. Rev. B*, **81**, 161306 (R) (2010)

15) T. Uemura, M. Yamagishi, J. Soeda, Y. Takatsuki, Y. Okada, Y. Nakazawa and J. Takeya, *Phys. Rev. B* (2012)

16) K. Nakayama, Y. Hirose, J. Soeda, M. Yoshizumi, T. Uemura, M. Uno, W. Li, M. Kang, M. Yamagishi, Y. Okada, E. Miyazaki, Y. Nakazawa, A. Nakao, K. Takimiya and J. Takeya, *Adv. Mater.*, **23**, 1626 (2011)

17) See, e.g., H. Fukuyama *et al.*, *Prog. Theor. Phys.*, **42**, 494 (1969)

18) L. Friedman, J. Non-Cryst, *Solids*, **6**, 329 (1971); E. Arnold and J. M. Shannon, *Solid State Commun.*, **18**, 1153 (1976); P. G. LeComber, D. I. Jones and W. E. Spear, *Philos. Mag.*, **35**, 1173 (1977)

19) Z. Q. Li, V. Podzorov, N. Sai, M. C. Martin, M. E. Gershenson, M. Di Ventra and D. N. Basov, *Phys. Rev. Lett.*, **99**, 016403 (2007)

20) S. I. Machida, Y. Nakayama, S. Duhm, Q. Xin, A. Funakoshi, N. Ogawa, S. Kera, N. Ueno and H. Ishii, *Phys. Rev. Lett.*, **104**, 156401 (2010)

21) T. Uemura, Y. Hirose, M. Uno, K. Takimiya and J. Takeya, *Appl. Phys. Exp.*, **2**, 111501 (2009)

22) M. Uno, Y. Tominari, M. Yamagishi, I. Doi, E. Miyazaki, K. Takimiya and J. Takeya, *Appl. Phys. Lett.*, **94**, 223308 (2009)

23) S. Haas, Y. Takahashi, K. Takimiya and T. Hasegawa, *Appl. Phys. Lett.*, **95**, 022111 (2009)

24) C. Liu, T. Minari, X. Lu, A. Kumatani, K. Takimiya and K. Tsukagoshi, *Adv. Mater.*, **23**, 523 (2011)

25) H. Yoshida and J. Takeya, *Phys. Rev. B* (2011)

26) A. Troisi and G. Orlandi, *J. Phys. Chem. A*, **110**, 4065 (2006); A. Troisi, D. L. Cheung and D. Andrienko, *Phys. Rev. Lett.*, **102**, 116602 (2009); S. Fratini and S. Ciuchi, *Phys. Rev. Lett.*, **103**, 266601 (2009)

第5章　フレキシブル有機デバイス作製技術

1　結晶化を利用した高移動度プリンタブル有機トランジスタ

竹谷純一*

1.1　はじめに

　無機半導体の結合エネルギーが典型的に数eVであるのに対して，低分子有機半導体では分子の凝集するエネルギーは一桁以上小さく，化学的に変化しなければ常圧でも数百度で昇華する。有機半導体の持つこうした性質は，プラスティックなどのフレキシブルな基板上にも半導体を容易に形成できるという利点につながる。特に，室温近くで有機溶媒中に溶解したπ共役分子を塗布することによって作製するプロセスは，生産性に優れるため，低価格の半導体デバイスの開発に直結することから，「プリンテッドエレクトロニクス」とも名づけられて，エレクトロニクス業界だけでなく印刷業界など広範な業種においても大いに注目されている。

　単純な溶液プロセスで，優れたデバイス性能を実現する精緻な界面を実現するという一見困難に思えることを実現するには，有機半導体の分子が自己凝集し，素早く決まった集合体構造を自発的に作る「自己組織化」を利用することが本質的に重要である。即ち，有機分子が勝手に構造を作る性質を用いて，デバイス性能と生産効率及び信頼性のすべてに優れた半導体製造プロセスの開発が可能となる。

　有機薄膜トランジスタ（TFT）は，アクティブマトリクスディスプレイや電子ペーパーの制御用デバイスを，印刷法や蒸着などの簡単なプロセスによって低価格供給できる有望な技術であるため，現在活発な研究開発が行われている。本節では，有機単結晶を半導体活性層とする「有機単結晶トランジスタ」について述べる。現状の研究開発の多くは，有機低分子や高分子の多結晶あるいはアモルファスの薄膜を対象としている。これに対して，有機半導体単結晶材料の特徴は，有機分子がほぼ完全な周期性を持って配列していることである。そのため，高分子薄膜における構造の不規則性や低分子多結晶薄膜における結晶粒界の影響が排除された，より理想的なトランジスタ特性が得られる。以降，高い電子伝導を実現するための有機半導体単結晶を成長し，高性能有機トランジスタを実現することを目的として，筆者らが進めてきた研究を紹介する。

　まず，気相法で有機単結晶を成長して，基板に「貼り合わせ」ることによって実現した，当初の有機単結晶トランジスタについて簡単に紹介する[1~8]。そのうえで，溶液表面から単結晶を形成したうえで，溶媒がなくなるとそのまま基板上に「ソフトランディング」する新しいプロセスについて述べる。両者ともに，有機分子の自己組織化によって基板の影響を受けずに高品質の結晶形成したのちに，ダメージの少ないプロセスで基板との良好な界面を形成する点で，原理はほと

＊　Jun Takeya　大阪大学　産業科学研究所　先進電子デバイス研究分野　教授

んど同じであるが，後者のほうが圧倒的に少ない時間で，自動的にパターニングも行えるため，プロセス上のメリットが極めて大きい。

1.2　気相成長したルブレンの単結晶トランジスタ
1.2.1　結晶の「貼り合わせ」による素子作製

Physical Vapor Transport（PVT）は有機半導体単結晶を成長させる，単純で一般的な方法である。図1のように管状炉に温度勾配を設定し，高温部で昇華させた原料をアルゴンガスフローによって低温部へ輸送して，分子を結晶化する。例えば，これまでで最も優れた電界効果特性を示している図2のルブレン分子の結晶では，PVTの方法によって表面方向で分子が2次元的に配列している平板状の結晶が得られる。ルブレン分子では中央の4つのベンゼン環が共役電子系を構成し，分子間に電子が飛び移るためにはベンゼン環の面と垂直方向に広がっているパイ軌道を利用するのが有利である。なお，パイ軌道が広がる平板方向に電子伝導が得やすいので，ゲート

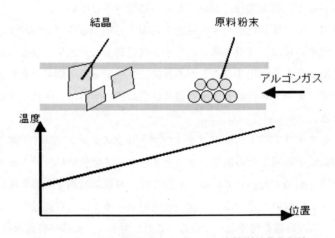

図1　Physical Vapor Transportによる有機単結晶作製法

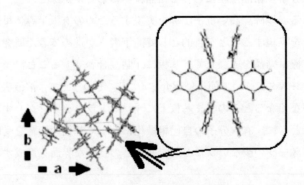

図2　ルブレン単結晶表面の分子配列と（白矢印の方向から見た）分子構造

第5章 フレキシブル有機デバイス作製技術

絶縁膜との界面がこの方向に形成できることは大変好都合である。

アルゴンガスフローの速度を比較的速めに設定し、チューブ内に弱い対流を引き起こすことにより、分子密度が局所的に高くなった箇所において厚さ1μm程度のシート状の単結晶が急速に成長する。図2の結晶構造において、面方向にはパイ軌道の重なり積分が大きいため、分子間の相互作用が面間方向よりもはるかに大きくなる。従って、結晶成長の速度に極めて大きな異方性が現れ、結果としてアスペクト比が1000：1以上にもなる薄片状の単結晶シートが作製できることになる。

次に、図3のように厚さ1μm程度の薄片結晶を自然な静電引力によって基板に貼り合わせて、電界効果トランジスタを作製する。熱酸化膜付の導電性シリコンウェハー上に、ソース、ドレイン電極などの配線パターンを形成し、薄片状結晶を静かに接着させている。ここで、両者の接合には、接着剤などは一切使わず、静電引力のみを用いて貼り合わせるため、結晶表面に与えるダメージを最小にすることができると考えられる。また、自由に成長させた結晶と絶縁性の薄膜を、最後に室温で貼り合わせるプロセスであるために、原理的に界面作製のための材料選択性が大きい利点がある[6,7]。また、薄片結晶をシリコン基板に貼り付ける代わりに、伸縮性に富むPDMSエラストマー基板に結晶を貼り付ける方法も報告されている。この方法では、より厚い結晶表面上にもデバイス構成が可能であるという利点がある。また、エラストマーにギャップを作ることによって、ゲート絶縁膜を使わず、空気又は真空に電界を加えて結晶表面へのキャリア注入が可能となった[8]。また、結晶の上にポリマーゲート絶縁膜をソフトに堆積する方法によっても単結晶FETが得られており、ルブレンをはじめ銅フタロシアニンや電荷移動錯体など様々な有機結晶に適用されている[5,9,10]。

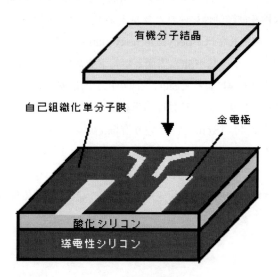

図3 結晶「貼り合わせ」による単結晶電界効果トランジスタの作製法

有機デバイスのための塗布技術

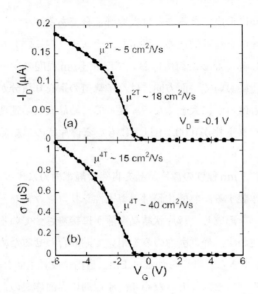

図4　自己組織化単分子膜を組み込んだルブレン単結晶トランジスタの
(a)高移動度伝達特性及び，(b)出力特性

1.2.2　ルブレン単結晶トランジスタの電界効果特性

　有機半導体単結晶と接するゲート絶縁体は，通常SiO_2やポリマー絶縁膜を用いるが，キャリア伝導チャンネルは有機単結晶表面に近い部分に形成されるので，トランジスタ特性は平坦性や吸着分子などにも影響を受ける。従って，有機半導体材料の最大限の特性を得るためには，絶縁膜の表面状態は重要である。これまでのルブレン単結晶トランジスタでは，自己組織化単分子膜でコートしたSiO_2や疎水性及び疎油性に優れたフッ素系ポリマーを用いた場合に特に優れた特性が得られている。前者の一例としては，decyltriethoxysilaneがある。ドライな環境において注意深く作製することによって，シラン基がSiO_2表面とボンドを形成し，凝集した単分子膜を形成する。

　高品質の自己組織化単分子膜によってSiO_2表面が化学的に安定化される効果を利用し，高純度のルブレン単結晶と組み合わせて，高移動度の単結晶トランジスタが得られている。図4(a)に示した線形領域の伝達特性では，$18 cm^2/Vs$という有機トランジスタにおいて最高の移動度が得られている。また，ソース及びドレイン電極の影響を排除した4端子測定の結果，図4(b)のようにルブレン結晶本来の移動度では，$40 cm^2/Vs$にも及ぶことがわかった[2]。この結果は，従来の有機薄膜トランジスタにおける移動度よりも桁違いに大きく，有機半導体材料本来の特性がこれまでの認識よりはるかに高いことを示している。

144

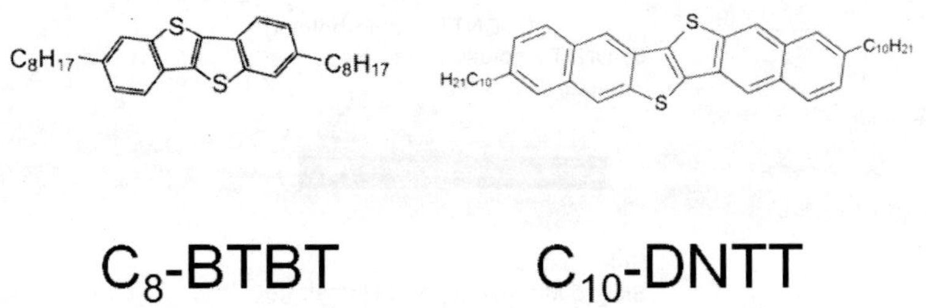

第5章 フレキシブル有機デバイス作製技術

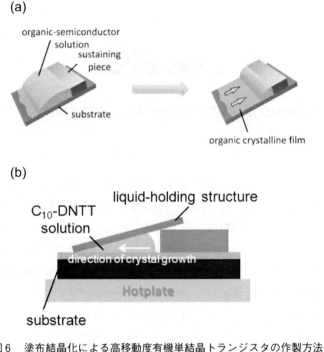

図5 塗布単結晶化法に適した有機半導体分子の例

図6 塗布結晶化による高移動度有機単結晶トランジスタの作製方法

1.3 塗布結晶化法による有機単結晶トランジスタ
1.3.1 溶液から作製したC_8-BTBT及びC_{10}-DNTTの単結晶トランジスタ

図5に示したC_8-BTBT及びC_{10}-DNTTの分子は，電子伝導を担うπ共役系の骨格に加えて，アルキル鎖部分を保有するため，溶解性が得られている[11,12]。しかも，固体薄膜を形成する際に，分子の凝集性を高める効果も有すると考えられる。こうした分子の保有する性質を積極的に用いて，結晶性薄膜を基板に形成するプロセスが開発された[13~18]。

C_8-BTBTの場合には，十分な溶解度があるため，室温でのプロセスが可能である[11,12]。図6(a)

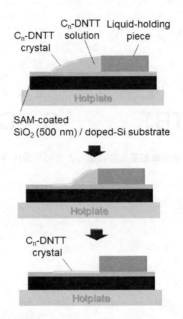

図7　塗布結晶化による高移動度有機単結晶トランジスタ及びアレイの作製方法

のように，溶液保持構造の端部に液滴を保持し，数分かけて乾燥することによって，結晶を基板上に析出させる[13,14]。この方法では，通常のスピンコート法などと異なり，結晶の成長方向を制御した大きなドメインを有する薄膜作製が可能である利点がある。一方，C_{10}-DNTTの場合には，室温での溶解度が十分に得られないため，約100度において結晶性薄膜を作製するプロセスを用いる。図6(b)のようにホットプレート上で，やはり方向性を制御しながら結晶を析出させることによって，大きなドメインを形成できる[15]。あるいは，ホットプレート上で，図6(a)と同様の方法で結晶成長させることも可能である。いずれの場合も，図7のように，まず最初に溶液の表面において薄片状の結晶が得られて，そのあとで溶媒がゆっくり乾燥していく過程で，基板にソフトランディングしていることが，観察される。即ち，結晶成長の過程では，固体の基板上よりも分子の運動の自由度が大きい液体表面上で分子の凝集が起こり，その結果大きな結晶ドメインが得られやすくなる。そのあとで，結晶が基板と界面を形成する過程は，前節の薄片状ルブレンの単結晶を貼り合わせるのと同様，有機半導体表面に与えるダメージの少ないプロセスになっている。こうしたリーズナブルな過程が5分程度の短時間で，自動的に進むことが新しい塗布結晶化法の特徴である。

　実際，この方法で作製したトランジスタは図8のように良好な特性を示している。また，移動度の最高値は10 cm^2/Vsを超えており，約100度における溶液プロセスでアモルファス酸化物並みの移動度が実現することから，産業技術としての実用化が期待される[13]。

第5章　フレキシブル有機デバイス作製技術

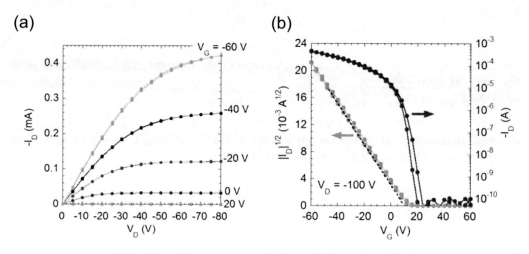

図8　塗布結晶化によるC₁₀-DNTT有機単結晶トランジスタの出力特性と伝達特性

図9　塗布結晶化による高移動度有機単結晶トランジスタのアクティブマトリックスを用いた液晶パネル
（動画：http://www.youtube.com/watch?v=2-AbMON6drs）

1.3.2　塗布結晶化した高移動度有機単結晶トランジスタのアクティブマトリックス

　図7の手法を用いて，溶液を保持する構造体をアレイ状に配置することによって，30×25画素のアクティブマトリックスを試作した。また，その上に液晶パネル層を構成し，実際に動画を表示するデモンストレーションを行った。デバイス性能の素子間のバラつきなどを改善する必要があるものの，塗布プロセスによる高性能の有機単結晶トランジスタをアクティブマトリックスとして，表示デバイスが構成可能であることを示したことは，今後の産業化に向けた第一歩と言える。

有機デバイスのための塗布技術

文　　献

1) J. Takeya, C. Goldmann, S. Haas, K. P. Pernstich, B. Ketterer and B. Batlogg, *J. Appl. Phys.*, **94**, 5800 (2003)

2) J. Takeya, M. Yamagishi, Y. Tominari, R. Hirahara, Y. Nakazawa, T. Nishikawa, T. Kawase, T. Shimoda and S. Ogawa, *Appl. Phys. Lett.*, **90**, 101120 (2007)

3) A. L. Briseno, S. C. B. Mannsfeld, M. M. Ling, S. Liu, R. J. Tseng, C. Reese, M. E. Roberts, Y. Yang, F. Wudl and Z. Bao, *Nature*, **444**, 913 (2006)

4) R. W. I. De Boer, T. M. klapwijk and A. M. Morpurgo, *Appl. Phys. Lett.*, **83**, 4345 (2003)

5) J. Takeya, J. Kato, K. Hara, M. Yamagishi, R. Hirahara, K. Yamada, Y. Nakazawa, S. Ikehata, K. Tsukagoshi, Y. Aoyagi, T. Takenobu and Y. Iwasa, *Phys. Rev. Lett.*, **98**, 196804 (2007)

6) M. Uno, Y. Tominari and J. Takeya, *Organic Electronics*, **9**, 753 (2008)

7) V. Podzorov, V. M. Pudalov and M. E. Gershenson, *Appl. Phys. Lett.*, **82**, 1739 (2003)

8) V. C. Sundar, J. Zaumseil, V. Podzorov, E. Menard, R. L. Willett, T. Someya, M. E. Gershenson and J. A. Rogers, *Science*, **303**, 1644 (2004)

9) R. Zeis, T. Siegrist and Ch. Kloc, *Appl. Phys. Lett.*, **86**, 022103 (2005)

10) K. Yamada, J. Takeya, K. Shigeto, K. Tsukagoshi, Y. Aoyagi and Y. Iwasa, *Appl. Phys. Lett.*, **88**, 122110 (2006)

11) H. Ebata, T. Izawa, E. Miyazaki, K. Takimiya, M. Ikeda, H. Kuwabara and T. Yui, *J. Am. Chem. Soc.*, **129**, 15732 (2007)

12) M.-J. Kang, I. Doi, H. Mori, E. Miyazaki, K. Takimiya, M. Ikeda and H. Kuwabara, *Adv. Mater.*, **23**, 1222 (2011)

13) T. Uemura, Y. Hirose, M. Uno, K. Takimiya and J. Takeya, *Appl. Phys. Exp.*, **2**, 111501 (2009)

14) J. Soeda, Y. Hirose, M. Yamagishi, A. Nakao, T. Uemura, K. Nakayama, M. Uno, Y. Nakazawa, K. Takimiya and J. Takeya, *Adv. Mater.*, **23**, 3309 (2011)

15) K. Nakayama, Y. Hirose, J. Soeda, M. Yoshizumi, T. Uemura, M. Uno, W. Li, M. Kang, M. Yamagishi, Y. Okada, E. Miyazaki, Y. Nakazawa, A. Nakao, K. Takimiya and J. Takeya, *Adv. Mater.*, **23**, 1626 (2011)

16) J. Soeda, T. Uemura, Y. Mizuno, A. Nakao, Y. Nakazawa, A. Facchetti and J. Takeya, *Adv. Mater.*, **23**, 3681 (2011)

17) C. Liu, T. Minari, X. Lu, A. Kumatani, K. Takimiya and K. Tsukagoshi, *Adv. Mater.*, **23**, 523 (2011)

18) H. Minemawari, T. Yamada, H. Matsui, J. Tsutsumi, S. Haas, R. Chiba, R. Kumai and T. Hasegawa, *Nature*, **475**, 364 (2011)

2 溶液から自己二層分離法で造る結晶有機トランジスタ

塚越一仁[*1]，李　昀[*2]，劉　川[*3]，三成剛生[*4]

2.1 はじめに

有機トランジスタを用いたフレキシブルデバイスの実現の魅力の１つは，如何なる基板の上においても印刷プロセスで素子形成を可能とするであろう[1,2]。"如何なる基板"ということに期待されることは，極限まで薄くしたシリコン基板やガラス基板，表面平坦性を追求した金属箔などではなく，安価で簡単に手に入ることであり，特殊な高温対応新素材などを用いていない市販材料であることが理想的である。例えば，ポリエチレンナフタレート（PEN）やポリエーテルサルフォン（PES）などのプラスチック基板や市販紙などが使えればコストを大幅に低減できる。これらの簡単に入手可能な基板の表面は，有機トランジスタなどを作製することは想定されていない粗表面である。粗い表面の紙面に注目すると，様々な平坦化の工夫を凝らして作った素子の電界効果移動度の多くは0.1 cm²/Vs以下であり，最も良好な素子においても0.5 cm²/Vsである。表面の凹凸が有機トランジスタの特性を低下させてしまう。ポリマー系有機トランジスタであれば，表面の粗さにある程度の適応は可能であるが，そもそもの移動度が高くない。モノマー系有機材料による多結晶系では，凹凸の大きな基板上では結晶サイズが微細になり移動度の低下が起こる。さらに，凹凸表面の有機トランジスタは，電流on/off比が小さくなる傾向がある。基板表面の粗さによって，有機半導体とゲート絶縁膜界面の乱れも大きくなることで，リーク電流が増大するためであろう。つまり，フレキシブル材料にも適応したプロセスを見つけ出し確立することは，容易ではない。

この凹凸問題は，高度に表面処理された平坦基板を用意することだけで全てが解決できるわけではない。素子構造にもよるが，ゲート電極上に半導体チャネルを構成する素子形状では，構造自体によって有機半導体の位置する部位の平坦性が低下する。また，開口率を高めることを目指して表示部位の上に有機半導体素子を重ねる形状なども今後必要となる可能性もある。このようなフレキシブルエレクトロニクス設計全体の自由度を向上させるためには，有機トランジスタを作る部位への要求の低い素子作製法を用いることが望ましい。

このような問題の解決を目的として，有機半導体チャネルの自己二層分離法の開発を進めている[3~7]。

＊1　Kazuhito Tsukagoshi　㈱物質・材料研究機構　国際ナノアーキテクトニクス研究拠点　主任研究者

＊2　Yun Li　㈱物質・材料研究機構　国際ナノアーキテクトニクス研究拠点　ポスドク研究員

＊3　Chuan Liu　㈱物質・材料研究機構　国際ナノアーキテクトニクス研究拠点　MANAリサーチアソシエイト

＊4　Takeo Minari　㈱物質・材料研究機構　国際ナノアーキテクトニクス研究拠点　MANA研究者

2.2 二層分離

任意基板上に高特性の有機トランジスタを溶液プロセスにて作製するために，2種有機分子の混合液から自己組織化による層分離法を使う[3〜11]。この方法では，良質の界面を介して接する有機半導体チャネルと絶縁膜の同時形成が期待できる。

有機半導体のための二層分離法は，2種のポリマー混合から研究が始まった[8]。p型半導体としての特性を有するpoly（9,9-dialkylfuluorene-*alt*-triarylamine）（TFB）と絶縁膜であるbisbenzocyclobutene（BCB）誘導体との混合系において，BCBのガラス転位温度250℃以上に加熱しBCBをクロスリンクさせると，TFBが分離する。これによって得られた二層有機膜のうち，TFBが本来のトランジスタ用の半導体膜となり，BCBが絶縁膜となる。さらに，高い移動度が期待できるモノマー系分子を用いた技術が発見された[10,11]。モノマー系／ポリマー系の自己二層分離によって，移動度が高まることが期待されたが，実際に得られる膜は通常多結晶程度であり，電界効果移動度の上昇は想定通りには上昇せず0.5 cm^2/Vs程度に留まってしまった。これに対して，dioctylbenzothienobenzothiophene（C8-BTBT）[12]とpolymethylmethacrylate（PMMA）を混合し，基板上にスピンコートして二層分離膜（図1）を作り，作れた膜を溶媒蒸気アニールす

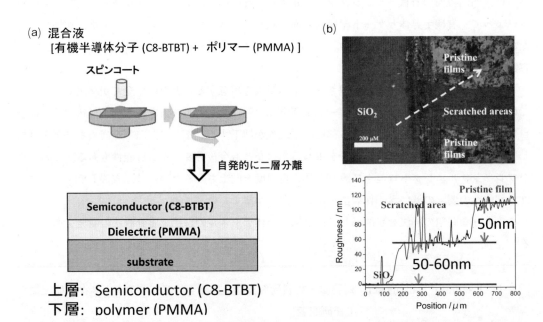

図1 (a)自己二層分離法の概念図，(b)自己二層分離膜の一部を剥離して，二層構造を確認した光学顕微鏡写真
(a)有機半導体分子と有機絶縁体ポリマー分子を混合して溶媒を加えて溶液化し，基板の上に滴下してスピンコートするだけで，基板に対して垂直に二層分離する。基板側がポリマー（PMMA）であり，表面に有機半導体（C8-BTBT）の層ができる。(b)剥離した部位の段差プロファイルの計測により，PMMAはおおよそ50〜60 nmの厚さであり，C8-BTBT半導体層は50 nm程度であった。これらの厚さは，初期の混合液の配合比によって，調整可能。なお，用いたPMMAは10,000Mw。

第5章　フレキシブル有機デバイス作製技術

ることで，多結晶膜を結晶化することができるようになった[3]。この結晶に電極を形成して得られたトランジスタ特性において，電界移動度は飛躍的に上昇して9.1 cm^2/Vsに達することが分かった。また，自己組織化単分子膜を用いて基板表面に対してあらかじめパターンニングを施し，2種分子混合液をスピンコートすることで，二層分離膜を必要な部位にだけ形成できるようになった[5]。このパターンニングした二層分離した膜に対して，溶媒蒸気を曝すと，有機半導体結晶チャネルのアレイを形成することを見出した。特に，この方法で作られた素子は有機半導体と絶縁膜を形成するために，界面トラップ密度を低減でき，電流値のバイアスストレス不安定性測定によって，期待通りの極めて安定した電流の振る舞いが確かめられ，二層分離法の優位点が確かめられた。

　これらの報告から，スピンコートなどによる二層分離だけでは結晶成長制御が充分に行えず，微細粒界の多結晶になる。このために電界効果移動度が低く，溶媒蒸気アニールが必須であると考えられ，任意基板などへの適応は困難であろうと思われた。

　しかし，スピンコートしたCYTOP（旭硝子社製　非晶質構造のフッ素系ポリマー）膜に対して，酸素プラズマで部分的に改変した膜表面を用いることで，溶媒蒸気アニールを施さなくても有機薄膜が数100 μm以上の粒界の板状結晶を形成することができることを見出された（図2）[6]。CYTOP（厚さ〜70 nm程度）を皮膜した基板表面は疎水性であり，C8-BTBTとPMMAの混合液も付着しない。このCYTOP表面に，メタルマスクを介して酸素プラズマに数分間曝すと，曝された部分が数10 nm掘り下げられ，親水化する。この酸素プラズマに曝された部位には混合液が付着するようになるため，パターンニングされた基板上に混合液を滴下してスピンコートするだけで，必要な部位だけに二層膜が形成される（図3）。なお，酸素プラズマに曝した部位には，C8-BTBT溶液では薄膜が形成されず，PMMAがなければ膜を付着することはできない。混合液をスピンコートすると，微小粒界多結晶膜であった上部C8-BTBT膜が，大きなサイズの板状結晶の膜になることが分かった（図4）。結晶サイズを偏光顕微鏡で確認したところ，数100 μmであり，500 μm×200 μmの酸素プラズマ照射領域は少数（10個程度以下）の結晶によってチャネルが占められた。また，偏光顕微鏡で観測できる結晶端角は104°（図4(b)）程度であり，X線回折評価から期待される結晶端角度106.1°に近い（図4(c)）。なお，このパターンニングと結晶化は，自己組織化単分子膜（tridecafluoro-1,1,2,2-tetrahydrooctyl）trichlorosilaneにて表面処理したSiO$_2$/Si基板においても起こるが，板状結晶のサイズはCYTOP膜上に形成した場合と比較して，1桁以上小さい（図3）。この結果から，板状結晶を大きくするためには，平坦な基板の表面に親液／疎液パターンニングが施されているだけでは不十分であり，パターン境界に液を内部に保持するためのバンクが必要であることが推測される。

　この方法の利点は，本法の拡張性である。基板を従来のSiO$_2$表面を有する材料ではなく，容易に塗布可能な基板であれば，任意材料に対して簡単な方法で，特殊装置を使わなくても結晶トランジスタを短時間で作れる。

151

有機デバイスのための塗布技術

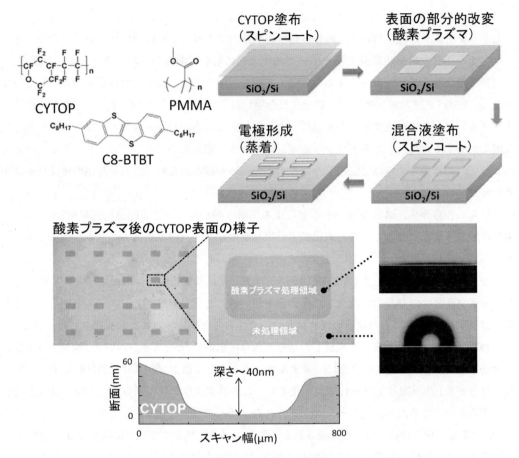

図2 酸素プラズマ（60 W）を使ったCYTOP表面改変と自己二層分離を中心とした素子作製プロセスの概念図
酸素プラズマに曝されたCYTOP表面はエッチングされて凹み，同時に親水化する。酸素プラズマを照射した領域は500 μm×200 μm。

2.3 紙基板上への適応とトランジスタ特性

 素子を比較的作りやすい従来のSiO_2/Si基板などの表面平坦基板に替わって任意基板を用いる際に問題となるのが，基板表面の平坦性である。例えば，有機半導体素子の基礎評価に広く用いられているSiO_2/Si基板の表面粗さはRMS 1 nm以下（通常RMS0.2～0.3 nm）程度であり，容易に入手可能な市販紙（例えばインクジェット用写真紙：表面平坦性はRMS50 nm程度）と比較すると3桁以上の平坦性に差がある。この大きな凹凸は，有機トランジスタの移動度の低下要因である。紙面をポリマーで被膜して平坦化を試みても，平坦化には限界があり，実際に紙面を用いた基板上に作られた素子の移動度は低い。このような凹凸紙面に対して，我々が開発した自己二層膜形成法を適応した[7]。

 素子作製に用いた紙は，富士フイルム社製WP 2 L10 PRO（市販価格350～500円／10枚程度）の

第5章 フレキシブル有機デバイス作製技術

光学顕微鏡像

(a)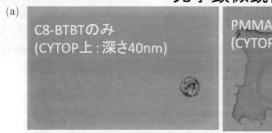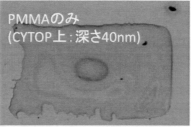

光学顕微鏡像　　光学顕微鏡像(偏光)

(b)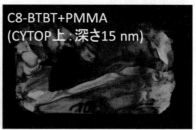

(c)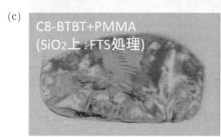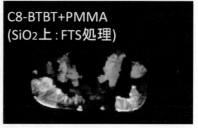

図3　表面改変した部位への薄膜付着の様子

(a)酸素プラズマに曝した部位に対して，C8-BTBTを溶解したアニソール溶液を塗布しても付着しないが，PMMAは付着する。(b)酸素プラズマによって形成した深さ15 nm部位に自己二層分離膜が形成（光学顕微鏡写真と偏光顕微鏡写真）。数100 μmの板状結晶の成長が確認できる。FTSにて同様の表面処理を施したSiO$_2$表面においても同様の自己二層分離膜を選択的に形成できるが，偏光顕微鏡像によって確認される板状結晶のサイズはCYTOP表面と比較して小さい(c)。

インクジェット用紙であり，数cm角に裁断して使用した（図5）。初期状態の表面凹凸は，PMS50 nm程度である。この紙面上に，パリレン（3 μm）/金ゲート電極（60 nm）/CYTOP（75 nm）を形成した。それぞれの膜を重ねる毎に，初期凹凸（RMS50 nm）は少しずつ減少するが，CYTOP上においてもRMP10 nm以上の凹凸が残る。

　CYTOP表面にメタルマスクを通して酸素プラズマを照射し，表面処理を行った。この表面に対して，混合液をスピンコートすることで，板結晶チャネルを得た（図6）。表面凹凸があるにも

有機デバイスのための塗布技術

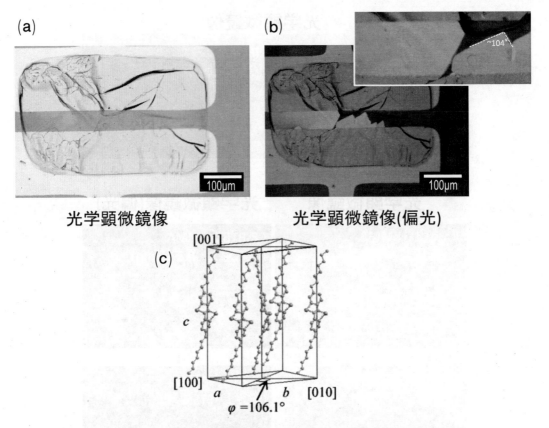

図4 トップコンタクト構造電極端子を形成した自己二層分離膜の光学顕微鏡像
偏光顕微鏡像によって大きな結晶が端子間を直接繋げていることが確認できる。
また，結晶端角はおおよそ104°であり，X線回折から期待される106.1°に近い。

拘わらず，平坦基板を用いた場合と同様の大きな板状結晶ができるのは，自己二層分離によって下層PMMAが表面凹凸を緩和していると考えられる。さらに，PMMAを塗布してから有機半導体チャネルを形成する場合での表面凹凸緩和よりも，有機半導体結晶とPMMA絶縁膜との同時形成の場合の方が，チャネル／絶縁膜界面の平坦性を高めることができるようである。実際に二層分離して得られた膜にて，表面のC8-BTBTを剥離して表面凹凸を調べたところ，ナノメートル程度の凹凸だけが残っていることが確認された（図7(c)，(i)）。

この板状結晶有機半導体チャネルにソース・ドレイン電極を形成して，トランジスタ特性を評価した（図8）。ゲート電圧印加あるいはソース・ドレイン電圧印加において，ヒステリシスの極めて小さい伝達特性と出力特性が得られた。ゲート電圧の印加による電流on/off変調比は8桁を超え，移動度は1 cm^2/Vsを超えた。

第5章　フレキシブル有機デバイス作製技術

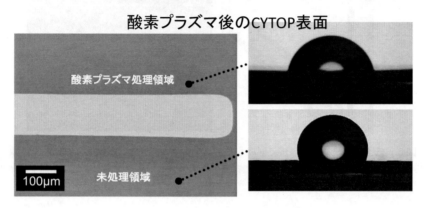

図5　市販写真紙を用いた素子形成

用いた紙は，富士フイルム社製WP2L10PRO（市販価格350〜500円／10枚程度）。パリレン（3 μm）／金ゲート電極（60 nm）/CYTOP（75 nm）を形成後に，CYTOP表面の酸素プラズマ処理を行った。

2.4　おわりに

　有機半導体膜と絶縁膜を二層分離法で同時形成することで，従来の一層ずつ重ねる方法では得られない特性を有する有機トランジスタを，表面凹凸の大きな市販紙面上に形成することが可能となった。有機分子の本来有する自己組織化と自己分離性を有効に引き出したことで，初めて実現した技術と言える。また，本方法で用いた酸素プラズマ装置は特別な改良なども行っておらず，インクジェットやグラビア印刷のような大がかりな装置も全く必要としない。さらに，半導体の形成プロセスにおいてもグローブボックスや真空チャンバーを一切使用せず，通常の排気ドラフトにて行っている。このため，本方法の拡張性は高く，今後の技術最適化による特性制御が期待されている。

　現時点で明確な課題もある。有機半導体の結晶性が高いために，チャネルを形成するグレインが少ないのが魅力ではあるが，反面として，グレイン構造のバラツキによると思われる素子間の特性バラツキが大きくなる。応用展開に適応可能な特性仕様までの制御には，要因の詳細解明と対策を検討しなければならない。また，自己二層分離法では，有機半導体膜は絶縁膜の上に形成される。このために，素子の端子は，有機半導体の上の配置となる"トップコンタクト形状"に限

有機デバイスのための塗布技術

紙上に形成された有機結晶

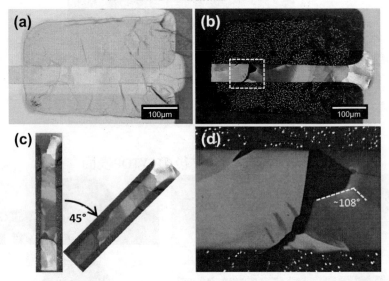

図6　紙上に自己二層分離法で形成した結晶チャネルの光学顕微鏡像と偏光顕微鏡像
紙面の凹凸にも拘わらず，自己二層分離法にて有機半導体チャネルを形成することで結晶チャネルとなる。

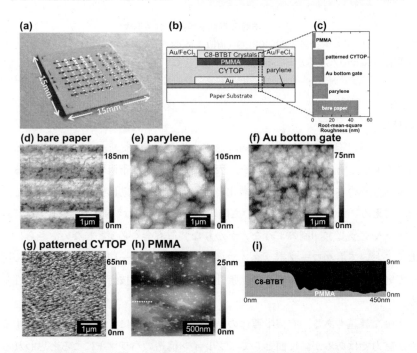

図7　紙上にて形成した有機トランジスタの構造模式図と基板全体の様子
紙の初期状態ではRMS50 nmの凹凸があり，膜形成を重ねることで凹凸は軽減するが，CYTOP上でもRMS10 nm以上は凹凸が残る。自己二層分離膜の形成によって，C8-BTBT結晶チャネル/PMMA界面の凹凸は大きく減少する。なお，PMMA上の凹凸は，結晶チャネルを剥離して確認した。

第5章　フレキシブル有機デバイス作製技術

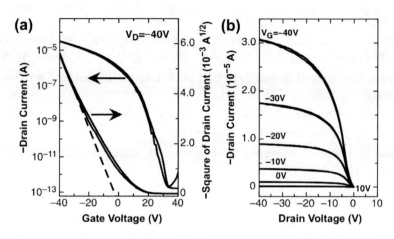

図8　紙上に形成された結晶有機半導体素子にて得られたトランジスタ特性（伝達特性と出力特性）
ゲート電圧印加による電流on/off変調比は8桁以上が観測され，界面乱れによるリーク電流が小さいことが推測される。

定される。素子全体を作製するためのプロセスの自由度が狭まり，作り方を限定してしまうかもしれない。素子作製技術全体とのマッチングも考慮に入れた研究開発が今後必要となる。

謝辞
　本研究は，瀧宮和男教授（広島大学）との共同研究であります。なお，C8-BTBT分子は，日本化薬㈱より池田征明博士および狩野英成さんの御協力をいただき供給いただきました。また，研究推進におきましては，JST戦略的創造研究推進事業の御支援をいただきました。

文　　献

1) D. Tobjörk, R. Österbacka, *Adv. Mater.*, **23**, 1935（2011）
2) N. J. Kaihovirta, D. Tobjörk, T. Mäkelä, R. Österbacka, *Appl. Phys. Lett.*, **93**, 053302（2008）
3) C. Liu, T. Minari, X. Lu, A. Kumatani, K. Tsukagoshi, K. Takimiya, *Adv. Mater.*, **23**, 523（2011）
4) T. Minari, C. Liu, M. Kano, K. Tsukagoshi, *Adv. Mater.*, **24**, 299（2012）
5) Y. Li, C. Liu, A. Kumatani, P. Darmawan, T. Minari, K. Tsukagoshi, AIP advances 1, 022149（2011）
6) Y. Li, C. Liu, A. Kumatani, P. Darmawan, T. Minari, K. Tsukagoshi, *Organic Electronics*, **13**, 364（2012）
7) Y. Li, C. Liu, Y. Xu, T. Minari, P. Darmawan, K. Tsukagoshi, *Organic Electronics*, in press

（2012）

8) L. L. Chua, P. K. H. Ho, H. Sirringhaus, R. Friend, *Adv. Mater.*, **16**, 1609（2004）

9) L. Qiu, J. A. Lim, X. Wang, W. H. Lee, M. Hwang, K. Cho, *Adv. Mater.*, **20**, 1141（2008）

10) W. H. Lee, J. A. Lim, D. Kwak, J. II. Cho, H. S. Lee, H. H. Choi, K. Cho, *Adv. Mater.*, **21**, 4243（2009）

11) T. Ohe, M. Kuribayashi, R. Yasuda, A. Tsuboi, K. Nomoto, K. Satori, M. Itabashi, J. Kasahara, *Appl. Phys. Lett.*, **93**, 053303（2008）

12) H. Ebata, T. Izawa, E. Miyazaki, K. Takimiya, M. Ikeda, H. Kuwabara, T. Yui, *J. Am. Chem. Soc.*, **129**, 15732（2007）

3 塗布法による透明酸化物半導体TFT

伊藤　学[*]

3.1　はじめに

近年，従来の真空成膜／フォトリソグラフィーに代わって，印刷法で電子デバイスを作製するプリンテッドエレクトロニクスが着目を浴びている。プリンテッドエレクトロニクス技術は，

① 高額な真空装置やリソグラフィー装置の代わりに安価な印刷機で成膜／パターニングの全プロセスが可能であること

② 真空工程が必要なくプロセス数も削減されるためタクトタイムが早いこと

③ 消費エネルギーが少なく排出される廃液や排ガスが少ないため環境に優しい

という従来のエレクトロニクスでは全く実現できなかった特徴を持つ。CO_2の排出を抑制し，エネルギー消費を低減し，そして低コストで製造ができるこの技術は今までのパラダイムを一変するものになるであろう。

ところで，これまで"プリンテッドエレクトロニクス"（印刷エレクトロニクス）という用語は"有機エレクトロニクス"もしくは"フレキシブル・エレクトロニクス"とほぼ同義語で使用されることが多かった。印刷できるデバイスで研究例の多いものが有機半導体であったこと，そして有機半導体は低温で形成できることが多いためフレキシブルデバイスと結びつけられて考えられることが多かったこと，というのがその主な理由であろう。しかし，印刷技術を用いたエレクトロニクス技術は"有機TFT"や"フレキシブルデバイス"だけに限定されるものなのであろうか？　答えは明らかに"否"である。

本節では塗布法で形成可能な半導体材料について簡単に概説すると共に，最近特に注目を浴びている塗布型の透明酸化物半導体に着目しその現状や課題について考えてみたい。

3.2　塗布法で作製する半導体

図1に塗布形成可能な半導体の例を示す。大別すれば有機半導体，無機半導体，そしてその中間に位置する有機／無機ハイブリッド半導体に分けられる。

有機半導体は塗布形成可能な半導体として最も広く知られるものであろう。有機半導体に関しては他の章で記述されているのでここでは詳述しないが，近年の有機半導体の進展ぶりには目を見張るものがある[1~3]。しかしながら，有機半導体は量産可能な工程で高移動度を得ることが未だ難しい上に，長期安定性や信頼性において課題が多い。現時点では有機半導体が適用可能であるアプリケーションは電子ペーパー用TFTなど，極めて限定的であると言わざるを得ない。また有機・無機ハイブリッド半導体材料も報告例があるが，移動度が低く実用に供するレベルにはない[4,5]。

無機半導体ではシリコン系，カルコゲナイト系，酸化物系で塗布法にて形成可能な半導体材料が報告されている。

＊　Manabu Ito　凸版印刷㈱　総合研究所　ディスプレイ研究室　課長

有機デバイスのための塗布技術

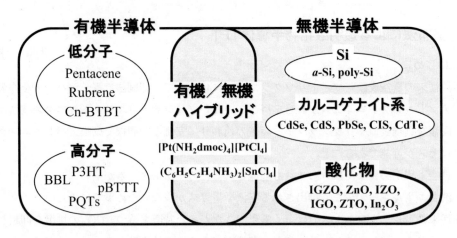

図1　塗布形成可能な半導体

　塗布型シリコン系では下田らが液体シリコン前駆体を出発材料として用い，光による開環重合プロセスでシリコン薄膜半導体の形成に成功している[6]。エキシマレーザーによる結晶化プロセスと組み合わせることでpoly-Si TFTで移動度108 cm^2/Vsを達成した。しかし，540℃，2時間と高温の焼成が必要となる上，Siは酸化しやすいためプロセス中の酸化に注意を払わなければならないという課題がある。

　塗布型カルコゲナイト系半導体の報告も数が多い。RidelyらはCdSeのナノ粒子を出発材料として用いてCdSe半導体で移動度1.0 cm^2/Vs[7]を，またMitziらはSe，SnS$_2$を出発材料としヒドラジンを還元剤として利用してSnSe$_{2-x}$Se$_x$ TFTを作製し，移動度12 cm^2/Vs[8]を達成している。しかしカルコゲナイト系半導体を用いたTFTは素子の信頼性やプロセス再現性に乏しく実用化には至っておらず，むしろ太陽電池材料として有力と考えられる[9,10]。

　一方，近年酸化物系の塗布型半導体が高い注目を浴びている。透明アモルファス酸化物系半導体（Transparent Amorphous Oxide Semiconductor：TAOS）は2004年，Nomuraらがa-IGZO TFTを報告[11]以来，次世代半導体の最も有力な半導体材料候補として多くの研究・開発が積み重ねられてきた[12,13]。空間的に大きく拡がったns軌道（n＞5）を最低非占有準位として持つIn，Snなどの重金属イオンを用いた酸化物材料は，指向性の強いsp^3軌道を持つシリコンなどと異なり，アモルファス構造中の歪んだ結合によってもキャリア輸送は大きな影響を受けず，比較的大きい移動度が得られる[11,14,15]。アモルファス構造であるが故に粒界の影響を受けず，大面積での製造も容易となる。図2にTAOSの特徴とその応用の可能性をまとめた。この図からも分かる通りTAOSの持つ種々の特徴から広範な応用範囲に期待されている。一般にTAOSはスパッタなどの真空プロセスで形成されることが多いが，図2に示したように塗布プロセスでの膜形成が可能であり，近年多くの研究がなされてきた。一般的に塗布プロセスはプロセス自体を大気中で行うため，材料の酸化が避けられないという課題がある。その点，酸化物材料は"酸化物"であるとい

第5章 フレキシブル有機デバイス作製技術

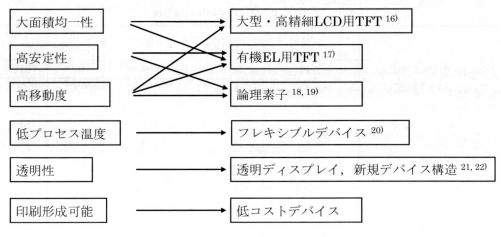

図2　透明アモルファス酸化物半導体の特徴とその応用

う材料面の特徴からプロセス中の酸化が大きな問題になることはない。酸化物半導体は内在的に塗布プロセスに適した材料と言える。

3.3　塗布法による透明酸化物半導体の報告例

表1に塗布プロセスによる酸化物TFTの報告例を，図3に塗布型酸化物半導体の出発材料別区分を示す。出発材料としてはナノワイヤー，ナノ粒子，前駆体の3種類に大別され前駆体は"ゾルゲル"，"キレート"，"有機金属分解法"の3つに分類できる[23]。表1から明らかな通り，塗布型においてもスパッタプロセスなど真空プロセスと同様，多くの種類の酸化物半導体が報告されている。そして出発材料としては前駆体系材料が圧倒的に多い。ナノワイヤー系材料ではDattoliらが，SnドープTaO$_2$ナノワイヤーを用いて移動度178 cm^2/Vsを報告している[24]。しかしナノワイヤーをチャネル方向に向かって整列させることは難しいため，この系の材料は量産には向かず研究レベルにとどまっている。ナノ粒子系では，Yangらがプロセス温度95℃という低温で移動度2.3 cm^2/Vs[25]を達成しているが，ナノ粒子を出発材料とした薄膜は一般的に多孔質構造をとりやすく，デバイスの信頼性が疑問視される。現時点では，塗布型酸化物半導体の出発材料は，前駆体系材料，その中でもゾルゲルやキレートを出発材料として用いた系の報告例が圧倒的に多い。

図4に塗布プロセスおよび真空プロセス（スパッタ，PLD，ALDなど）による酸化物半導体のプロセス温度と移動度の報告例の一部をまとめた。この図から二つの傾向が読み取れる。

① 塗布プロセスではアニール温度の上昇に応じて移動度が上昇する傾向にあること
② 塗布プロセスで作製した酸化物半導体は真空プロセスで作製したものと比較して"プロセス温度が高くかつ移動度が低い"こと

今後，塗布型酸化物半導体において"如何にプロセス温度を下げ，移動度を真空プロセス並に向上させられるか"が大きな課題である。

表1 塗布法による酸化物半導体の報告例

	材料	形成方法	塗布材料	μ (cm²/Vs)	プロセス温度
B. J. Norris, J. Phys. D (2003)	ZnO	SC	前駆体	0.2	700℃
H-C Cheng, APL (2007)	ZnO	SC+CBD	前駆体	0.67	230℃
B. Sun, Nano Lett. (2005)	ZnO	SC	ナノロッド	0.61	230℃
S.T. Meyers, JACS (2008)	ZnO	SC	前駆体	1.8	150℃
C. Li, APL (2007)	ZnO	SC	前駆体	0.56	70℃
Y. H. Hwang, ESSL (2009)	AIO	SC	前駆体	19.6	350℃
S. K. Park, ESSL (2009)	a-ZTO	SC	前駆体	5.0	500℃
G. H. Kim, TSF (2009)	nc-IGZO	IJ	前駆体	0.03	450℃
S-Y. Han, AMFPD 2009	IGZO	IJ	前駆体	25.6	600℃
	In₂O₃	IJ	前駆体	11.6	280℃
H. S. Shin, AMFPD 2009	YIZO	SC	前駆体	0.8	550℃
S-C. Chiang, SID 2008	ZnZrO	SC	前駆体	0.0042	300℃
J-B. Seon, IDW 2009	IZO	SC	前駆体	6.6	450℃
W. H. Jeong, IDW 2009	HIZO	SC	前駆体	2.0	550℃
Y. Yang, IEEE (2010)	IGZO	SC	ナノ粒子	2.3	95℃
J. Yang, APL (2011)	ZnO(NW)+IGZO	転写+SC	ナノワイヤ+前駆体	1.93	500℃

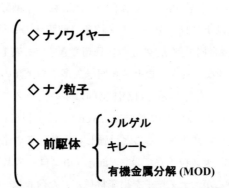

図3 塗布型酸化物半導体材料の出発材料

　その一つの方法としてアニール中の後処理雰囲気の制御がある。Bangerらはゾルゲル法で作成したIZO TFTに45～50% RHの湿潤雰囲気下でアニールプロセスを行うことで230℃の低温においてもヒステリシスが少なく，移動度10 cm²/VsのTFTの作成に成功している[26]。また，RimらはIGZO TFTに対して高圧酸素雰囲気下でのアニールの影響について考察している。350℃の大気アニールでは移動度が0.69 cm²/Vsであったが，1 MPaでの酸素雰囲気下で350℃のアニールを施すことで移動度が3.3 cm²/Vsまで向上したことを報告している[27]。これら後処理雰囲気制御

第5章 フレキシブル有機デバイス作製技術

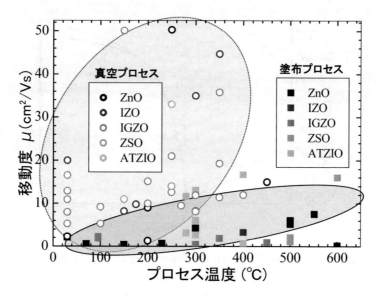

図4 真空成膜法および塗布法による酸化物半導体のプロセス温度と移動度

についてはメカニズムなどが不明な点もあり，今後の詳細な研究が待たれるところである。

3.4 低温化への試みと電子ペーパーへの応用

図5に塗布法で作成した酸化物TFTの伝達特性を示す。ここでは酸化物半導体層以外の層はスパッタ，CVD法などの真空成膜方法で作成し，酸化物半導体層はスピンコート後アニールを行い，その後フォトリソグラフィー工程でパターニングを行っている。素子構造はボトムゲート型ボトムコンタクト構造を採用している。アニール温度は270℃，アニール時間は大気中で3分であり，塗布法としては比較的低温かつ短時間であるにも関わらず，移動度5.4 cm^2/Vs，オン・オフ比6桁以上と良好な素子特性を示している。また図6に，プロセス最高温度270℃で作製した塗布型酸化物TFTアレイを用い駆動した2インチQQVGA（80×60）の電子ペーパーの表示例を示す。ここで電子ペーパー前面板にはE Ink社製Vizplex Imaging Film[28]を用いている。現時点ではまだアニール温度が高いためガラス基材上にTFTアレイを作製しているが，今後低温プロセス化が進めば塗布型フレキシブル酸化物TFTアレイの実現も可能となってくる。

3.5 塗布型透明酸化物半導体の課題

このように大きな可能性を秘めた塗布型酸化物半導体であるが，現時点ではスパッタ法などの真空法と比較すると課題は多い。以下にその主な課題を示す。
① プロセスの低温化
② 移動度の向上

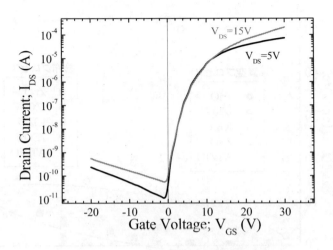

図5 プロセス最高温度270℃で作製した塗布型酸化物TFTの伝達特性

図6 塗布型酸化物TFTアレイで駆動した電子ペーパー

③ 印刷プロセスにおける半導体層キャリア密度の制御方法の確立
④ 素子安定性の改善
⑤ 半導体層の直接パターン形成法確立
⑥ 半導体層以外への印刷プロセスの導入[31,32]

言うまでもないことであるが，印刷法の醍醐味は"真空プロセスを用いないこと"と，"直接パターン形成が可能であること"である。そのためには⑤で挙げた半導体層の直接パターン形成法（インクジェット[29,30]や有版印刷など）が必須となる。また半導体層のみに印刷法を採用してもTFTの他層が従来の真空プロセス／フォトリソグラフィー法で製造されていては本質的なコスト削減は望めない。そのために半導体のみならず絶縁層[31]や電極層[32,33]の印刷形成が必要である。

第5章 フレキシブル有機デバイス作製技術

3.6 おわりに

以上，述べてきたように，未だ課題は多いものの塗布法による a-IGZO TFT を用いて移動度 $54\,cm^2/Vs^{34)}$ が報告されるなど，塗布型酸化物半導体の可能性は大きい。酸化物半導体の持つポテンシャルの大きさを考えれば，将来プリンテッドエレクトロニクスを酸化物半導体が席巻する可能性さえあるだろう。今後，材料，プロセス，製造設備全ての点での技術開発が待たれるところである。

文　献

1) S. Shinamura *et al.*, *Heterocycles*, **83**, 1187 (2011)

2) T. Uemura *et al.*, *Appl. Phys. Express*, **2**, 111501 (2009)

3) H. Minemawari *et al.*, *Nature*, **465**, 364 (2010)

4) C. Kagan *et al.*, *Science*, **286**, 945 (1999)

5) W. R. Caseri *et al.*, *Adv. Mater.*, **15**, 125 (2003)

6) T. Shimoda *et al.*, *Nature*, **440**, 783 (2006)

7) B. A. Ridely *et al.*, *Science*, **286**, 746 (1999)

8) D. B. Mitzi *et al.*, *Nature*, **428**, 299 (2004)

9) T. K. Todorov *et al.*, *Adv. Mater.*, **22**, E156 (2010)

10) Van Duren *et al.*, MRS Symposium Proceedings 2007, p1012 (2007)

11) K. Nomura *et al.*, *Nature*, **432**, 488 (2004)

12) 細野秀雄ほか，「透明酸化物機能材料とその応用」，シーエムシー出版 (2006)

13) A. Facchetti *et al.*, Transparent Electronics, Wiley (2010)

14) H. Hosono *et al.*, *J. Non-Cryst. Solids*, **198-200**, 165 (1996)

15) H. Hosono *et al.*, *J. Non-Cryst. Solids*, **203**, 334 (1996)

16) H. Lu *et al.*, *SID 2010 Digest*, p1136 (2010)

17) J. Park *et al.*, *Appl. Phys. Lett.*, **95**, 013503 (2009)

18) I. Song *et al.*, *IEEE Electron Device Lett.*, **29**, 549 (2008)

19) N. Su *et al.*, *IEEE Electron Device Lett.*, **31**, 201 (2010)

20) M. Ito *et al.*, *phys. stat. sol.*, **205**, 1885 (2008)

21) M. Ito *et al.*, IEICE Trans. Electron., **90-C**, 2105 (2007)

22) 伊藤学ほか，応用物理，**77** (7)，p. 809 (2008)

23) D. B. Mitzi *et al.*, Solution processing of inorganic materials Wiley (2009)

24) E. Dattoli *et al.*, *Nano Lett.*, **7**, 2463 (2007)

25) Y. H. Yang *et al.*, *IEEE Electron Device Lett.*, **31**, 329 (2010)

26) K. Banger *et al.*, *Nature Materials*, **10**, 45 (2011)

27) Y. S. Rim *et al*, SID2011 Digest, p1149 (2011)

28) B. Comiskey *et al.*, *Nature*, **394**, 253 (1998)

有機デバイスのための塗布技術

29) G. H. Kim *et al.*, *Thin Solid Films*, **517**, 4007 （2009）

30) D. Kim *et al.*, *Jpn. J. Appl. Phys.*, **49**, 05 EB06 （2010）

31) K. M. Kim *et al.*, *Appl. Phys. Lett.*, **99**, 242109 （2011）

32) M. Ito *et al.*, *J. Non-Cryst. Solids*, **354**, 2777 （2008）

33) S. K. Park *et al.*, *J. Phys. D: Appl. Phys.*, **42**, 125102 （2009）

34) G. Adamopoulos *et al.*, *Adv. Mater.*, **22**, 4764 （2010）

4　塗布型ゲート絶縁膜の開発と塗布型有機FETの特性

永瀬　隆[*1]，濱田　崇[*2]，小林隆史[*3]，松川公洋[*4]，内藤裕義[*5]

4.1　はじめに

　有機ELや電子ペーパーを用いたフレキシブルディスプレイや低コスト無線タグにおける薄膜トランジスタとして，有機電界効果トランジスタ（OFET）に大きな期待が寄せられている。OFETの最大の特長は溶液プロセスが適用できることであり，塗布法や印刷法を活用することで，プロセスの簡略化や製造設備・材料の低コスト化が可能となる。また，その低いプロセス温度から基板としてプラスチックフィルムを利用できるため，フレキシブル化やロール・ツー・ロール印刷による大量生産が可能となる。溶液プロセスを用いて作製するOFET[1]（便宜上，塗布型OFETと呼ばれる）の実用化への課題であった可溶性有機半導体の低いキャリア移動度は，近年，アモルファスシリコンを用いた薄膜トランジスタ（$1\,cm^2/Vs$）を凌ぐまでに向上し[2~4]，塗布型OFETの研究開発が急速に進展している。一方，塗布型OFETでは可溶性の有機半導体とゲート絶縁膜とを積層させる必要があり，熱硬化性を有する塗布型ゲート絶縁膜の開発が求められている。著者らは，有機材料と無機材料の特徴を併せ持つ有機・無機ハイブリッド材料に着目し，ポリメチルシルセスキオキサン（PMSQ）を主とした塗布型ゲート絶縁膜の開発を行った[5~10]。本節では，開発した低温硬化型PMSQの基礎物性およびゲート絶縁膜として用いた際の素子特性，PMSQの高機能化について概説する。

4.2　塗布型ゲート絶縁膜の要求特性

　OFETには幾つかの素子構造が存在するが，応用に際しては，プロセスの簡略化や電極の微細化に有利なボトムゲート・ボトムコンタクト構造が一般に用いられる。塗布型ゲート絶縁膜[11]にはスピンコート法による均一成膜が可能な各種の絶縁性高分子が用いられるが，可溶性有機半導体を積層させる際には有機溶剤の選択が重要となる。このため，ボトムゲート構造の塗布型OFETでは，成膜後の熱処理によって硬化する熱硬化性の高分子絶縁膜が不可欠となっており，ポリイミド（PI）[12]や架橋剤を添加したポリビニルフェノール（PVP）[13~16]が主に用いられている。一方，これらの絶縁材料の硬化には通常180℃程度の熱処理が必要であり，プラスチックフィルム上での回路形成には熱ダメージと熱収縮の影響の考慮が不可欠となる。ポリエチレンナフタレートやポリカーボネートなどの市販のプラスチックフィルムを基板として使用するためには，150℃程

---

*　1　Takashi Nagase　大阪府立大学　大学院工学研究科　電子・数物系専攻　助教

*　2　Takashi Hamada　ノースダコタ州立大学　客員研究員（元　㈱科学技術振興機構
　　　　　　　　　　　研究員）

*　3　Takashi Kobayashi　大阪府立大学　大学院工学研究科　電子・数物系専攻　助教

*　4　Kimihiro Matsukawa　㈱独大阪市立工業研究所　電子材料研究部　研究主幹

*　5　Hiroyoshi Naito　大阪府立大学　大学院工学研究科　電子・数物系専攻　教授

度までの熱処理温度の低減が求められる。

一方，塗布型ゲート絶縁膜は，OFETの低コスト化やフレキシブル化だけでなく，性能向上を図る上で極めて重要な材料となる。これは，OFETのキャリア伝導が主に有機半導体とゲート絶縁膜の界面近傍で行われることに起因しており，ゲート絶縁膜の表面状態や物性がOFETの素子特性や動作安定性を大きく左右することが知られている[1]。特に塗布型OFETでは，高い自己組織性を有する半導体材料が用いられることで，半導体層の配向性や結晶性はゲート絶縁膜の表面エネルギーや表面ラフネスに強く依存し，それらを減少させることで電界効果移動度が顕著に増加することが報告されている[11,17,18]。また，ゲート絶縁膜に含まれる水酸基（OH基）や極性基などの化学種およびリーク電流がヒステリシスやバイアスストレスなどのOFETの動作不安定性に大きく関与していることが近年，明らかにされている[15,16,19~21]。上述のように塗布型ゲート絶縁膜には，高い溶媒耐性や低い熱処理温度などの作製プロセスに対する適合性に加えて，高い表面平滑性，低表面エネルギー，高絶縁性などの様々な特性が求められる。

4.3　ポリメチルシルセスキオキサン（PMSQ）の合成と基礎物性

PMSQ（図1）はケイ素原子上に有機側鎖基としてメチル基を有するシロキサン結合($-Si(CH_3)-O-Si(CH_3)$）により架橋構造を形成した有機・無機ハイブリッド型の絶縁材料であり，他の高分子絶縁膜と比べて低い温度で硬化し，耐溶剤性や絶縁性に優れた絶縁膜を形成できる利点がある。また，大量合成が容易であり，有機側鎖基の置換による物性制御が可能である。この様な特長から，OFETにおけるゲート絶縁膜としてこれまでに幾つかの検討がなされている[22~25]。しかし，縮合反応が不十分で未架橋のシラノール（Si-OH）基が残留した場合には，大きなリーク電流[22,24]やヒステリシス[25]を生じ，素子特性を低下させる問題があった。著者らは，絶縁性の低下の原因となる残留Si-OH基を減少させることを目的として，PMSQの合成条件の最適化を行った[5,7,10]。

PMSQの合成はメチルトリメキシシランを出発材料とし，ギ酸を触媒としたゾルゲル反応により行った。種々の反応条件を検討した結果，特に初期溶媒としてトルエンを用いた場合に最も絶縁性が高く，メタノール溶媒を用いた場合と比べて電気抵抗率が2桁程度増加することが明らかとなった[5]。これらの差異は合成時の溶媒の極性に由来したものであり，非極性溶媒のトルエン中ではSi-OH基がシルセスキオキサン架橋構造に内包されることで縮合反応が促進され，Si-OH濃度が減少したものと推察される。また，反応温度を最適化することで，汎用的な塗布溶媒であるプロピレングリコールモノメチルエーテルアセテートを用いた合成においても，高絶縁性のPMSQ薄膜が得られることが分かった[7,10]。

図2に熱処理前後のPMSQ薄膜のFTIRスペクトルを示す。PMSQの成膜はスピンコート法により行い，熱処理は大気中で行った。図より，150℃の熱処理によりSi-OH基による吸収ピークが消失し，Si-O-Si結合による吸収が顕著に増加していることが分かる。これは，開発したPMSQでは150℃の熱処理でSi-OH基の架橋反応が進行し，Si-OH基濃度の低い絶縁膜が形成できることを示している。

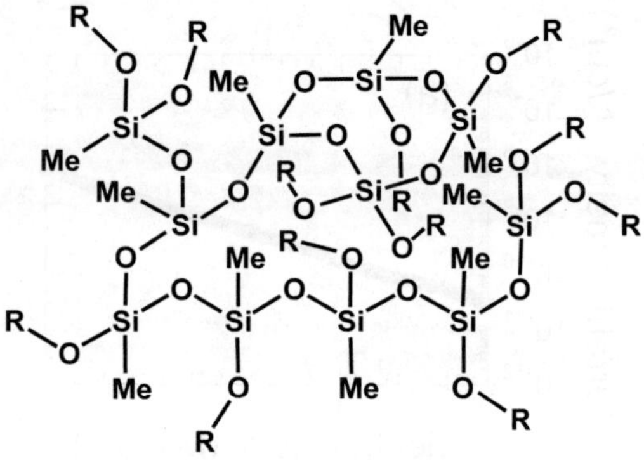

第5章 フレキシブル有機デバイス作製技術

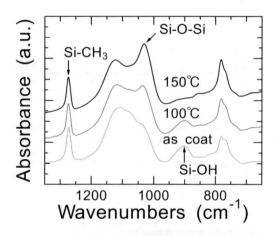

R = Si≡, H, Me

図1 ポリメチルシルセスキオキサン（PMSQ）の化学構造

図2 熱処理前後のPMSQ薄膜のFTIRスペクトル
熱処理は大気中100℃，150℃で1時間。
（John Wiley & Sons, Inc.から許可を得て文献10) より転載）

　図3(a)に150℃の熱処理を施したPMSQ薄膜の絶縁特性を示す。絶縁特性は従来のPMSQ薄膜[24]に比べて大きく改善され，PIやPVP絶縁膜[14]よりも低いリーク電流を示した。また，3 MV/cmを超える高い絶縁耐性を示し，残留Si-OH基の減少による絶縁性の向上が確認された。PMSQ薄膜の比誘電率は，図3(b)に示す様に測定周波数や温度にほとんど依存せずにほぼ一定の値（3.6程度）を示し，イオン性不純物が少ない絶縁膜が作製できることが分かった。また，PMSQ薄膜は2乗平均粗さで0.3～0.4 nm程度の高い表面平滑性やメチル側鎖基に由来した低い表面エネルギー（水接触角：93°）を有し[10]，塗布型OFETのゲート絶縁材料に適した特性を有することが分かった。

有機デバイスのための塗布技術

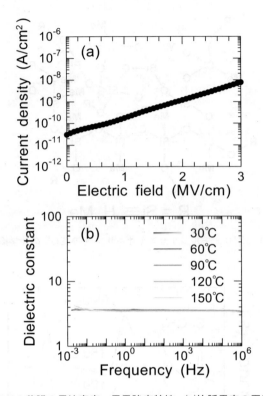

図3　(a)PMSQ薄膜の電流密度－電界強度特性，(b)比誘電率の周波数依存性
PMSQ薄膜の膜厚は320 nm。
（John Wiley & Sons, Inc.から許可を得て文献10）より転載）

4.4　PMSQ膜を用いた塗布型OFETの素子性能

可溶性有機半導体としてポリ（3-ヘキシルチオフェン）（P3HT）を用い，PMSQゲート絶縁膜を有する塗布型OFETの素子性能を評価した。PMSQの成膜はスピンコート後，大気中150℃で1時間の熱処理することで行い，P3HTをスピンコートにより積層することでボトムゲート型OFETを作製した。また比較として，熱酸化SiO_2やオクタデシルトリクロロシラン（OTS）によりSAM処理したSiO_2を絶縁膜として用いた素子も作製した。

図4(a)にPMSQ絶縁膜およびSiO_2絶縁膜を有するP3HT FETの出力特性を示す。PMSQを用いた素子は良好なFET特性を示し，またSiO_2上の素子と比較して高いドレイン電流を示していることが分かる。電界効果移動度はPMSQ上で$7.1 \times 10^{-3} cm^2/Vs$であり，$SiO_2$上の移動度（$7.8 \times 10^{-4} cm^2/Vs$）に比べて1桁程度の増加が見られた。これは，PMSQ絶縁膜が低い表面エネルギー（$27 mJ/m^2$）を有することで成膜時にP3HT層の結晶化が促進されるためである[17]。PMSQ絶縁膜ではSAM処理と同様に塗布型OFETの移動度向上が可能である。

またPMSQ絶縁膜を有するOFETでは，ゲート電圧の正負側への走査に対して伝達特性にヒス

第5章　フレキシブル有機デバイス作製技術

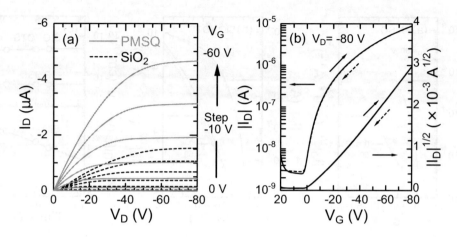

図4　(a)PMSQおよびSiO₂ゲート絶縁膜を用いたP3HT FETの出力特性の比較,(b)PMSQ絶縁膜を用いた素子の伝達特性

（John Wiley & Sons, Inc.から許可を得て文献10）より転載）

テリシスをほとんど生じないことが分かった（図4(b)）。オンオフ動作に伴うヒステリシスはSiO₂絶縁膜や高分子絶縁膜を用いたOFETで頻繁に観測される現象であり，ゲート絶縁膜の表面や内部に存在するOH基への電子のトラッピングや遅い分極緩和に起因することが明らかにされている[16,19]。PMSQ絶縁膜では残留Si-OH基濃度が極めて低くなることで，ヒステリシスを抑制できることが明らかとなった。

PMSQ絶縁膜を用いたOFETでは，バイアスストレスに対しても改善が見られることが分かった。PMSQ絶縁膜およびOTS処理したSiO₂絶縁膜を有する素子に対してバイアスストレス印加した際の特性変化を図5に示す。OTS上の素子と比較してPMSQ上の素子では閾値電圧シフトが大幅に減少していることが分かる。近年，ゲート絶縁膜表面の可動性双極子が閾値電圧シフトの一因となることが報告されており[20,21]，PMSQ絶縁膜の安定な表面構造が閾値電圧シフトの低減に関与しているものと推察される。

4.5　PMSQ絶縁膜の高機能化

PMSQ絶縁膜では有機側鎖基を変えることで，塗布型ゲート絶縁膜の物性制御が可能である。ここでは，OFETの性能向上に重要な表面エネルギー制御や高誘電率化，および光架橋性の付与による絶縁膜の光パターニングを検討した。PMSQへの有機側鎖基の導入は2通りの方法により行うことができる。1つ目はPMSQの表面処理による方法であり，熱硬化前のPMSQが有する未架橋のSi-OH基にSAM処理を施すことで表面改質が可能となる。各種のシランカップリング剤を用いたSAM処理により，82°～100°まで水接触角を制御でき，OTS処理では未処理のPMSQ絶縁膜に比べてOFETの移動度を4倍程度向上させることが可能であることが分かった[7]。

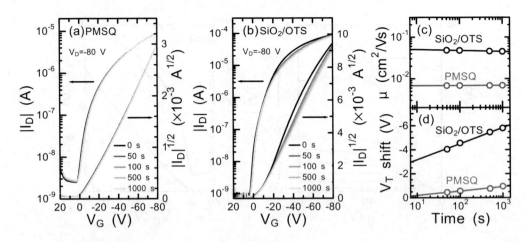

図5 (a)PMSQ絶縁膜および(b)OTS処理したSiO$_2$絶縁膜を有するP3HT FETのバイアスストレス印加による伝達特性，(c)電界効果移動度，(d)閾値電圧の変化
(John Wiley & Sons, Inc.から許可を得て文献10) より転載)

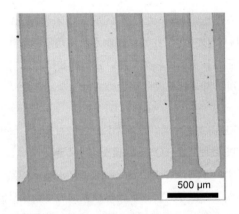

図6 光架橋性PMSQを用いて形成した250μmラインアンドスペースの光学顕微鏡像
(International Display Workshopsから許可を得て文献8) より転載)

　2つ目は異なる有機側鎖基とメチル基をそれぞれ有するアルコキシシランの共重合による方法であり，PMSQの高誘電率化や光架橋性の付与が可能である。PMSQ薄膜の比誘電率は高極性のシアノエチル基を導入することで大幅に増加し，最高で14程度の値が得られることが分かった[8]。光架橋性PMSQは，感光性のアクリル基を有するアルコキシシランとの共重合により得られる[8,9]。一例として，光架橋性PMSQ薄膜のマスク露光により形成した250μmのラインアンドスペースを図6に示す。UV照射によりアクリル基同士が光重合し，有機溶剤に不溶になることでネガ型の光パターニングが可能となる。

第5章　フレキシブル有機デバイス作製技術

4.6　まとめ

　本節では塗布型OFETを構成する塗布型ゲート絶縁膜に注目し，PMSQを主とした有機・無機ハイブリッド型ゲート絶縁膜の開発における著者らの研究成果を概説した。開発したPMSQはプラスチックフィルム上での回路形成が可能な低いプロセス温度（150℃）を有し，また，高い絶縁性や表面平滑性，低い表面エネルギーなどのゲート絶縁膜に適した特性を有する。PMSQ絶縁膜を用いた塗布型OFETでは移動度や動作安定性が改善され，さらに，高誘電率化や光架橋性付加などの物性制御も可能であることを示した。可溶性有機半導体の高移動度化や印刷エレクトロニクスの進展により，塗布型OFETの研究開発が近年，本格化している。今後の実用化には，高いプロセス適合性や信頼性を有する塗布型ゲート絶縁膜の開発がより一層，重要になると思われる。

謝辞

　本研究は，㈬科学技術振興機構イノベーションプラザ大阪の育成研究の助成により行われた。本研究に際して多くのご協力を頂いた，渡辺充博士，渡瀬星児博士，玉井聡行博士（㈬大阪市立工業研究所），村上修一博士（㈬大阪府立産業技術総合研究所），山﨑沙織博士（シチズンホールディングス㈱），戸松賢治氏（大阪府立大学，現　㈱豊田自動織機）の関係者各位に感謝致します。

文　　献

1)　H. Sirringhaus, *Adv. Mater.*, **17**, 2411（2005）

2)　B. H. Hamadani, D. J. Gundlach, I. McCulloch and M. Heeney, *Appl. Phys. Lett.*, **91**, 243512（2007）

3)　M. M. Payne, S. R. Parkin, J. E. Anthony, C.-C. Kuo and T. N. Jackson, *J. Am. Chem. Soc.*, **127**, 4986（2005）

4)　H. Ebata, T. Izawa, E. Miyazaki, K. Takimiya, M. Ikeda, H. Kuwabara and T. Yui, *J. Am. Chem. Soc.*, **129**, 15732（2007）

5)　K. Tomatsu, T. Hamada, T. Nagase, S. Yamazaki, T. Kobayashi, S. Murakami, K. Matsukawa and H. Naito, *Jpn. J. Appl. Phys.*, **47**, 3196（2008）

6)　S. Yamazaki, T. Hamada, K. Tomatsu, Y. Ueda, T. Nagase, T. Kobayashi, S. Murakami, K. Matsukawa and H. Naito, *Thin Solid Films*, **517**, 1343（2008）

7)　T. Hamada, T. Nagase, T. Kobayashi, K. Matsukawa and H. Naito, *Thin Solid Films*, **517**, 1335（2008）

8)　T. Hamada, S. Yamazaki, T. Nagase, K. Tomatsu, Y. Ueda, M. Watanabe, S. Watase, T. Tamai, T. Kobayashi, S. Murakami, H. Naito and K. Matsukawa, *Proc. Int. Display Workshops*, 1165（2008）

9)　T. Hamada, T. Nagase, M. Watanabe, S. Watase, H. Naito and K. Matsukawa, *J. Photopoly. Sci. Technol.*, **21**, 319（2008）

10) T. Nagase, T. Hamada, K. Tomatsu, S. Yamazaki, T. Kobayashi, S. Murakami, K. Matsukawa and H. Naito, *Adv. Mater.*, **22**, 4706 (2010)

11) J. Veres, S. Ogier, G. Lloyd and D. de Leeuw, *Chem. Mater.*, **16**, 4543 (2004)

12) C. D. Sheraw, D. J. Gundlach and T. N. Jackson, *Mater. Res. Soc. Sym. Proc.*, **558**, 403 (2000)

13) H. Klauk, M. Halik, U. Zschieschang, G. Schmid and W. Radlik, *J. Appl. Phys.*, **92**, 5259 (2002)

14) S. Y. Yang, S. H. Kim, K. Shin, H. Jeon and C. E. Park, *Appl. Phys. Lett.*, **88**, 173507 (2006)

15) S. C. Lim, S. H. Kim, J. B. Koo, J. H. Lee, C. H. Ku, Y. S. Yang and T. Zyung, *Appl. Phys. Lett.*, **90**, 173512 (2007)

16) D. K. Hwang, M. S. Oh, J. M. Hwang, J. H. Kim and S. Im, *Appl. Phys. Lett.*, **92**, 013304 (2008)

17) R. J. Kline, M. D. McGehee and M. F. Toney, *Nat. Mater.*, **5**, 222 (2006)

18) Y. Jung, R. J. Kline, D. A. Fischer, E. K. Lin, M. Heeney, I. McCulloch and D. M. DeLongchamp, *Adv. Funct. Mater.*, **18**, 742 (2008)

19) G. Gu, M. G. Kane, J. E. Doty and A. H. Firester, *Appl. Phys. Lett.*, **87**, 243512 (2005)

20) K. Suemori, S. Uemura, M. Yoshida, S. Hoshino, N. Takada, T. Kodzasa and T. Kamata, *Appl. Phys. Lett.*, **91**, 192112 (2007)

21) K. Suemori, M. Taniguchi, S. Uemura, M. Yoshida, S. Hoshino, N. Takada, T. Kodzasa and T. Kamata, *Appl. Phys. Express*, **1**, 061801 (2008)

22) Z. Bao, V. Kuck, J. A. Rogers and M. A. Paczkowski, *Adv. Funct. Mater.*, **12**, 526 (2002)

23) Y. Wu, P. Liu and B. S. Ong, *Appl. Phys. Lett.*, **89**, 013505 (2006)

24) S. Jeong, D. Kim, S. Lee, B.-K. Park and J. Moon, *Appl. Phys. Lett.*, **89**, 092101 (2006)

25) S. Jeong, D. Kim, B.-K. Park, S. Lee and J. Moon, *Nanotechnology*, **18**, 025204 (2007)

5　有機トランジスタのフレキシブルディスプレイへの応用

水上　誠[*1]，時任静士[*2]

5.1　はじめに

　フレキシブルディスプレイは紙のように薄く，軽い，曲げられる，落としても割れないといった現在の液晶ディスプレイにはない特徴を持つ新しいコンセプトのディスプレイである。各種あるフレキシブルディスプレイの中で低温形成に適したものとして注目されているのがプラスチックフィルムを基板とし，有機トランジスタをバックプレーンとした形態である。現在の液晶ディスプレイ用バックプレーンは300～500℃の高温プロセスを用いたSi系半導体で構成されるため，耐熱性の高いガラス基板を必要とする。一方，有機トランジスタは有機材料を用いて200℃以下の低温で形成ができるためプラスチックフィルム上への作製が可能である。また，Si系半導体プロセスを使用せず，印刷技術を用いることにより材料使用効率の向上と環境に優しい製造が可能となる。将来，ロール・ツー・ロール方式を用いてバックプレーンを製造できれば，Si系トランジスタの製造方法を一変することとなる。その上，有機トランジスタを用いたフレキシブルディスプレイは新しい形態のディスプレイとしてだけでなく，それを利用することにより私たちのライフスタイルが大きく変化し，新しい産業を活性化することができると大いに期待できる。

5.2　各種フレキシブルディスプレイの動向

　フレキシブルディスプレイを実現するためにいろいろな基板，トランジスタ，表示体でアプローチが試みられている。プラスチックフィルムはフレキシブルディスプレイの軽く，割れない，曲がるといった特徴を忠実に兼ね揃えた理想的な基板と言えるが，耐熱性が低いため，高温プロセスが必要なSi系トランジスタや酸化物トランジスタを直接形成することは難しい。しかし，低温形成が可能な有機半導体とは相性が良い。

　フレキシブルディスプレイを動作させるための駆動回路を表示体別に説明する。液晶ディスプレイと電子ペーパーはスイッチングトランジスタ1個と電圧保持用の保持容量1個による1T1C構成，有機ELは画素選択用のスイッチングトランジスタと有機EL画素に電流を供給するためのドライビングトランジスタ，更に電圧を保持するための保持容量の2T1C構成となる。有機ELは電流駆動型であり，ドライビングトランジスタには高い電流駆動能力が要求されるため，他のディスプレイより高移動度が必要とされる。スイッチングトランジスタは高速に保持容量を充電し，非選択期間保持容量の電荷を保持しなければならないため，高い電流駆動能力とともに低いリーク特性が求められる。

　表1に有機トランジスタを用いたフレキシブルディスプレイの開発動向を示す。各ディスプレイとも年々大型化，高密度化され，実用化に向けた開発が進められている。電子ペーパーでは白

　＊1　Makoto Mizukami　山形大学　有機エレクトロニクスイノベーションセンター　准教授
　＊2　Shizuo Tokito　山形大学　有機エレクトロニクス研究センター　副センター長，教授

有機デバイスのための塗布技術

表1　有機トランジスタを用いたフレキシブルディスプレイの開発動向

	2004年	2005年	2006年	2007年	2008年	2009年	2010年	2011年
液晶								
メーカー	ITRI		NHK	NHK		JCII/AIST		
サイズ（インチ）	3					4.1 mmSQ		
解像度（ppi）	46.2		25.4	50		200		
画素数	128×64		16×16	64×64		32×32		
基板	PI		PC	PES		PC		
電子ペーパー								
メーカー	Plastic Logic	Plastic Logic		Toppan/ Sony	Ricoh	Ricoh	Plastic Logic	Sony
サイズ（インチ）		A 5		10.5	3.2	3.2	10.7	13.3
解像度（ppi）	50	100		76	160	200	150	150
画素数	80×60	800×600		640×480	432×288	540×360	1280×960	1600×1200
基板	PET	PET		PES	Plastic Sub.	Plastic Sub.	PET	Flexible Sub.
メーカー					DNP	Polymer Vison		
サイズ（インチ）					10	4.1		
解像度（ppi）					80	254*		
画素数					640×480	892×536		
基板					PEN	PEN		
有機EL								
メーカー			NHK/ JVC	Sony	NHK		Sony	NHK
サイズ（インチ）				2.5	5.8		4.1	5
解像度（ppi）			11.5	80	42		121	80
画素数			16×16	160×120 ×RGB	213×120 ×RGB		432×240 ×RGB	320×240 ×RGB
基板			PC	PES	PEN		Plastic	PEN

＊　Sub pixel換算

第5章　フレキシブル有機デバイス作製技術

黒表示における画素解像度が250 ppiに到達し，ディスプレイサイズは13インチクラスまで開発が進められている。他のディスプレイに比べ構造が単純なこともあり，Plastic Logicでは2011年9月に電子書籍リーダーとして販売を開始した。一方，有機ELディスプレイの画素解像度は121 ppiに達している。カラー表示を行うため，画素内に3つの副画素が入ることを考慮すると電子ペーパー以上の高精細な有機トランジスタが構成されている。最大ディスプレイサイズはバックプレーンの複雑さと有機EL成膜の難しさによりスマートフォンと同程度の4〜5インチである。

　フレキシブルディスプレイ用バックプレーンはフォトリソグラフィープロセスから徐々に塗布プロセスを活用する報告が増え，オール印刷での試作も報告されている。

5.3　フレキシブルディスプレイの要素技術
5.3.1　プラスチックフィルム

　プラスチックフィルムへの要求事項は耐熱性，耐溶剤，耐薬品性，寸法安定性があげられる。加熱により基板の伸縮が生じると下層配線と上層配線の合わせ精度が悪くなりアライメントがとれなくなる。従って，プラスチックフィルムの熱膨張係数や熱収縮率は小さくしなければならない。また，各種有機溶剤や酸，アルカリに対して耐性があれば作製プロセスにおいて各種薬品が使用できるため有機材料や金属電極の選択肢も広がることとなる。

　通常プラスチックフィルムはガスバリア性能が低い。有機半導体は水蒸気や酸素に弱いため，それらの進入を防ぐバリア層の形成が必要となる。バリア層としてSiO_2，$SiON$などの無機物を積層する方法や，更に有機物を介しながら無機物を形成する方法も検討されている。こうした積層構造は単層で防ぐことができないパーティクルによる欠陥を多層構造にすることで修復し，ピンホールのない構造にするためである。有機ELには水蒸気ガスバリア性能として10^{-6} g/m^2/dayレベルが要求されており，各機関でこれを満たす開発が進められている。

5.3.2　プラスチックフィルムのハンドリング

　プラスチックフィルムはフレキシビリティがあるためそのままハンドリングし，作製プロセスを進めることは難しい。そのため，キャリア基板に貼り付けてハンドリングしやすくする方法がとられている。

　図1にフィルムとキャリア基板の保持，剥離方法の代表的な例を示す。図1(a)はガラスのキャリア基板に接着層を形成し，その上にプラスチックフィルムを貼り付け，デバイス作製後キャリア基板から機械的な力で引き剥がす方法である。キャリア基板にフィルムを貼り合わせる時，気泡が入らないように貼り付けることが重要である。また，後に熱処理プロセスがある場合は接着層やフィルムからの放出ガスを貼り合わせる前に低減しておくことも必要である。図1(b)はPhilipsが開発したEPLaR（Electronics on Plastic by Laser Release）[1]と呼ばれる技術であり，キャリア基板上にPIをスピンコートで形成し，デバイス形成後にレーザーを照射してガラス基板からPI層を剥がし取る方法である。この方法は耐熱性の高いPI層を基板とするため，有機トランジスタだけでなくa-SiやLTPSなどの高温プロセスにも適用することができる。図1(c)はガラスキャリ

177

有機デバイスのための塗布技術

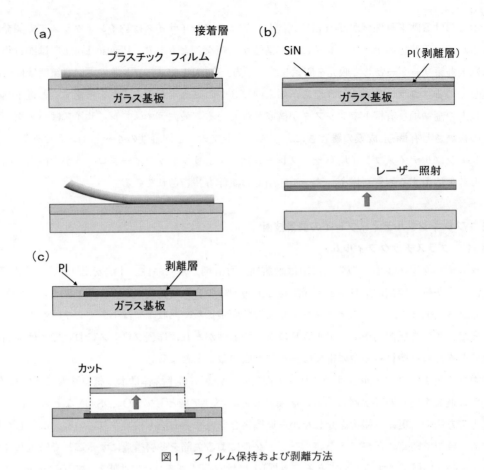

図1　フィルム保持および剥離方法

ア基板上に形成したPIフィルムの剥離性を向上するため，より付着力の弱い剥離層（DBL：de-bond layer）を導入した方法である。

5.3.3　金属ナノ粒子

印刷法により電極や微細配線を形成するには導電性材料のインクが必要である。このインクは金属粒子を有機溶剤や水に分散させたものを用い，印刷形成後，加熱処理することで金属粒子を密に凝集させて導電性を向上させる。プラスチックフィルム上に形成するには加熱処理温度をいかに低減するかが課題となる。金属粒子はナノサイズにすることにより融点を低下でき，比較的低い温度で金属粒子同士が融着し高い導電性が得られる。そのため，金属ナノ粒子を用いた低温焼結可能なインク開発が活発に進められている。インク状態ではお互いの粒子が凝集しないように保護基が表面に吸着しているため，低温でこの保護基をいかに効率良く脱離させるかが重要となる。表2は各メーカーにおけるAgナノ粒子の焼結温度と抵抗率の代表値を示した。200℃以下の低温焼結においても $2～10\mu\Omega\,cm$ 程度の抵抗率を示し，フレキシブルディスプレイの電極，配線用として使用可能な領域に入っている。Agナノ粒子以外にAuナノ粒子も既に市販されており，

第5章　フレキシブル有機デバイス作製技術

表2　各メーカーにおけるAgナノ粒子の焼結温度と抵抗率の代表値

メーカー	粒径（nm）	ベーク温度（℃）	抵抗率（$\mu\Omega\,cm$）	溶媒
ハリマ化成	5	200	2～5	有機溶媒
トダ・シーマナノテク	～50 nm	～200℃	10～	水，有機溶媒
ULVAC	3	150	10	有機溶媒
DOWA		100～150	5～8	水系
バンドー化学	20～40	120	8	水，アルコール
三菱製紙	20	無*	7～	水系

＊ 特殊基材と溶剤が必要

Cuナノ粒子の開発も進められている。

5.3.4　微細化パターニング

　印刷を用いた微細化パターニング技術としてマイクロコンタクトプリンティング法や光アシストプリンティング法があげられる。マイクロコンタクトプリンティングは石英などの基板上にフォトリソグラフィーで作製した微細なパターンをPDMS（Polydimethelsiloxane）に型取りして版を作製し，その版にインクを塗布し，版を基板に押し付けインクを転写する方法である。JCIIと産総研のグループはAgナノインキを用いライン/スペースが3μm/3μmのパターンと，有機半導体P3HT（Poly（3-hexyl-thiophene））を用い解像度10μmのパターン形成に成功している[2]。次に光アシストプリンティングによるパターニングの手法を図2に示す。フォトマスクを設置した撥水性の基材へ紫外線を照射し，親水性のパターンを形成する。この基材上にインクジェットなどの印刷法を用いてインクを滴下すると親水撥水による表面エネルギーの差でインクを自己整合的にパターニングすることができる。リコーはこの手法により200 ppiの有機トランジスタを形成している[3]。

5.3.5　有機トランジスタの高性能化

　有機半導体は真空蒸着により形成できる低分子のペンタセンが広く用いられている。塗布型では低分子のペンタセンに可溶性を付与するためトリイソプロピルシリルエチニル（TIPS）基を導入したTIPSペンタセンが移動度1.8 cm^2/Vs，[1]ベンゾチエノ[3,2-b]ベンゾチオフェンの分子長軸方向に長鎖のアルキル基を導入したCn-BTBTが2.8 cm^2/Vsの高移動度を達成している[4,5]。また，高分子半導体ではPBTTTが移動度1.0 cm^2/Vsを達成している[6]。

　有機半導体の本質的な性能を引き出すためゲート絶縁膜の材質やSAM膜を用い表面エネルギーを変化させることにより有機半導体膜の結晶成長を制御できることが報告されている[7,8]。高分子半導体PB16TTTを用い表面エネルギーが13.3 mN/mであるフッ素系シランカップリング材でSAM処理すると1 cm^2/Vsの高移動度が得られている。この値より高い表面エネルギーのSAM膜を用いると移動度は徐々に低下している。

　Au電極と有機半導体層とのコンタクト抵抗を低減するにはMoO_3を用いることが有効である。

179

有機デバイスのための塗布技術

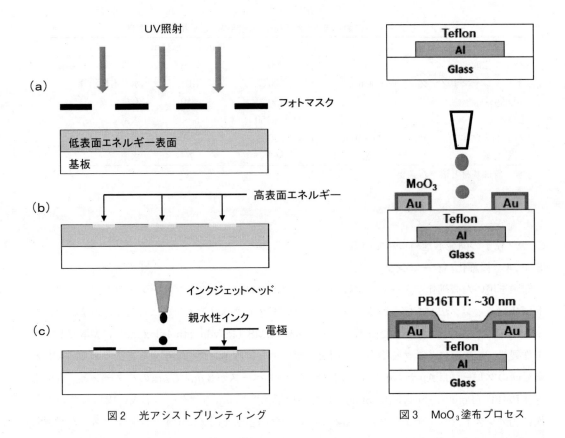

図2　光アシストプリンティング　　　図3　MoO₃塗布プロセス

　MoO₃はAuよりHOMOが深いためペンタセンやPB16TTTへのホール注入障壁が低減でき，PB16TTTの場合はコンタクト抵抗を1/6に低減することができる[9]。MoO₃は図3に示すように水溶液化したものを塗布することができ，親水撥水を利用すれば選択的にAu電極のみに形成することが可能である。

5.4　フレキシブル有機ELディスプレイ用バックプレーンの試作

　筆者らはオール印刷型のバックプレーンを用いたフレキシブル有機ELディスプレイ開発を目指し，各要素技術の開発を進めている。現状では，全てを印刷プロセスで行うには解決しなければならない課題が多い。そのため，部分的にフォトリソプロセスを用い，要素技術が確立した後，順次塗布形成を導入する進め方をしている。以下に部分的にフォトリソプロセスを用いたフレキシブル有機EL駆動用バックプレーンの作製方法を紹介する。有機トランジスタはボトムゲート・ボトムコンタクト型構造を用いた。画素回路部の断面構造を図4に示す。PENフィルム上に画素解像度25〜100 ppi，チャネル長L = 5，10 μm，チャネル幅Wを可変した各種有機トランジスタアレイを形成した。作製プロセスの概要を図5に示し説明する。まず，PENフィルム（125 μm）

第5章 フレキシブル有機デバイス作製技術

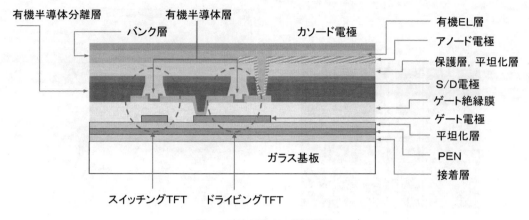

図4 画素回路部の断面構造

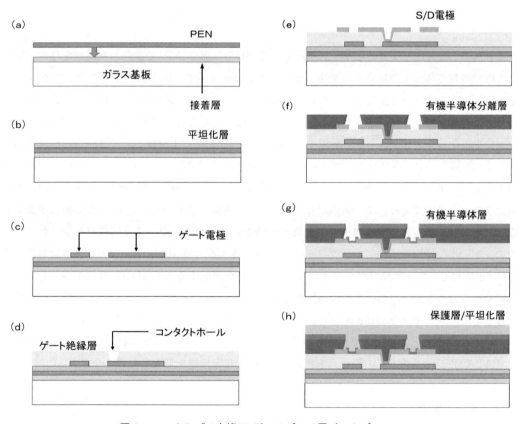

図5 フレキシブル有機ELディスプレイ用バックプレーン

有機デバイスのための塗布技術

(a) 100ppi画素駆動回路

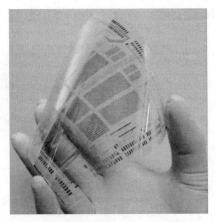

(b) 試作バックプレーン

写真1　フレキシブル有機ELディスプレイ用バックプレーン

と接着層を形成したガラスのキャリア基板を最高プロセス温度150℃で加熱し熱履歴を与え，プロセス中での脱ガスおよび熱変形を減少させる。熱処理後，両者を貼り付けてハンドリングしやすくするとともに接着層で固定しフィルムの熱変形も低減させる（図5(a)）。この方法により作製プロセスにおけるアライメントずれは2〜3μm程度に抑えることが可能となる。次にPENフィルム上に平坦化層をスピンコートで形成する（図5(b)）。次にゲート電極としてAlを50nm真空蒸着法により成膜し，フォトリソグラフィーによりパターニングする（図5(c)）。この上にゲート絶縁膜としてフッ素系ポリマーをスピンコートで200nm塗布し，150℃で熱硬化させる。この温度が最高プロセス温度である。フッ素系ポリマーゲート絶縁膜の表面粗さは0.4nmと非常に平滑である。しかし，この後の作製プロセスで表面が汚染されたり，荒れないように注意しなければならない。ゲート絶縁膜形成後，コンタクトホールを形成する（図5(d)）。次にAuを真空蒸着法により50nm成膜し，フォトリソグラフィーでパターニング形成する（図5(e)）。有機半導体の素子間分離を行うため逆テーパ形状を持つ隔壁層をレジストを用いて形成し（図5(f)），その上に有機半導体としてペンタセンを50nm真空蒸着法により成膜する（図5(g)）。この後，保護膜としてフッ素系ポリマーをスピンコートで形成し写真1に示すバックプレーンを作製した（図5(h)）。PENフィルムのガラス基板からの剥離は有機EL層を形成し保護層を形成した後となる。

5.5　今後の展開

　フレキシブルディスプレイの開発はまだ始まったばかりであり，性能向上や信頼性確保，性能ばらつきの改善に向けていろいろな課題を解決していかなければならない。今後，Si系デバイスとは異なる印刷技術を活かした開発がますます必要となり，究極的にはロール・ツー・ロール法による製造へ発展していくであろう。こうした技術が確立されればディスプレイだけではなく，

182

第5章　フレキシブル有機デバイス作製技術

エレクトロニクスデバイス全体への波及効果も大きい。フレキシブルディスプレイを開発することが必ず新たな産業の活性化に寄与すると期待したい。

文　　献

1)　I. French *et al.*, *SID'07 Digest*, pp. 1680-1683（2007）
2)　喜納修, *OPTRONICS*, **30**（353）, 104（2011）
3)　K. Suzuki *et al.*, *IDW'09*, pp. 1581-1584（2009）
4)　S. K. Park *et al.*, *Appl. Phys. Lett.*, **91**, pp. 063514-3（2007）
5)　H. Ebata *et al.*, *J. Am. Chem. Soc.*, **129**, pp. 15732-15733（2007）
6)　B. H. Hamadani *et al.*, *Appl. Phys. Lett.*, **91**, pp. 243512-3（2007）
7)　鎌田俊英ほか, 表面科学, **24**, 69（2003）
8)　T. Umeda *et al.*, *J. Appl. Phys.*, **105**, 024516（2009）
9)　S. Tokito *et al.*, *IMID2011 Digest*, p. 415（2011）

第6章 装置・応用

1 有機EL製造装置

松本栄一*

1.1 はじめに

実用的な有機ELデバイスがKodakのTang博士により開発[1]されてから20年以上が経ち，現在有機ELディスプレイはスマートフォンや，業務用有機ELテレビモニターなどに製品化されディスプレイとしての揺ぎない地位を築くに至った。また有機EL照明も複数の会社からサンプル出荷するに至り市場調査が開始された。今後も有機ELテレビやフレキシブルディスプレイの実現など，近未来の映像デバイス，照明デバイスとして最も将来性を感じられる。

有機ELに限らず有機エレクトロニクスに対する一般的な製造イメージは，大気圧下でロールtoロール用の装置で，新聞を刷るように高速，大量，安価に出来上がる，というものだ。理想的にはそうであるが，現状は低分子材料を真空蒸着法によって，ガラス基板に成膜する方式が主流である。言い換えると，そこまでの技術は確立できた，ということである。テレビ用の大画面化を実現する製造技術，フレキシブルディスプレイを実現するフレキ基材，封止技術，そして塗布技術や実用的な高分子材料などは今後の開発を待たなければならない。

本書の目的から言えば高分子材料を塗布成膜する装置や技術を述べるべきであるが，それは本項以外の頁を参考にしてもらうとして，ここでは有機ELデバイスの製造プロセスや現在行われている生産技術や装置を説明し，読者の参考にしてもらえれば幸いである。

1.2 有機EL材料

有機ELで使用される有機材料は大別して，低分子材料と高分子材料に分かれる。低分子材料は固体粉末状の材料であり，真空蒸着法で成膜される。一方，高分子材料は溶媒やインク化などした液体状態であり，大気環境下でインクジェット法や印刷法などで成膜する。また，最近では低分子材料を溶液化する研究が盛んである。これは高価な真空プロセスをなくし，大気環境で塗布などの高速，安価なプロセスで生産したいという思惑からである。

有機ELは有機材料自身が発光するため，有機材料の純度，膜厚，膜構成，形成プロセスなどがデバイス特性に大きく影響する。現在製品化されている有機ELデバイスのほとんど全てが低分子材料を用いた真空プロセスで生産されている。これは低分子材料が昇華精製により純度が上げられること，注入層や輸送層など機能分離が可能なこと，真空プロセスであるため不純物の混入が極めて少なく，また数十nm程度の極めて薄い膜を均一に成膜できることなどから高分子材料に

---

* Eiichi Matsumoto キヤノントッキ㈱ R&Dセンター 技術開発グループ 課長

第6章　装置・応用

比べ製品化が早かったと考えられる。

1.3　デバイス構造

有機ELデバイスの構造を図1に示す。基本的には透明電極であるITO膜（陽極）と，金属電極膜（陰極）で有機膜をサンドイッチした構造である。低分子材料は真空蒸着プロセスにより一層毎に成膜できるため，図1に示すように正孔注入層，正孔輸送層，発光層，電子輸送層，電子注入層などの機能を分離した多層構造が可能である。有機層一層の膜厚はおよそ50 nm程度，金属電極層は100～300 nm程度であり，合わせても500 nm（0.5 μm）程度と薄い。一方，高分子材料は溶媒に溶かした材料を塗布するため，下地層が溶解しないよう注意する。例えば水溶性のPEDOT：PSS材と溶媒で解ける発光材料の2層で構成する構造が採られる。

表1は代表的な有機ELデバイスの材料，構造，プロセスなどの一覧を示す。有機ELの用途はディスプレイと照明に分かれる。また，ディスプレイにはカメラのビューファインダーやヘッドマントディスプレイなどに用いられる1インチ以下の超小型ディスプレイ，モバイル用（3インチ程度）の小型ディスプレイと，テレビ用（10インチ以上）の大画面ディスプレイがある。超小型ディスプレイはSiウエハ上に形成していくもので，その他のガラス基板上に形成するものと少しプロセスが異なる。ここではガラス基板上に有機ELを形成するプロセスを対象とし，以下に構造や製法を詳説する。

1.3.1　カラー化

ディスプレイではRGBのカラー化が必要であり，その方法を表1に示した。(1)RGB塗り分け方

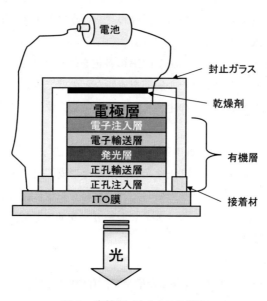

図1　有機ELデバイスの構造

有機デバイスのための塗布技術

表1　有機ELデバイスの材料，構造

デバイス	素子構造		有機層		電極層		封止		
主製品	発光層	光取出し	材料	製法	材料	製法	構造	材料	製法
ディスプレイ	RGB	ボトム	低分子	真空蒸着	Al	真空蒸着	N2封止	ガラス	フリットガラス
超小型							（中空）		UV接着
モバイル	白＋CF	トップ	液化低分子	大気圧下塗布	Ag/Mg			メタル缶	ダム・フィル
テレビ							樹脂封止		
	CCM			印刷	ITO		（中実）		
			高分子	IJP					
照明	RGB						フィルム	フィルム	ラミネート
屋内									
屋外	積層						膜（積層）	膜	真空成膜
サイネージ	（2波長,								印刷成膜
	3波長）								
	マルチ								
	フォトン								

式，(2)白色＋カラーフィルター（CF）方式，そして(3)色変換素子（CCM）方式がある。

(1) RGBの塗り分け方式

RGB塗り分け方式は，①蒸着マスク塗り分け方式，②インクジェット方式，③転写方式の3方式に分類される。

① 蒸着マスク塗り分け方式[2]

低分子材料を真空蒸着する場合は蒸着マスクを用いて3色の塗り分けを行う。RGBのサブピクセルサイズの開口を持った蒸着マスクを基板の成膜位置に合わせ，蒸着成膜して色を塗り分ける。蒸着装置には蒸着マスクと基板の位置合わせを行うアライメント機構が必要である。

② インクジェット方式

高分子材料の場合はインクジェット法でRGBの各色を塗り分ける。ピクセル形状を作るために，基板にあらかじめバンク（ピクセル周囲を樹脂などの壁で覆い，その中に液滴を落とすようにしたもの）を形成しておき，その中にインクを滴下し，乾燥させ薄膜を形成する。

③ 転写方式

転写方式には，LITI（Laser Induced Thermal Imaging）法[3]とLIPS（Laser-induced pattern-wise sublimation）法[4]がある。LITI法は光熱変換層を形成したドナーフィルムに有機材料を形成し，その光熱変換層にレーザーを照射し，有機材料を基板に付着させる方法である。一方LIPS法は有機材料を成膜したドナーフィルムにレーザーを照射して，有機材料を蒸発させて基板に付着させる方法である。

(2) 白色＋CF方式

白色発光の素子にカラーフィルターを貼った構造で，有機層は白色一色で形成すれば良く，RGBのパターニングを行わないため成膜工程は容易である。ただしCFによる減光を防ぐため，輝度

第6章　装置・応用

を高くしなければならない。その対策としてRGBW構造にする方法も考案されている[5]。

(3) CCM方式[6]

　青色発光をCCM（Color Conversion Medium：色変換素子）により緑色と赤色の長波長の色に変換する方法である。高効率な青色発光材料が必要になるため，まだ実用化に至っていない。

1.3.2　照明

　照明用の有機ELデバイス構造は，白色を発光するために，①RGBを塗り分けて，全点灯する方法，②青とオレンジ色を積層し，発光色を混色させ白発光させる方法。これは2波長のほか，3波長方式も考案されている。③マルチフォトン方式[7]は陽極／発光層／陰極の組み合わせを数段積層させた構造で，高輝度素子ができるほか厚膜化もできるため歩留まり向上にも有利な画期的な方式である。

1.3.3　金属材料

　有機ELデバイスで用いられる陰極電極（カソード）材料は，光の取り出し方向がガラス基板側（ボトムエミッション）の場合は銀やアルミニウムなどで形成する。一般的には安価なアルミニウムを100〜300 nm程度の膜厚で成膜する。

　一方，アクティブ基板上に形成する素子の場合，トランジスタ回路による開口率低下を避けるため，陰極電極側から光を取り出す方式（トップエミッション）が採られる。この場合，電極膜は透明でなければならずITO膜や薄い銀膜などが用いられる。

　高分子材料を大気圧環境で塗布しても，電極層は真空装置で成膜しなければならない。銀やアルミニウムなどの金属膜は蒸着法で良いが，透明電極であるITO膜を低抵抗な膜として形成するにはスパッタ法を用いる。スパッタ法は有機膜にダメージを与えないよう工夫が必要である。

1.3.4　封止構造

　基板上に有機層と金属電極層を形成したら，最後に封止を行う。これは有機材料や電極層が水分や酸素に弱いからで，素子を大気から遮断する。封止材はガラスや金属缶などが用いられ，UV硬化型接着剤やフリットガラスを用いて密封する。封止は窒素などの不活性ガス雰囲気で行う。

　ボトムエミッション素子では封止空間（素子と封止部材の間の空間）は不活性ガスで満たされた中空状態で良いが，トップエミッションでは光が通過するため封止空間に樹脂などを充填した中実状態の場合もある。これは封止空間に充填する樹脂（フィル材）を，その周囲に形成する堰（ダム材）で囲み，ガラスではさみ樹脂を硬化する方法（ダム・フィル方式）を採る。

　より安価に封止する方法として，またフレキシブル基板用として，フィルム封止や膜封止がある。フィルム封止はラミネート法で接着する。膜封止は有機ELデバイスの上に直接封止膜を成膜するため，耐久性や封止性能（バリア性）を保つとともに成膜時に下地の有機デバイスにダメージを与えないことが必要である。更に低コストで実現しなければならないなど技術的なハードルは高い。

1.4 有機EL製造プロセス

1.4.1 製造フロー

図2に有機ELデバイスのプロセスフローを示す。図の左側に低分子材料のプロセス，そして右側に高分子材料のプロセスを示す。ガラスに形成する陽極配線を，低分子材料側ではパッシブ回路を，高分子側ではTFT回路を形成するフローになっているが，これは低分子，高分子に限ったものではなくどちらでも良い。四角の実線で囲った部分は真空蒸着プロセスを示す。

低分子材料では1.3項でも述べた通り機能分離した多層膜を形成するため，正孔注入層，正孔輸送層，……と順次成膜していき，電極まで成膜した後封止工程へと移行する。

高分子材料は大気圧環境下で有機層を塗布成膜する。図では省略しているが高分子材料は塗布した後，乾燥する工程がある。これは材料にもよるが100℃程度まで高温にして，数～数十分程度加熱する場合がある。金属層は低分子材料と同様真空蒸着工程である。封止部材は封止前工程において接着剤の塗布や，乾燥材の貼り付けを行い，封止室に搬送され基板と接着し封止する。その後基板をスクライブし配線などを接続しモジュールを完成する。

1.4.2 低分子材料の真空蒸着技術

真空蒸着法は真空チャンバ内に蒸発材料と，それに対向する位置に基板をセットし$10^{-2} \sim 10^{-5}$Pa程度の圧力に真空引き（真空ポンプを用いて排気する）する。その後蒸発材料を充填した容器（るつぼ）を加熱し蒸発させ，その蒸気が基板に付着し成膜される。低分子有機材料の蒸発温度はおよそ200～400℃程度であり，金属材料などに比べれば低い温度で蒸発するものが多い。蒸発源の例を表2に示す。表2は蒸発粒子の噴出口が1点であることからポイントソースと呼ばれる。ボート状の蒸発源は充填量が少ないため実験用途に使用される。粉体材料は突沸（スプラッシュ）を起こし易いので図のような蓋付きのボートを使用することを薦める。セル式の蒸発は充填量も

表2　有機材料用の蒸発源

種類	形状例	主な用途
抵抗加熱蒸発源	蓋付きボート	研究・開発用実験機
Cell式蒸発源	低温セル蒸発源	研究・開発用実験機 小・中量生産機
量産用蒸発源	大容量多点蒸発源	量産機

第 6 章 装置・応用

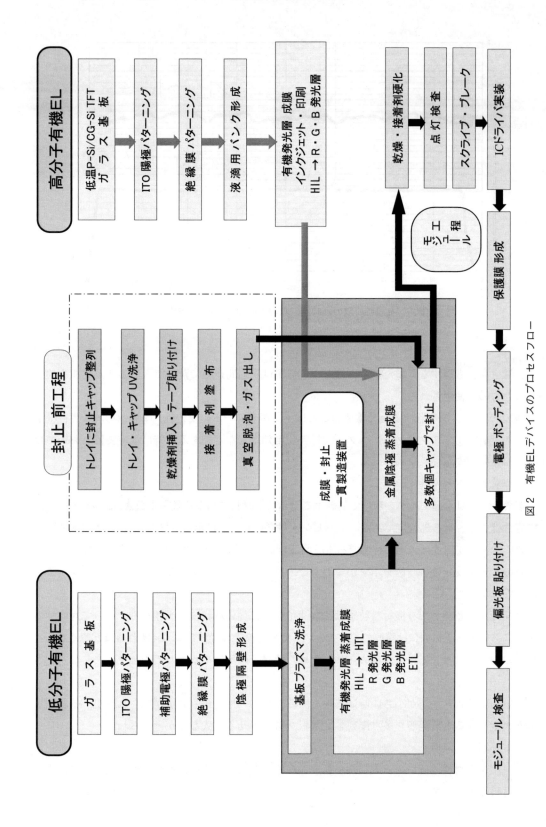

図 2 有機 EL デバイスのプロセスフロー

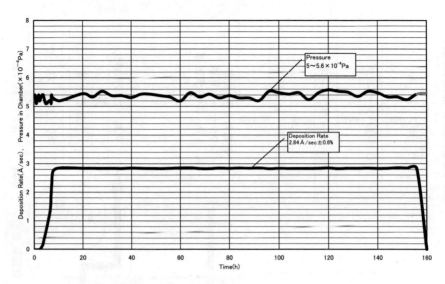

図3　有機材料用の長時間（144時間）蒸着レート安定性

多く少量生産にも適する。また量産用のセル蒸発源は一週間連続で蒸着できるよう蒸発源を複数搭載したものが使用される。

　有機ELデバイスを製作する上で重要なことは，①蒸発レートの安定性，②膜厚の均一性，③ドーパント蒸着，④マスクパターニング，⑤材料使用効率，などである。特に量産装置においては①や②の長時間安定性も求められる。

① 蒸着レート安定性

　蒸着レートは水晶モニタを用いて制御する。ホスト材料でおよそ数〜十数Å/secのレートで，安定性は±1〜±5％程度である。ドーピング材料のレートはホスト材の1/10〜1/100程度と極めて低い。安定性は±10％程度である。図3は低分子材料を144時間（6日間）連続で蒸着した時のレート安定性の一例を示すが，およそ1％以下で安定している。

② 膜厚均一性

　蒸発源から蒸発した有機材料粒子は，コサイン則に従い球状に放出される。従って対向する位置にある平面基板面には膜厚の差が大きい（蒸発源直上の膜厚は厚く，離れるほど薄くなる）。膜厚の均一性は±5％以下が求められるため，蒸発源の配置や基板との距離を工夫し最適化させる。

　一般的に基板サイズが小さい時は基板を回転させ均一性を得る方法が採られるが，基板サイズが大きくなると蒸発源を多点配列させ基板を搬送させる方式などが考えられる。

③ ドーパント蒸着

　ドーパント材料は低いレート制御が要求されることは①で述べた通りだが，それ以外にもホスト材料とのクロストーク（例えばドーパント材用の水晶モニタに，ホスト材の蒸発粒子が侵

第6章　装置・応用

入し影響を及ぼすこと）などに注意する必要がある。

④　マスクパターニング

　RGBの塗り分けは蒸着マスクを用いて蒸着される位置を特定する方式が採られる。基板の位置とマスクの位置合わせはアライメント機構により±5μmで合わせる。

⑤　材料使用効率

　材料使用効率とは蒸発源から蒸発した材料量（消費量）に対する，基板に実際に成膜された量の割合である。②で述べた通り蒸発粒子はコサイン則に従い蒸発するため基板に到達する材料は少なく，ほとんどがその他の周囲に飛んでいき使用効率は極めて悪い。さらに④で述べたように蒸着マスクを使用すれば，そこでも使用効率は低下する。有機EL材料はまだ使用量も生産量も多くないため高価である。パネルコストを下げるには装置側として材料の使用効率を上げる必要がある。材料使用効率を上げる方法としてHotWall法[8]，OVPD（Organic Vapor Phase Deposition）法[9]，VTE（Vacuum Thermal Evaporation）法[10]などが開発されている。

1.4.3　高分子材料の塗布技術

　高分子材料は溶液化できるため印刷法が用いられる。簡易的に塗布する方法としてはスピンコート法が用いられるが，所定のパターニングをするには書籍などの印刷法として知られているオフセット印刷，凸版印刷，凹版印刷，グラビア印刷，スクリーン印刷，インクジェット印刷，ノズルプリンティング法[11]などが考えられている。この中で数～数十μmの微細な塗布が可能なのはインクジェット法であり，RGB塗り分けにはインクジェット法が望ましい。照明のように広い面積を均一に成膜するには，インクジェット法は逆に不向きである。ノズルプリンティング法はノズルから吐出されるインクを基板に接触させ（インクジェットのように飛ばすのではなく連続して塗る）基板上にインクの線を引く方法である。RGBの各色の線を引くことができカラー化も可能である。

1.5　有機ELの製造装置

1.5.1　装置構成

　低分子材料の真空蒸着装置の構成を図4に，概観を図5に示す。有機ELは材料が大気や酸素により劣化するため，その製造は成膜から封止まで連続一貫した装置が望ましい。装置構成としてはクラスター装置とインライン装置がある。

　図4に示した装置はクラスター式であり，中心に搬送ロボットを設置し，その周囲に蒸着チャンバなどを配置した構成である。図の左側から基板を投入し，前処理，有機蒸着，と順次進んでいく。図の右側からは封止基板を投入し，乾燥剤や接着剤を大気圧の窒素雰囲気下で貼付し封止室に搬送される。有機材料を成膜した基板は封止工程の前で真空環境から大気圧環境に切り替えて封止室に搬入し，封止基板と封止する。基板を一枚一枚処理，搬送するためスループットは3～5分程度で高くない。しかしRGBの塗り分け成膜を行う場合，基板とマスクを高精度に位置合わせすることや，プロセス変更をあらかじめ想定し予備チャンバを設けるなどの拡張性が高い点

有機デバイスのための塗布技術

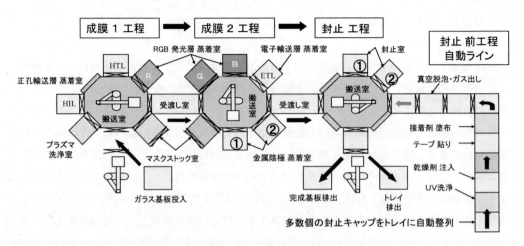

図4　クラスター式有機EL製造装置の構成

図5　クラスター式有機EL製造装置の外観

も有利であり，現状の生産設備ではクラスター方式が主流である。

　一方，インライン装置は処理チャンバを直線で連結し，基板を搬送しながら成膜する。プロセスが決まっていて，高速・大量生産を行う場合に有利である。有機EL照明などは，ディスプレイに比べ桁違いに安価に製造する必要があり，そのようなデバイスにはインライン装置が適している。

1.5.2　低分子材料の量産装置

　現在の有機EL製造装置は主にモバイル用のものが多く，基板サイズはG4前後程度であり，1.5.1項で述べたクラスター装置が用いられる。蒸発源は表2に示したポイントソースではG4程の基板サイズになると，1.4.2項で述べた膜厚均一性と材料収率の両立が困難になるため，表3に示すようなラインソース[12]や面状蒸発源[13]などが考案されている。

　今後はテレビ用の50インチ以上の大画面化に対しさらに基板の大型化が必要である。基板サイズの大型化は基板のたわみが問題になるが，それに対しては縦型装置も開発されている[14]。また，

第6章 装置・応用

表3 低分子材料の量産用蒸発源

方式	ポイントソース	ラインソース	面状蒸発源
構成			
特徴	◎レート安定性 ◎膜厚分布 ◎基板温度	◎大型基板対応 ◎ピクセル内分布 ◎インライン化可能 ◎HotWallで高材料使用効率化	◎大型基板対応 ◎ピクセル内分布 ◎バルブセルで高材料使用効率化

　液体材料をインクジェット法で成膜する方式は，たわみの問題がないため，有力な方式である。

　有機EL照明用の装置は前述した通り高スループットな装置や材料収率の高い装置が要求される。蒸発源としては1.4.2項で述べたHotWall法やOVPD法などが有力となるであろう。

1.6　おわりに

　有機ELディスプレイは低分子材料の真空蒸着法により製品化に至り，今後益々の生産増加が見込まれる。有機EL照明も生産段階が目前である。材料やプロセスには未だ乗り越えなければならない壁が沢山あるが，着実に開発は進んでいる。フレキシブルや印刷などで低コスト化が実現すれば，安価できれいな究極のディスプレイ，究極の照明としての真価を発揮する日はそう遠くない。

文　　　献

1)　C. W. Tang *et al., Appl. Phys. Lett.,* **51**, p912（1987）

2)　松本，有機ELハンドブック，リアライズ理工センター，p.297（2004）

3)　S. T. Lee *et al., SID 02 Digest,* p784（2002）

4)　T. Hirano *et al., SID 07 Digest,* p1592（2007）

5)　辻村隆俊，有機ELディスプレイ概論，p145，産業図書（2010）

6)　細川，楠本，有機EL材料とディスプレイ，p318，シーエムシー出版（2001）

7)　T. Matsumoto *et al., SID 03 Digest,* p979（2003）

8)　E. Matsumoto *et al., SID 03 Digest,* p1423（2003）

9)　M. Schwambera *et al., SID 02 Digest,* p894（2002）

10)　M. Long *et al., SID 06 Digest,* p1474（2006）

11)　M. Masuichi *et al., SID 05 Digest,* p1192（2005）

12) U. Hoffmann *et al.*, *SID 03 Digest*, p1410 （2003）
13) M. Shibata *et al.*, *SID 03 Digest*, p1426 （2003）
14) 松本，月刊ディスプレイ，**14**(9)，p68 （2008）

2 PC制御画像認識付卓上型塗布ロボット

生島直俊[*]

2.1 はじめに

近年，有機EL，太陽電池を代表とする有機エレクトロニクス製品の研究開発が加速している。各社各国が凌ぎを削るなか，量産方法が確立され，実用化した製品も数多く市場に出てきている。

有機デバイスの製造法と言えば，一般的に，蒸着法やスピンコーターによる，有機材料薄膜の成膜や，印刷法による回路パターン生成がイメージされる[1]。しかし，製品になるまでのアセンブリ工程には，それらでは不可能な，塗り分けや，段差のあるワークへの塗布など，ディスペンス法でしかできないプロセスも本分野内に多く存在している。トレンドとしては，有機ELパネルや有機EL照明において，湿気に弱い有機層を封止する，フリット方式による封止工程があるが，量産においてもディスペンス法が採用されている[2]。

また逆に，有機デバイスの研究開発段階では，ディスペンス方式が広く使用されている。設備コストが高く，版製作を要する印刷法などは，基礎実験と評価を繰り返す，研究開発には不向きとされている。そのため，オンデマンドにプログラミングや条件調整が可能なディスペンス装置は，開発スピードが最重要である，有機材料・デバイス開発において，非常に有用な検討・試作・評価装置であり，各種研究開発の重要な役割を担っている。

ユーザー要求の特徴として，いずれの用途においても，ディスペンス装置に対して微量塗布や高精細描画，そしてシビアな位置精度が要求されている。

本節では，PC制御画像認識付卓上型塗布ロボット（製品名：「IMAGE MASTER 350 PC」，以下350 PC）の製品紹介をもとに，微小デバイスに対する，位置および形状の高精度塗布技術について解説する。

2.2 350PCの構成と基本機能

350 PCとは，卓上型ロボットのヘッドに搭載された，カメラとレーザーセンサから得られる位置，および高さの実測情報をもとに，あらかじめ登録した塗布動作プログラムを，対象ワーク毎にズレ補正して実行する，自動位置補正機能付塗布システムである（写真1）。

全ての操作はPC上のGUIソフト（図1）から行うことができ，当ソフトウェアが，カメラや各種センサからの入力処理，およびロボットに対する指令や監視の全てをコントロールする。また，カメラから得られた画像は，PC内で高速に画像処理され，各種情報が抽出，利用される。

2.3 高精度ディスペンスとは

ディスペンス技術とは，吐出量制御とモーション制御の複合技術である。当社の高精度ロボットと高精度ディスペンサを使用することで，再現性の高い塗布動作を実現することができる。

---

[*] Naotoshi Ikushima　武蔵エンジニアリング㈱　DS事業本部　技術部門長

有機デバイスのための塗布技術

写真1　IMAGE MASTER 350 PC

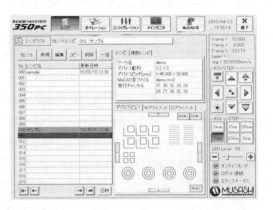

図1　GUIソフト

　しかし，被着体であるワークの形状精度や設置位置誤差により，塗布位置ズレや塗布形状不良（塗布ギャップの増減変化は，塗布した線幅の太り細りになる）が発生してしまう。

　塗布位置・形状精度の高い塗布を行うためには，それらズレ要素を吸収する，位置補正機能が必要になる。またその機能は，微小塗布や，ピンポイントな塗布の位置精度要求レベルが高いほど必要不可欠となる。

　さらに，塗布の連続安定性を維持する上で，ノズルの先端，いわゆるメニスカスの状態を均一に保つことも重要となる。ノズル先端の外側に液剤が這い上がった状態で描き始めたことによる塗布不良は，同じく微小塗布ほど顕著になるからである。350 PCでは，装置に搭載した，ノズルクリーニング，捨て打ちプレートを含む，ユーティリティユニットにて，任意のタイミングに自動でイニシャライズ（クリーニングおよび捨て打ち）することで，連続性，再現性の高い塗布を保証している。

2.4　位置補正の実力値

　エレクトロニクスや半導体実装プロセスにおけるディスペンスへの精度要求は，ますます厳しくなっている。電極回路形成などの微小かつ狭隣接塗布において，100 μm以下の塗布位置精度が要求されることは稀ではない。

　350 PCは，ハイスペックである卓上型ロボットSHOTMASTER DSSシリーズと，位置情報の取得，および独自のソフトウェア技術により，高い塗布位置精度を実現している。卓上サイズのシステムで，この塗布性能は他に類をみない。

2.5　3Dアライメント機能

　350 PCの最も特徴的な機能の一つが，「3Dアライメント」機能である。ワークの基準となる，

第6章 装置・応用

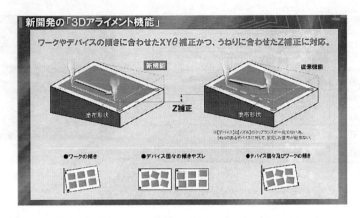

図2 3Dアライメントのイメージ

2点または3点のアライメントマーク位置，および高さを計測することで，塗布軌跡をXYθ方向の傾き，およびZ方向の塗布高さを補正するのが，通常の位置補正である。

350PCでは，これらに加え，「塗布の通過点」も計測する。各通過点の位置，および高さ（ワークの歪みや凹凸）情報を計測・解析することで，「塗布軌跡を3次元的に変形」させる（図2）。これにより，ワークのうねりや反りに対する追従（ならい）塗布が実現されるだけでなく，フレキ基板やフィルムのような，熱伸縮性のあるワークに対しても，塗布パターンの，XY方向の，動的なサイズ微調整や変形が可能になる。

フレキシブルディスプレイなど，フィルム材料をワークとする塗布プロセスにおいて，この3Dアライメントは，非常に有効な機能であると考える。

2.6 フレキシブルな卓上型ロボット

350PCは，あらゆるワークサイズに対応できる「汎用性」を，一つのコンセプトにしている。使用するワーク寸法や予算により，ストロークサイズ別に4機種から最適なロボットを選択することができ，また，将来的な開発や生産の必要性に応じて，ロボットをサイズアップ（ヘッドユニットの載せ替え）することも可能である。

卓上型ロボットの機種別有効塗布エリアを表1に示す。前述した，ユーティリティユニットの有無により，エリアサイズは異なる。

そして，ロボットのヘッドには，エアパルス式／メカニカル式，または接触式／非接触式など，当社のメインプロダクトである，全てのディスペンサが搭載可能である。

すなわち，言い換えれば，アプリケーションを問わず，当社が提供する卓上型塗布装置の全てが，"IMAGE MASTER 350PC化"することにより，塗布位置や塗布形状の高精度アップグレードが可能になっている。

また，当社は上記4機種の他に，「100mmストローク」の超小型ロボット「SHOTmini 100S」

有機デバイスのための塗布技術

表1 卓上型ロボットの機種別塗布有効エリア

ロボット	Utilityユニットなし		Utilityユニットあり	
	塗布エリア（mm以内）			
	タテ	ヨコ	タテ	ヨコ
st. 200	200	120	150	120
st. 300	300	220	250	220
st. 400	400	320	350	320
st. 500	500	420	450	420

写真2　SHOTmini 100 S

をラインナップしている（写真2）。省スペースかつ高機能な当ロボットは，小型電子機器の組み立てや，部品製造の半自動生産，また研究開発（省スペース／コスト重視）にも多用されている。

2.7　優れたカメラ操作性

作業者にとって重要なことは，塗布プログラムの作成，および位置の微調整や条件出しの"簡易さ"，つまり，イメージしている塗布を，装置に設定し，塗布結果を得るまでの作業を，"いかに短時間にできるか"，である。

350 PCには，生産設備メーカーとしての経験や，ユーザーからの現場意見をもとに，作業を支援する操作機能を数多く盛り込んでいる。その一つが，「マップ機能，および画像の切り替え機能」である。

塗布プログラミングの方法は，一般的に，実ワークをロボットのステージに設置し，GUI上に表示されるカメラ画像内に拡大された対象位置をクリックすることで，アライメント位置や塗布開始位置，または通過点を登録する，いわゆる「ワーク現物合わせ」が多い。

このとき，探したい対象物に，ロボットのJOG操作でカメラを合わせる作業は，ワーク全域に対してカメラのスコープ枠が小さいため，手探りで対象物に近づく，という，非常にあいまいで，手間のかかる作業になる。

当社はこの解消法として，まず，ワークを端から断片・連続的に，順次撮像し，最後にマージ，全体イメージを生成する「マップ機能」を開発した。

さらに，GUI上のモニタ画面で，現在カメラのいる位置を枠表示している「マップ画像」と，実際のカメラ画像を切り替えられるようにした。そして，両画像とも，画像内のダブルクリックにより，当位置にカメラをジャンプさせる，カメラ移動の機能を実装した。

これにより，広域なマップ画像上で，まずカメラを大きく移動し，そしてズームイン（カメラ画像に切り替え），拡大画像上で正確な位置をダブルクリック指定，微調整する，という手法を考案し，確立させた。

これにより，対象物探しが非常に容易になり，"現物合わせ"の塗布プログラミングや条件出しの作業性が格段に向上し，作業時間を短縮することができるようになった。

2.8 研究開発向け機能

350PCが，研究開発用途に多用される理由は他にも多数ある。観察や記録など，有用な機能を以下に紹介する。

① 塗布結果のトレース

塗布後に，塗布した線にカメラを合わせ，"カメラを低速"でトレース（塗布動作と同じ軌跡）させる機能がある。この観察により，塗布の「断線」や「かすれ」，「つぶれ」などを，チェックすることができる。さらにはこの後，ギャップ変更，塗布軌跡変更，ならいポイントの挿入，ディスペンス条件変更，などの考察結果をフィードバックすることで，塗布の調整を段取り良く行うことができる。

② リペア塗布

トレースにより，塗布抜けやかすれが確認された際，当該パターンだけを，リペア塗布する機能がある。貴重なサンプルワークを，1片のエラー塗布で無駄にしないため，リペアによる修正，補完は必須の機能である。

③ 長さ計測

カメラのモニタ画面にて，画像上にレイヤ表示される各種線を，マウスでドラッグすることにより，対象物の実寸（カメラ分解能より自動計算）を計測して表示する（図3）。塗布打点の直径や，塗布線の線幅，対象物からの距離などを確認することができる。

④ イメージ保存

マップ画像やカメラ画像は，Bitmapファイルとして，PC内に保存することができる。塗布前／後の全体写真，ワーク上の構造物の拡大写真，塗布の結果（良品，不具合事例，塗布条件別の変化）などの記録，を蓄積することができる（写真3）。

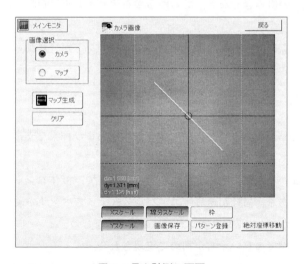

図3　長さ計測の画面

有機デバイスのための塗布技術

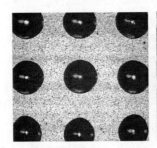 

写真3　塗布結果，ワーク全体画像の例

これらの機能は，研究開発だけでなく，生産現場でも，トラブル解析や，歩留まり向上，生産ログとして，利用されている。

2.9　あらゆる部品配列に対応

最後に，生産における必須機能として，繰り返しの塗布の設定方法と，対応範囲について解説する。

有機デバイスの生産に限らず，一般的な生産ラインでは，同一部品が多数個配列したワーク（パレット）を扱う。それら全部品への塗布プログラムは，通常，一つの部品への塗布パターンを作成し，ワーク内の部品配列や組み合わせによって，その塗布パターンを部品の数だけ複製して，展開・配置する。

350PCは，そのデザインを簡単に行うユーザーインターフェイスを備えている。部品の構成やピッチなどの情報を与えることで，全塗布パターンの配置を自動で生成する。

図4のような，マトリックスや，ウェハ上の配列は勿論，異形部品を取数効率のために複雑に配置した，回転・反転の組み合せなど，あらゆる塗布デザインを，短時間にプログラミングすることができる。

そして，塗布実行の際には，各部品は，個別にアライメントが行われ，部品個々のズレが補正される。

2.10　まとめ

以上，350PC機能の解説をもとに，高精度塗布技術，および作業を支援するユーザーインターフェイス技術を紹介してきた。

本節では紹介できなかったが，高精度塗布を実現する上で，液体コントロール技術も，当然極めて重要な要素技術である。当社が誇る，エアパルス式ディスペンサの最高峰「SuperΣCMⅡ」や，非接触・超高速メカニカルディスペンサ「AeroJet」などのディスペンサとの融合により，位置・量・形状，全てに精度の高い塗布が初めて実現される。

現在，数々の魅力ある新しい分野の製品を目指して，有機デバイスの開発が世界的に進められ

第6章 装置・応用

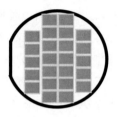

図4 部品配列の例

ている。今後も，これら製品の開発，生産に貢献すべく，塗布に対するトータルソリューション技術を提供していきたいと考えている。

文　　献

1) 城戸淳二，有機ELのすべて，日本実業出版社（2003）
2) 辻村隆俊，有機ELディスプレイ概論—基礎から応用まで，産業図書（2010）

3 りん光材料を用いた溶液塗布型有機EL素子の開発と白色光源への応用

八木繁幸[*1]，中澄博行[*2]

3.1 はじめに

有機電界発光（以下，有機EL）素子は，発光性有機ナノ薄膜の積層構造をITO透明電極（陽極）と金属電極（陰極）で挟んだ発光デバイスであり，今日ではOrganic Light-Emitting Diode（以下，OLED）と称するのが一般的である。OLEDの有する特徴として，面型自発光素子で明るく高精細であること，素子構造が簡素であること，また，on-offの高速応答性などが挙げられる。また，発光色は有機色素に依存するために，発光材料の選択によって色調の調節が比較的容易である。このようなOLEDの特徴を生かして，近年では液晶表示素子に代わる次世代薄型ディスプレイの開発が進められてきた[1,2]。これまでに国内外でのワークショップでディスプレイの試作品が発表され，2007年には実際に11型有機ELテレビが発売されたことでも注目を集めた。今日では，小型ディスプレイの量産化が可能となり，OLEDをメインディスプレイに採用した携帯電話やスマートフォンも市販されている。このような家電および情報通信端末向け電子デバイスとしてのOLEDの登場は，1980年代半ばにおけるコダック社Tangらの薄膜積層型OLEDの基盤技術開発に端を発する[3]。有機化合物の電界発光現象が発見されたのは1960年代にまで遡り，当時はアントラセン単結晶に高電圧を印加して得られたものであったが[4]，その後真空蒸着法による有機薄膜作製技術が進展したため，有機電子デバイスの研究開発は飛躍的に進展した。

OLEDの応用用途として，近年，照明機器やディスプレイのバックライトなどの白色光源が注目を集めている。白色光は，一般に，補色関係にある青緑発光と赤橙色発光の組み合わせや[5]，赤・緑・青色の三原色発光の組み合わせ[6]によって得られる。発光ダイオード（LED）を用いた照明，すなわち白色LEDによる照明はすでに市販され家庭にまで普及しているが，無機半導体由来の発光スペクトルの半値幅は狭いため，得られる白色の演色性は低い値となる。よって，蛍光体との組み合わせによって白色を実現しているのが現状である。一方，有機発光材料の発光スペクトルは無機LEDに比べて半値幅が広いため，OLEDによる白色発光によって高い演色性を実現し，自然光に近い発光を得ることができる。また，フレキシブルな基板上にOLEDを作製すれば，曲面にも対応した照明を作ることもでき，意匠性の点でもLEDに比べて優位である。白色OLEDのもう一つの注目点として，蛍光灯の代替品としての期待が挙げられる。蛍光灯は水銀蒸気が封入されているが，回収・リサイクル処理による廃棄には高いコストがかかるため，これまで埋め立て処理などによる廃棄が続けられてきた。有機EL照明が蛍光灯の代替品として確立されれば，廃棄時における環境汚染の問題も解決される。また，LED照明並みの省電力が実現されれば，二酸化炭素の排出削減の観点からも環境にやさしい照明機器として位置づけられる。

照明機器としてのOLEDが普及するには，既存の照明機器に匹敵する製造コストの実現が課題

---

*1 Shigeyuki Yagi 大阪府立大学 大学院工学研究科 物質・化学系専攻 応用化学分野 准教授

*2 Hiroyuki Nakazumi 大阪府立大学 大学院工学研究科 物質・化学系専攻 応用化学分野 教授

第6章 装置・応用

であり，低コスト生産プロセスの確立が求められる。すなわち，典型的なOLEDの素子作製に用いられる真空蒸着法による有機薄膜作製から，インクジェット法やRoll-to-roll法などの印刷技術の応用が可能な，溶液塗布法による有機薄膜作製への技術シフトが盛んに検討されている。プリンタブル・エレクトロニクスを指向した技術開発では，それに対応した材料設計が求められ，溶液塗布型OLED用材料にはインク溶剤への良好な溶解性や成膜性の向上が求められる。ここでは，筆者らの溶液塗布型OLED用りん光材料の開発を中心に高分子EL素子について詳述し，白色りん光OLEDの作製についての最近の成果を述べる。

3.2 溶液塗布型OLED用りん光性有機金属錯体の開発

3.2.1 分子設計

OLEDのような電界励起下では，光励起の場合とは異なり，発光材料の励起子形成はスピン統計則に従うため，一重項励起子（S_1）と三重項励起子（T_1）が1：3の割合で生成する。OLEDの量子効率は(1)式で示されるように励起子生成効率（$\Phi_{exciton}$）に比例するため，蛍光材料を用いたOLEDの内部量子効率（η_{int}）は高々25％である。よって，光取り出し効率（α）を考慮すると，蛍光OLEDの外部量子効率（η_{ext}）の最大値は5％程度になる。

$$\eta_{ext} = \alpha \times \eta_{int} = \alpha \times \Phi_{PL} \times \Phi_{exciton} \times \gamma \tag{1}$$

η_{ext}：外部量子効率　　η_{int}：内部量子効率　　α：光取り出し効率　　Φ_{PL}：PL量子収率

$\Phi_{exciton}$：励起子生成効率　　γ：キャリア再結合確率

一方，りん光材料を用いたOLEDでは，75％の割合でT_1として生成する励起子に加え，S_1からの項間交差によって生成するT_1励起子を考慮すると，理論上100％のη_{int}を達成することが可能である[7]。一般的な有機色素の場合，一重項と三重項の項間交差は禁制であるため，T_1状態にある分子のエネルギーは発光には用いられず，熱的に失活する。そのため，OLED用りん光材料としては遷移金属を基盤とする有機金属錯体が用いられ，これらは強いスピン―軌道相互作用（重原子効果）による項間交差の促進によって，室温で効率的なりん光を与える。古くはポルフィリン白金錯体などが知られているが，近年ではThompsonらによって精力的に開発されたシクロメタル化白金(II)およびイリジウム(III)錯体が多用されている[8~10]。これらの錯体が効率的なスピン―軌道相互作用を与えることは量子化学的にも示されている[11,12]。

筆者らは，Thompson型のシクロメタル化白金(II)錯体およびビスシクロメタル化イリジウム(III)錯体をベースに，溶液塗布型OLEDへの応用に適したりん光材料の開発を行っている[13~16]。図1にそれらの分子設計を示す。これらの錯体は，いずれもアリールピリジン型（$C^\wedge N$）シクロメタル化配位子とジケトナート（$O^\wedge O$）補助配位子から構成されている。一般に，$C^\wedge N$配位子は配位子中心のπ-π^*遷移，ならびに金属中心から配位子への電荷移動（metal-to-ligand charge transfer：MLCT）の電子遷移に大きく寄与し，発光色や光物理過程を調節する。一方，$O^\wedge O$配位子には，アセチルアセトナート（$acac$）やジピバロイルメタナート（dpm）といった脂肪族系

203

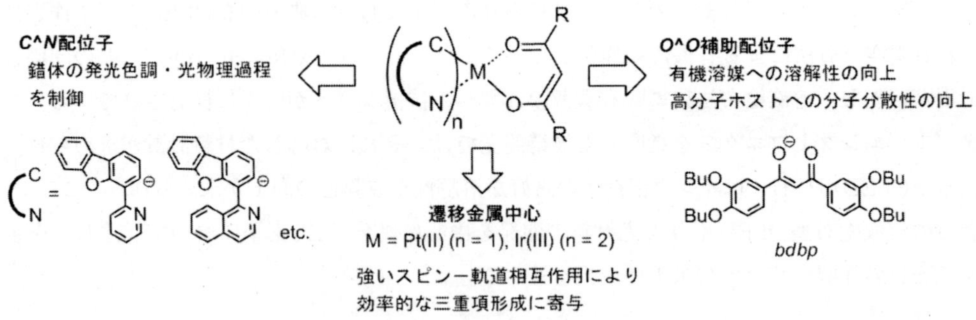

有機デバイスのための塗布技術

図1　溶液塗布型OLED用りん光材料の分子設計

ジケトナートが用いられ，これらの配位子が関与する軌道の発光への寄与は小さい。このような電子構造上の特徴を踏まえ，筆者らは溶液塗布プロセスに適した機能を補助配位子に付与するために，1,3-ビス(3,4-ジブトキシフェニル)プロパン-1,3-ジオナート（*bdbp*）を新たに設計した。すなわち，4つのブトキシ基を導入することによって，有機溶剤への溶解性を向上させ，また，ポリマー系ホストへの分子分散性を付与することを期待した。*C^N*配位子となる分子（H-*C^N*）は，アリールボロン酸とハロピリジン類からパラジウム触媒を用いたクロスカップリング（Suzuki-Miyauraカップリング）によって合成でき，*O^O*配位子となるジケトン（H-*bdbp*）は，3,4-ジブトキシアセトフェノンと3,4-ジブトキシ安息香酸エステルとの交差クライゼン縮合によって容易に得られる。

3.2.2　溶液塗布型OLEDを指向したシクロメタル化白金(II)錯体

前述の分子設計をもとに，種々の*C^N*配位子を用いて緑色～赤色りん光性白金(II)錯体を開発した（スキーム1）[13]。まず，H-*C^N*とK$_2$PtCl$_4$との反応で単核錯体（H-*C^N*）PtCl(*C^N*)が前駆体として得られ，さらにH-*bdbp*を反応させることで**Pt-1**が得られる。シクロメタル化白金錯体は平面四配位構造によるスタッキング相互作用が強いために，しばしば有機溶剤に対して低い溶解性を示すが，これら新規錯体はいずれも高い溶解性を示し，例えば，**Pt-1a**はクロロホルムに室温下で0.1 M以上の溶解性を示す。

合成した錯体の発光（PL）特性を表1に示す。また，図2には，例として**Pt-1a**，**Pt-1c**および**Pt-1d**のCHCl$_3$中，298 K下のPLスペクトルを示す。*C^N*配位子を種々変換することで，緑色から赤色まで発光色を調節することができる。**Pt-1a**は517 nmに発光極大（λ_{PL}）を有する緑色発光を示す。アリール基部分をチオフェン環に置換した**Pt-1c**では，560 nmまでλ_{PL}が赤色シフトする。さらに*C^N*配位子のπ共役系を拡張した**Pt-1d**では，発光波長は赤色の領域にまで達する（λ_{PL} = 613 nm）。**Pt-1e**や**Pt-1f**のように，*C^N*配位子にイソキノリン骨格を組み込むことによってもPLスペクトルは赤色移動し，赤色りん光を得ることができる。しかしながら，緑色～橙色の発光（**Pt-1a**～**Pt-1c**）では比較的高いΦ_{PL}が得られるが，発光の長波長化に伴ってΦ_{PL}は低

第6章 装置・応用

スキーム1 溶液塗布型OLEDを指向したシクロメタル化白金(II)錯体の合成

表1 シクロメタル化白金(II)錯体 Pt-1 および参照化合物 Pt-2 の CHCl₃ 中における PL 特性

錯体	λ_{PL}/nm*	Φ_{PL}**	$\tau_{PL}/\mu\mathrm{sec}$**	錯体	λ_{PL}/nm*	Φ_{PL}**	$\tau_{PL}/\mu\mathrm{sec}$**
Pt-1a	517, 552	0.59	0.28	Pt-2a	515, 551	0.42	0.52
Pt-1b	517, 538	0.43	0.44	Pt-2b	513, 535	0.26	0.87
Pt-1c	560, 607	0.38	2.3	Pt-2c	558, 604	0.13	4.2
Pt-1d	613, 667	0.10	0.56	Pt-2d	610, 665	0.07	1.6
Pt-1e	657, 719	0.06	0.63	Pt-2e	659, 717	0.05	1.6
Pt-1f	708	0.02	2.8	Pt-2f	706	0.02	4.7

*　脱酸素条件下, 298 K にて測定
**　脱酸素条件下, 室温にて測定

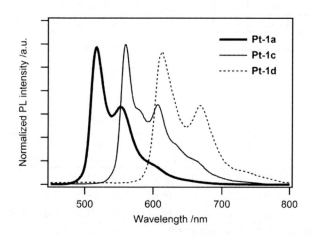

図2　Pt-1a, Pt-1c および Pt-1d の CHCl₃ 中, 298 K 下における PL スペクトル

下し，Pt-1d～Pt-1fでは0.10以下となる。

　筆者らはまた，*dpm*を補助配位子に用いた参照化合物Pt-2a～Pt-2fをPt-1a～Pt-1fそれぞれについて合成し，*bdbp*補助配位子のPL特性への影響について比較検討を行った。Pt-1における*bdbp*の発光スペクトルへの影響はほとんど認められないが，Pt-2に比べてPL量子収率は向上し，発光寿命は短くなる。これらの特徴から，*bdbp*補助配位子を用いることで，OLEDの量子効率の向上と三重項—三重項消滅[17]による素子性能低下の抑制に効果的であると考えられる。

　Pt-1を発光ドーパントに用いて，筆者らは溶液塗布型OLEDを作製し，それらの電界発光（EL）特性を評価した[14]。溶液塗布型OLEDは，主として成膜性に優れた高分子半導体をホスト材料に用いて作製される。特に，ポリ(9-ビニルカルバゾール)（以下，PVCz）などの高分子半導体に発光色素をドープする色素分散型高分子EL素子（以下，PLED）[18,19]は，素子構造が簡素であり，発光材料を適宜選択することで青色から赤色までの様々な発光色を得ることができる。りん光材料としてPt-1a，Pt-1c，およびPt-1dを用いて作製したPLEDの素子構造を図3に示す。陽極バッファー層（PEDOT：PSS）と発光層はスピンコート法によって成膜し，陰極バッファー層（CsF）と陰極（Al）は真空蒸着によって成膜した。なお，発光層には電子輸送材料としてPBDを混合した。素子作製に用いた白金(II)錯体は，いずれもインク溶剤（ここではトルエン）に十分な溶解性を示し，また，PVCzに対しても会合体形成や相分離を起こすことなく分子分散して均質な薄膜を与える。作製したPLEDの素子特性を表2に示す。Pt-1aをドープしたPLEDでは，5.0Vで

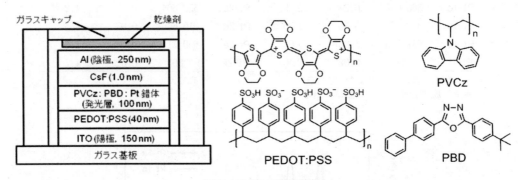

図3　PLEDの素子構造

表2　Pt-1を発光材料に用いたPLEDの素子特性

発光材料	$V_{\text{turn-on}}$/V	$L_{\max}$/cd m^{-2} (@V)	$\eta_{\text{p max}}$/lm W^{-1} (@V)	$\eta_{\text{j max}}$/cd A^{-1} (@V)	$\eta_{\text{ext max}}$/% (@V)	CIE色度
Pt-1a	5.0	17500 (15.5)	3.6 (10.0)	11.4 (11.0)	3.6 (11.0)	(0.39, 0.58)
Pt-1c	5.0	7860 (14.5)	2.5 (8.0)	7.0 (8.0)	2.8 (9.0)	(0.54, 0.46)
Pt-1d	5.5	1850 (16.0)	0.53 (8.5)	1.5 (9.5)	1.8 (9.5)	(0.67, 0.33)

$V_{\text{turn-on}}$：発光開始電圧，$L_{\max}$：最大発光輝度，$\eta_{\text{p max}}$：最大電力効率，$\eta_{\text{j max}}$：最大電流効率，$\eta_{\text{ext max}}$：最大外部量子効率

緑色の発光が始まり，15.5 Vで17500 cd m^{-2}の最大輝度（L_{max}）が得られた。また，電力効率（η_p）および電流効率（η_j）の最大値はそれぞれ，10.0 Vで3.6 lm W^{-1}，11.0 Vで11.4 cd A^{-1}であった。ELスペクトルは概ねPLスペクトルと一致した形状を示し，国際照明委員会（Commission internationale de l'éclairage：CIE）の定める色度座標は（0.39，0.58）であった。**Pt-1c**および**Pt-1d**をドープしたPLEDについてもPLスペクトルに対応したELスペクトルが観測され，それぞれ橙色（CIE色度，（0.54，0.46））および赤色（CIE色度，（0.67，0.33））の発光が観測された。一方，発光極大λ_{EL}の長波長化に伴って素子性能は低下し，赤色りん光錯体**Pt-1d**を用いた素子では，$L_{max}=1850$ cd m^{-2}，$\eta_{p\,max}=0.53$ lm W^{-1}であった。これは，前述の(1)式に示すように，PL量子収率の低下が主な要因として考えられる。

3.3　強発光赤色りん光性イリジウム(III)錯体

前述のように，高効率OLEDの創出には高いΦ_{PL}を有するりん光材料の創製が不可欠である。しかしながら，赤色りん光材料の場合，蛍光材料と同様に，本質的には発光波長の長波長化に伴って放射失活速度が抑制される。赤色りん光性錯体として知られるIr(piq)$_3$（piq；1-フェニルイソキノリナート）[20]やIr(btp)$_2$($acac$)（btp；2-(ベンゾ[b]チオフェン-2-イル)ピリジナート）[21]でさえ，PL量子収率はそれぞれ0.26（トルエン中，298 K）および0.28（2-メチルテトラヒドロフラン中，298 K）である。筆者らは，色度・発光効率がともに優れた赤色りん光材料の開発を目的として，π共役拡張型$C^\wedge N$配位子である1-(ジベンゾ[b, d]フラン-4-イル)イソキノリナートを有するビスシクロメタル化イリジウム(III)錯体**Ir-1a**を分子設計した[15]。ここでも，高い発光量子収率と溶液塗布型素子への展開を期待して$bdbp$を補助配位子に用いた。既報[21]に従ってμ-クロロ架橋ダイマーを中間体として合成した後，H-$bdbp$とともにNa$_2$CO$_3$存在下，エチルセロソルブ中で加熱することで**Ir-1a**を60％の収率で得た（スキーム2）。

トルエン中における**Ir-1a**のUV-visおよびPLスペクトルを図4に示す。主な吸収帯は近紫外から450 nm付近にかけて認められ，これらは$C^\wedge N$および$bdbp$配位子中心のπ-π^*遷移に帰属される。470 nmから630 nmにかけて弱い吸収帯が観測されるが，これらは金属から配位子への電荷移動遷移（MLCT遷移）に相当し，スピン許容である励起一重項準位（^{1}MLCT）への遷移とスピン禁制である三重項準位（^{3}MLCT）への遷移が混在している。このことは，**Ir-1a**に強いスピン—軌道相互作用が存在することを示唆する。PL発光については，640 nmにλ_{PL}を有する鮮明な赤色りん光が認められ，そのΦ_{PL}はトルエン中，298 Kにおいて0.61であった（表3）。この値はIr(piq)$_3$やIr(btp)$_2$($acac$)のΦ_{PL}と比較してもはるかに大きく，**Ir-1a**は赤色りん光材料として優れた発光特性を示す。補助配位子$bdbp$には，白金錯体の場合と同様，発光特性を改善する効果があり，dpmおよび$acac$を補助配位子とする参照化合物**Ir-1b**および**Ir-1c**は，**Ir-1a**よりも低いΦ_{PL}を示す（表3）。

Ir-1aのりん光材料としての特性を調べるために，PVCzをホストとするPLEDを作製した。なお，発光層の組成は，PVCz：PBD：**Ir-1a** = 10：3.0：0.40（wt/wt/wt）とした。電圧を印加す

有機デバイスのための塗布技術

スキーム2　強発光赤色りん光性ビスシクロメタル化イリジウム(Ⅲ)錯体Ir-1の合成

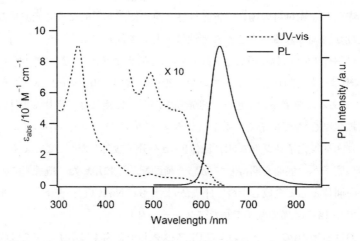

図4　Ir-1aのトルエン中，298K下におけるUV-visおよびPLスペクトル

ると5.0Vで発光が開始し，16.5Vにおいて$L_{max} = 7270\ \mathrm{cd\ m^{-2}}$を与える赤色発光が認められた。また，ELスペクトルはPLスペクトルとほぼ同様であり（$\lambda_{EL} = 637\ \mathrm{nm}$），$\eta_p$，$\eta_{ext}$の最大値はそれぞれ，$1.4\ \mathrm{lm\ W^{-1}}$（@7.5V），6.4%（@9.0V）であった。得られた発光はCIE色度（0.68, 0.31）を示し，標準的な赤色に相当する（0.67, 0.33）を十分に満たす純赤色の発光であることから，Ir-1aは赤色りん光材料として有用である。参照化合物Ir-1bおよびIr-1cをドーパントに用いたPLEDの素子特性は，Ir-1aを用いたPLEDよりも劣り，PLEDの性能は主に発光材料のΦ_{PL}に依存すると考えられる。

第6章　装置・応用

表3　Ir-1のPL特性およびIr-1を発光材料に用いたPLEDの素子特性

発光材料	PL			PLED[**,***]					
	λ_{PL} /nm[*]	Φ_{PL} /nm[*]	τ_{PL} /μsec[*]	$V_{\text{turn-on}}$ /V	L_{max} /cd m^{-2} (@V)	$\eta_{p\,max}$ /lm W^{-1} (@V)	$\eta_{j\,max}$ /cd A^{-1} (@V)	$\eta_{ext\,max}$ /% (@V)	CIE色度
Ir-1a	640	0.61	1.07	5.0	7270 (16.5)	1.4 (7.5)	3.9 (9.0)	6.4 (9.0)	(0.68, 0.31)
Ir-1b	639	0.55	1.04	6.0	4109 (16.5)	0.56 (10.5)	1.9 (10.5)	3.3 (10.5)	(0.68, 0.31)
Ir-1c	639	0.49	0.93	6.5	4575 (16.5)	0.49 (10.5)	1.6 (10.5)	2.9 (10.5)	(0.68, 0.31)

＊　脱酸素条件下，トルエン中298 Kにて測定
＊＊　素子構造：ITO（陽極，150 nm）/PEDOT：PSS（40 nm）/発光層（100 nm）/CsF（1.0 nm）/Al（陰極，250 nm）
＊＊＊　発光層組成：PVCz：PBD：**Ir-1a** = 10：3.0：0.40（wt/wt/wt）。**Ir-1b**，**Ir-1c**のドープ量に関しては，**Ir-1a**のモル比率に一致させた

3.4　強発光性りん光材料を共ドープした白色PLEDの作製

　溶液塗布型OLEDが大面積素子化に有利であることは先に述べたが，その応用目的として，特に照明用白色発光素子に期待が寄せられている。筆者らは，強発光性りん光材料を用いて白色PLED（WPLED）の開発を試みた。3.1項で述べたように，白色の電界発光を得るためには，補色関係にある2種，もしくはRGBの3種の発光材料から同時発光を得る必要がある。ここでは，青色りん光材料**Ir-2**（$\lambda_{PL} = 475$ nm）と赤色りん光材料**Ir-3**（$\lambda_{PL} = 610$ nm）を共ドーパントとして選択し（図5(a)），二色系WPLEDの作製について検討した[16]。

　新規開発した**Ir-2**および**Ir-3**のPLスペクトルを図5(b)に示す。**Ir-2**および**Ir-3**のPL量子収率はそれぞれ，CHCl$_3$中298 K下では0.67および0.50，トルエン中298 K下では0.91および0.77であり，極めて優れた発光特性を有する。**Ir-2**，**Ir-3**それぞれについてPLEDの素子特性を評価したところ（表4），PLに対応したELスペクトルが得られた。**Ir-2**を用いた素子では，4.5 Vから青色発光が始まり，7.0 Vにおいて$\eta_{p\,max} = 2.1$ lm W^{-1}，13.0 Vにおいて$L_{max} = 2600$ cd m^{-2}が得られた。また，**Ir-3**では4.5 Vから赤橙色の発光が始まり，10.0 Vにおいて$\eta_{p\,max} = 2.0$ lmW^{-1}，19.5 Vにおいて$L_{max} = 23300$ cd m^{-2}が得られた。これらのPLEDのELスペクトルの重ね合わせから，**Ir-2**および**Ir-3**の同時発光によって可視領域全域にわたる発光スペクトルが得られ，白色光を取り出すことが可能である。実際に，発光材料間のエネルギー移動を考慮しながら**Ir-2**と**Ir-3**の混合比率の最適化を行い（PVCz：PBD：**Ir-2**：**Ir-3** = 10：3.0：1.2：0.012（wt/wt/wt/wt）），**Ir-2**および**Ir-3**を単一発光層に共ドープしたWPLEDを作製した。

　図5(c)に示すように，6.0 Vにおいて$\eta_{p\,max} = 2.4$ lm W^{-1}，13.0 Vにおいて$L_{max} = 4200$ cd m^{-2}を示す白色のELスペクトルが得られた。CIE色度座標は最大発光輝度を与える印加電圧において（0.364，0.378）であり，理想的な白色である（0.33，0.33）に近い値が得られた。このWPLED

209

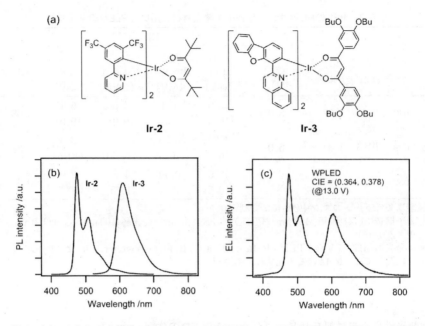

図5 (a)Ir-2とIr-3の構造，(b)Ir-2とIr-3のCHCl₃中，298 K下におけるPLスペクトル，(c)Ir-2とIr-3を発光層に共ドープしたPLED（WPLED）のELスペクトル

表4 Ir-2およびIr-3を発光材料に用いたPLEDの素子特性

発光材料	$V_{\text{turn-on}}$/V	L_{max}/cd m^{-2} (@V)	$\eta_{\text{p max}}$/lm W^{-1} (@V)	$\eta_{\text{j max}}$/cd A^{-1} (@V)	$\eta_{\text{ext max}}$/% (@V)	CIE 色度
Ir-2[*,**]	4.5	2600 (13.0)	2.1 (7.0)	4.6 (7.0)	2.0 (7.0)	(0.190, 0.391)
Ir-3[*,**]	4.5	23300 (19.5)	2.0 (10.0)	7.4 (14.0)	5.3 (13.5)	(0.641, 0.366)
Ir-2+Ir-3[*,***] (WPLED)	4.0	4200 (13.0)	2.4 (6.0)	4.9 (7.0)	2.4 (7.0)	(0.364, 0.378)
Ir-2+Ir-3[*,****] (WPLED)	3.5	7130 (13.0)	4.7 (6.0)	13.8 (7.0)	6.7 (7.0)	(0.319, 0.389)

[*] 素子構造：ITO(陽極, 150 nm)/PEDOT:PSS(40 nm)/発光層(100 nm)/CsF(1.0 nm)/Al(陰極, 250 nm)
[**] 発光層組成：PVCz：PBD：Ir-2 or Ir-3＝10：3.0：1.2（wt/wt/wt）
[***] 発光層組成：PVCz：PBD：Ir-2：Ir-3＝10：3.0：1.2：0.012（wt/wt/wt/wt）
[****] 発光層組成：PVCz：OXD-7：Ir-2：Ir-3＝10：3.0：1.2：0.036（wt/wt/wt/wt）

第6章 装置・応用

の特徴として，電圧印加に伴う色度変化が少ないことが挙げられる。すなわち，発光開始（$V_{\text{turn-on}}$＝4.0 V）と同時に**Ir-2**と**Ir-3**の双方から発光が得られ，その後印加電圧を上昇させても，色度変化は$\Delta x = 0.028$，$\Delta y = 0.08$に止まり，比較的良好な色度安定性を示した。現在得られている平均演色評価数（R_a）は61であり，これは緑～黄色の領域の発光強度が弱いことに起因する。今後，三色発光系などへ改良することによって，R_aの向上が望まれる。

WPLEDの素子特性の向上には，電子輸送材料の選択が重要である。上述のWPLEDではPBDを電子輸送材料として用いたが，OXD-7を電子輸送材料として使用すると素子特性が向上する（表4）。これは，PBDを用いた場合，そのT_1準位（2.46 eV）が青色りん光材料**Ir-2**のT_1準位（2.66 eV）よりも低いために**Ir-2**からPBDへの励起子移動が起こるが，OXD-7（$T_1 = 2.70$ eV）を用いた素子では，そのようなりん光材料から電子輸送材料への励起子移動を抑制することができるためである。

3.5　おわりに

溶液塗布型OLEDの高性能化に向けたりん光材料の開発を目的として，新規なシクロメタル化白金(II)錯体およびビスシクロメタル化イリジウム(III)錯体の合成と，それらをりん光ドーパントに用いたPLEDの作製について論じた。補助配位子として*bdbp*を用いることで，インク溶剤への溶解性と高分子ホストへの分子分散性を達成するとともに，Φ_{PL}の向上や発光寿命の短寿命化といったOLEDの高効率化に有利な特性を付与することができた。赤色りん光性イリジウム(III)錯体については，既知の材料を凌駕する，実用的なりん光材料を得ることができた。筆者らはまた，新規開発したりん光材料を用いて二色発光系WPLEDを作製し，白色電界発光を得ることに成功した。今後，キャリア輸送材料などの周辺部材の開発や素子構造の改良によって，照明機器への応用に向けたさらなる高効率化が期待される。

文　　献

1)　X. Gong *et al.*, "Polymer-based Light-emitting Diodes (PLEDs) and Displays Fabricated from Arrays of PLEDs" in *Organic Light-Emitting Devices*, K. Müllen and U. Scherf (Eds.), pp. 151-180, Wiley-VCH, Weinheim（2006）

2)　城戸淳二，有機ELのすべて，日本実業出版社（2003）

3)　C. W. Tang *et al.*, *Appl. Phys. Lett.*, **51**, 913（1987）

4)　W. Helfrich *et al.*, *Phys. Rev. Lett.*, **14**, 229（1965）

5)　P. Anzenbacher *et al.*, *Appl. Phys. Lett.*, **93**, 163302（2008）

6)　Y. Sun *et al.*, *Appl. Phys. Lett.*, **91**, 263503（2007）

7)　H. Yersin *et al.*, "Triplet Emitters for Organic Light-Emitting Diodes: Basic Properties" in *Highly Efficient OLEDs with Phosphorescent Materials*, H. Yersin（Ed.）, pp. 1-97, Wiley-VCH, Weinheim（2008）

8) J. Brooks *et al., Inorg. Chem.,* **41**, 3055（2002）
9) S. Lamansky *et al., J. Am. Chem. Soc.,* **123**, 4304（2001）
10) A. B. Tamayo *et al., J. Am. Chem. Soc.,* **125**, 7377（2003）
11) T. Matsushita *et al., J. Phys. Chem. A,* **110**, 13295（2006）
12) T. Matsushita *et al., J. Phys. Chem. C,* **111**, 6897（2007）
13) S. Yagi *et al., J. Lumin.,* **130**, 217（2010）
14) Y. Sakurai *et al., Synth. Met.,* **160**, 615（2010）
15) S. Yagi *et al., J. Organomet. Chem.,* **695**, 1972（2010）
16) S. Yagi *et al., J. Jpn. Soc. Colour Mater.,* **83**, 207（2010）
17) C. Adachi *et al., Org. Electron.,* **2**, 37（2001）
18) J. Kido *et al., Appl. Phys. Lett.,* **67**, 2281（1995）
19) Y. Ohmori *et al., Thin Solid Films,* **518**, 551（2009）
20) A. Tsuboyama *et al., J. Am. Chem. Soc.,* **125**, 12971（2003）
21) S. Lamansky *et al., Inorg. Chem.,* **40**, 1704（2001）

4 塗布型有機EL照明

榎本信太郎[*]

4.1 はじめに

有機EL（electroluminescence）は，国外ではOLED（organic light emitting diode）と呼ばれ，2つの電極の間に挟んだ数100 nmの有機薄膜に電流を流すことで発光し，電極の少なくとも一つを透明体にすることで面光源として用いることができる。LEDや白熱電球のような点状の光源と比べて広い平面で発光するため，目にやさしく，やわらかな光を提供できる次世代の照明技術として注目されている。また，光源パネル自体が器具にほぼ相当し光の利用効率が高いため，節電効果が大きい。薄い，軽い，曲がる，割れない，透明，太陽光のようなブロードな発光スペクトル，など有機ELならではの特長を生かした従来にない新しい照明の開発が国内外の研究開発機関で活発に行われ，近年各社から有機ELのパネルや照明器具が発売されはじめている。

パネルの作製方法を大別すると，真空装置を用いる蒸着型と，塗布装置を用いる塗布型の2種類がある[1,2]（図1）。現在主流の蒸着型は発光特性に優れる[3]が，装置導入コストや製造コストが課題になっている。塗布型は，材料使用効率が高く，簡易なプロセスで製造できる技術として期待されている。しかし，実験で用いられる小片素子（〜4 mm^2）と比べて大型パネル（≧5,000 mm^2）では，透明電極の電位降下が問題になるため，これを低減できる補助配線が必要になる。また，塗布型の場合には，補助配線付きの基板上に有機薄膜を高精度に形成する塗布技術の開発も必要である。

東芝では，これらの課題を解決するため，透明電極付きの基板にストライプ状の補助配線を導入した。また，メニスカス塗布法[4]を採用し，凹凸構造を持つ補助配線付きの基板上に有機薄膜を高精度に形成する技術を開発した（図2）。今回，これらの技術を投入して塗布型有機ELのパ

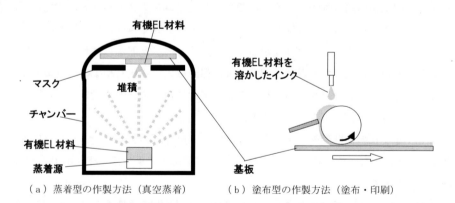

（a）蒸着型の作製方法（真空蒸着）　　（b）塗布型の作製方法（塗布・印刷）

図1　蒸着型及び塗布型の有機EL作製方法比較

---

*　Shintaro Enomoto　㈱東芝　研究開発センター　表示基盤技術ラボラトリー　主任研究員

有機デバイスのための塗布技術

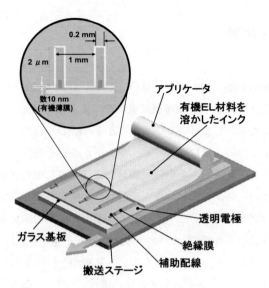

図2　メニスカス塗布法で有機薄膜を形成するようす

ネルを試作し，塗布型有機EL照明の実現可能性を実証できた。ここでは，投入した技術の概要と，試作したパネルの評価結果について述べる。

4.2　均一発光を実現するための基板設計

　発光エリア内で均一な発光を実現するためには，有機ELに用いる透明電極の電位降下を回避しなければならない。ITO（Indium Tin Oxide）に代表される透明電極の周囲に，金属からなるコンタクトパッドを設けた構造からなる有機ELパネルのレイアウト例，及び電位降下のイメージを図3に示す。透明電極の導電性がじゅうぶんでないため，コンタクトパッドに印加した電位に対して，パッドから離れた場所ほど電位が降下し，発光エリア内で輝度の均一性が低下する。パッド近傍部では電流が多く流れるため輝度が高くなり，一方，パッドから離れた部分では電流が流れにくくなるため輝度が低下するため，パッド近傍部から先に劣化しやすい。改善策の一つとして，ITOより導電性の高い金属などの材料からなる補助配線を部分的に設けることで，ITOの見掛けの導電性を上げて電位降下を低減する方法がある[5]。

　今回，ストライプ状の補助配線（図4(a)）を用い，電位降下のシミュレーションにより補助配線の幅と補助配線間のピッチを設計した。目標値は，電位降下5％以下，輝度10,000 cd/m^{2}以上，開口率80％以上とした。

　補助配線幅150 μm，ピッチ4 mmに設定した場合には図4(b)のようなシミュレーション結果となった。開口率は高いが，電位降下は11％と見積もられ，輝度むらの原因となりうる。一方，ピッチを1 mmに設定した場合には，開口率は減るが電位降下は4％に抑えられるため（図4(c)），この構成を適用した補助配線付きの基板を試作した。

第 6 章 装置・応用

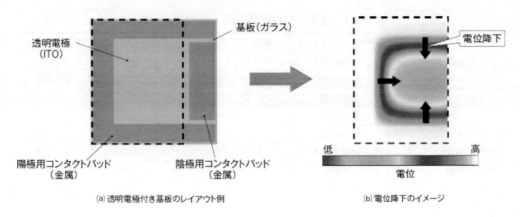

図3　発光エリア内での電位降下のイメージ

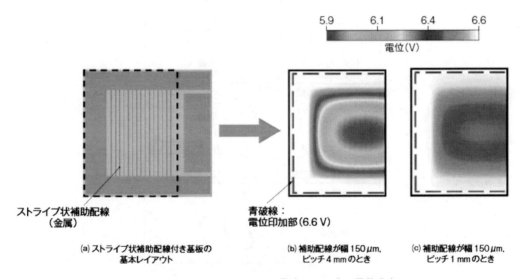

図4　シミュレーションによる発光エリア内の電位分布

4.3 メニスカス塗布法

　有機膜を形成するための塗布方法は，表1のように接触型と非接触型に大別される。有機ELの塗布では下地が受ける損傷を抑えるために，メニスカス塗布法のような非接触型が適している。メニスカス塗布法の利点は，①膜の均一性が高いこと，②低粘度のインクが使えること，つまり発光材料や溶媒などの材料選択の自由度が高くなること，③部品や稼動部が少なく簡単な構造であるため，発塵や不純物混入の影響が少ないこと，などが挙げられ，有機ELのような薄膜積層構造からなる電子デバイスの製造方法に適している。

　メニスカス塗布法の概要は図5のようになる。基板との間に一定のギャップを設けてアプリケータと呼ぶ棒状の構造体を配置し，そのギャップに発光材料などの有機EL材料を溶媒に溶かした

215

有機デバイスのための塗布技術

表1 塗布方法比較（接触型／非接触型）

塗布方法	接触型／非接触型	膜厚均一性	インク粘度(mPa·s)	液膜厚(μm)
メニスカス塗布	非接触型	◎	1～30	1～20
スリットコート	非接触型	◎	1～50	3～300
ディップコート	非接触型	◎		
インクジェット	非接触型	○～△		1～500
スプレイ塗布	非接触型	○～△	1～50	1～500
スクリーン印刷	非接触型／接触型	○～△	5000～20000	10～500
グラビア印刷	接触型	○～△	～3000	5～80
グラビアオフセット印刷	接触型	○～△	～3000	5～200

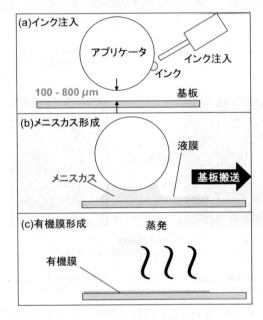

図5 メニスカス塗布法の概要

インクを注入する（図5(a)）。その結果，アプリケータと基板の間にインクのメニスカス（円弧状の曲面）が形成される（図5(b)）。基板を固定したステージを一定速度で移動させることで，基板上に液膜が形成され，溶媒が乾燥して固体状の有機膜となる（図5(c)）。

メニスカス塗布法では，膜厚は塗布速度（ステージ送り速度）の2／3乗に比例する。また，アプリケータ／基板間のギャップ，インクの粘度や表面張力などで液膜の膜厚を制御することができる。

液膜の厚さ $d = k \cdot s^{2/3}$

s：塗布速度（ステージ移動速度）

第6章 装置・応用

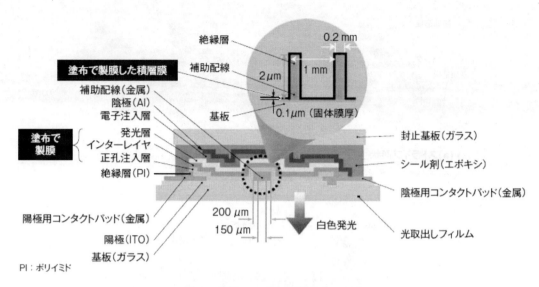

図6 有機ELパネルの断面イメージ

　　　k：アプリケータ／基板間のギャップ，インクの粘度や表面張力など

4.4　有機ELパネルの試作と評価

　試作したパネルの断面イメージを図6に示す。ボトムエミッションの有機EL構造からなり，陽極（透明電極ITO）用と陰極（アルミニウム（Al））用のコンタクトパッドに電圧を印加すると，陽極からは正孔が，陰極からは電子が供給され，両者が発光層内で結合することで発光が生じる。正孔注入層は陽極から発光層への正孔供給を促進する働きがある。同様に電子注入層は陰極から発光層への電子供給を促進する。インターレイヤは正孔注入層に含まれるイオンが発光層に移動しないようにする働きなどがあり，発光効率や寿命を向上させる効果があることが知られている。

　補助配線上を絶縁層で被覆することで，塗布した有機層の薄膜に欠陥が生じた場合でも陽極／陰極間で短絡させないようにした。補助配線を含む絶縁層が形成された結果，基板上には高さ2 μm，幅0.2 mm，ピッチ1 mmの凹凸構造が作られる（図6）。この時の開口率は80％である。

　有機層の内，正孔注入層，インターレイヤ，及び発光層をメニスカス塗布法で形成した。いずれも高分子材料である。インターレイヤと発光層は住友化学㈱の材料を用いた。ギャップは800 μm，塗布速度は4～5 mm/sとし，正孔注入層は大気下で，インターレイヤと発光層は窒素雰囲気下で塗布工程を行った。2 μmの凹凸構造上に数10 nmの薄膜を均一に形成することが重要となる。メニスカス塗布法は，非接触型の中でもヘッド（アプリケータ）と基板間のギャップを広く取れることが特徴であり，凹凸構造への適用を考慮すると適切な手法といえる（表1，図5，図6）。

　また，非接触型の場合，インクのレベリング（平坦化）現象が起こることで，膜厚の均一性が向上する。したがって，補助配線構造としては，格子形状と比べてレベリングの自由度が高いス

217

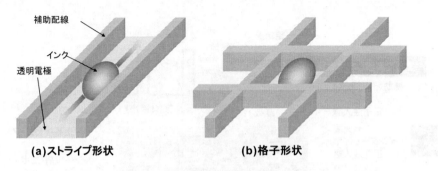

図7　補助配線の形状

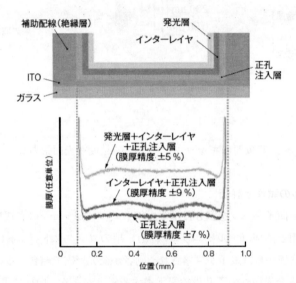

図8　メニスカス塗布により補助配線間に塗布形成された有機層の膜厚分布

トライプ形状の方が望ましい（図7）。

　メニスカス塗布法によって補助配線間に塗布された正孔注入層，インターレイヤ，及び，発光層の膜厚分布を図8に示す。3層積層膜の膜厚精度は±5％と均一であった。

　有機層を上述のように形成した後，電子注入層とAl陰極を蒸着形成し，窒素雰囲気下でガラス封止した後に光取出しフィルムを貼り付けてパネルを完成させた。

　試作した有機ELパネルの写真を図9(a)に示す。58 mm×52 mmの発光エリア全面で白色発光が確認された。平均輝度は10,000 cd/m^2，電圧印加直後の最高輝度部と最低輝度部はそれぞれ11,200 cd/m^{2}及び8,700 cd/m^{2}であり，均一で高輝度な発光が得られた（図9(b)）。

4.5　まとめ

　ストライプ状補助配線の導入とメニスカス塗布法の適用によって白色有機ELパネルを試作し，

 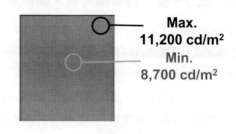

(a)有機ELパネルの発光のようす　　　**(b)輝度分布**

図9　有機ELパネルの発光のようすと輝度分布

58 mm×52 mmという発光エリアで，10,000 cd/m^{2}という蛍光灯並みの高輝度を得た。塗布型有機EL照明の実現可能性を実証できた。

　今後実用化を進めるには，均一で高輝度な発光を安定して連続的に得るため，電圧印加時に発生する熱を効率的に逃がす放熱設計が重要となる。また，光取出し効率の向上をはじめ，材料や素子構造の開発による発光効率の向上を進め，塗布で作る新しい有機EL照明の実現を目指す必要がある。

文　　献

1) 大西敏博ほか，高分子EL材料—光る高分子の開発—，共立出版，p.118（2004）
2) So, F *et al.*, Recent progress in solution processable organic light emitting deices, *Journal of Applied Physics*, **102**（9），p.091101-1-21（2007）
3) Brown, J *et al.*, "102 lm/W White Phosphorescent OLED", Proceeding of The15 th International Display Workshop（IDW'08），Niigata, Japan, 2008-12, The Institute of Image Information and Television Engineers and The Society for Information Display, p.143-144（2008）
4) Han, M *et al.*, "Horizontal Dipping Method for Simple Fabricating OLEDs", Proceeding of The15 th International Display Workshop（IDW'08），Niigata, Japan, 2008-12, The Institute of Image Information and Television Engineers and The Society for Information Display, p.1037-1040（2008）
5) Amelung, J., "Large-area organic light-emitting diode technology", SPIE Newsroom, http://spie.org/documents/Newsroom/Imported/1104/1104-2008-04-09.pdf（accessed 2010-10-18）

5 低分子塗布型有機薄膜太陽電池

松尾　豊[*]

5.1 はじめに

　有機薄膜太陽電池は軽量で意匠性が高く，塗布プロセスにより安価に作られることが期待され，最近では自然エネルギー利用の需要が高まっていることもあり社会的にも注目されている。世界中で研究開発競争がますます活発になり，有機薄膜太陽電池の光電エネルギー変換効率は10%に達している。また，変換効率の数値が上昇するとともに，素子の安定性に対する問題意識が高まってきている。有機薄膜太陽電池において，二種類の有機半導体，すなわち，有機電子供与体と有機電子受容体が用いられるが，通常，共役系高分子材料が電子供与体として，フラーレン誘導体が電子受容体として用いられる。最近，狭いHOMO-LUMOギャップに起因する長波長光吸収を示す高分子電子供与体が開発され，エネルギー変換効率の向上に大きく貢献している。しかしながら，そのような材料はHOMO-LUMOギャップを狭くするためにHOMO準位が高くなることから酸化されやすくなり，安定性に不安があることも事実である。高分子材料は塗布成膜性に優れ，良質な薄膜を得やすいが，ポリマー主鎖内でいったん酸化による分解を受けると連鎖的に分解が進行することも知られており，低分子材料に比べ安定性に劣る傾向がある。

　本節では安定な長寿命有機薄膜太陽電池の実現へ向けた低分子塗布型有機薄膜太陽電池について，その歴史，用いられる低分子有機材料，最新の研究成果を紹介し，解決すべき課題と展望を述べたい。低分子材料は高分子材料に比べ安定性に優れるが，綿密に分子設計された共役系高分子に比べると，光吸収特性で劣る，溶解度が低い，質の良い薄膜を得にくいといったデメリットがある。とりわけ溶解度が低い欠点は，有機薄膜太陽電池を塗布プロセスで作製する際に大きな足かせとなる。また，低分子材料の溶解度を上げるためにアルキル鎖などを導入すると，基本的には電荷移動度などの半導体特性が低下するというトレードオフがある。このようなデメリットやトレードオフをどう解決するかが高効率な低分子塗布型有機薄膜太陽電池を得るための鍵であり，以下に議論する。

5.2 低分子塗布型有機薄膜太陽電池の歴史

　低分子塗布型有機薄膜太陽電池の開発の歴史は比較的新しい[1]。2000年，可溶性のフタロシアニン誘導体とペリレンジイミド誘導体をそれぞれ電子供与体，電子受容体として用いて有機薄膜太陽電池の作製が検討されたが（図1），変換効率はほぼゼロに等しかった[2]。また，2001年，ヘキサベンゾコロネン（図1）を電子供与体，ペリレンジイミド誘導体を電子受容体とした素子の評価が行われたが短絡電流密度（J_{SC}）が0.03 mA/cm^2（490 nm，0.47 mW/cm^{2}単色光照射時）と低く，あまり注目されなかった[3]。これらの初期評価の結果，および，2002年以降のポリ（3-ヘキシルチオフェン）（P3HT）が優れた電子供与体であることがわかってきて注目されたことに

---

[*]　Yutaka Matsuo　東京大学　大学院理学系研究科　特任教授

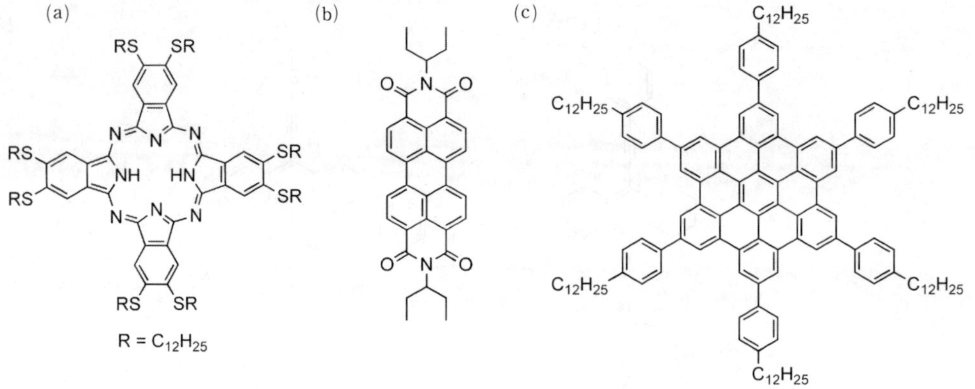

第6章　装置・応用

(a)　　　　　　　　　　(b)　　　　　　　(c)

図1　初期に検討された低分子有機半導体
(a)フタロシアニン誘導体，(b)ペリレンジイミド誘導体，(c)ヘキサベンゾコロネン誘導体

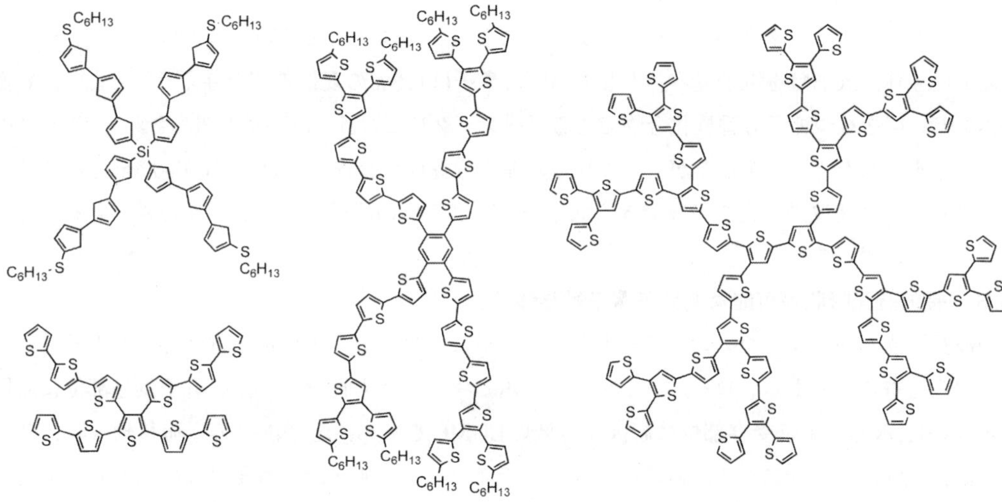

図2　オリゴチオフェン

より[4,5]，2006年まで低分子有機半導体を用いた塗布型有機薄膜太陽電池の検討はほとんど行われなくなった。

　ポリチオフェンの検討が進み，P3HTとPCBM（[6,6]-Phenyl-C61-Butyric Acid Methyl Ester）を用いた有機薄膜太陽電池の変換効率が5％近くに達した後[6~8]，ポリマーと比較して合成・精製などの観点から扱いが容易なオリゴチオフェンが電子供与体として検討されるようになった（図2）[9~12]。オリゴチオフェンとPCBMを用いた素子において，0.3から1.7％の変換効率が得られるようになった。

　さらに2008年から2009年になると，オリゴマーよりもさらに分子量の小さい低分子有機半導体

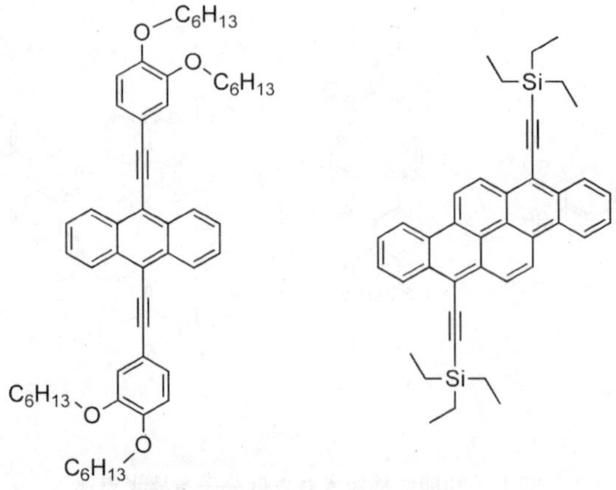

有機デバイスのための塗布技術

図3　ジエチニルアントラセンとジベンゾクリセン

においても1％以上の変換効率が得られるようになった（図3）。9,10-ジエチニルアントラセンを電子供与体，PCBMを電子受容体として用いた素子は1.3％の変換効率を与えた[13]。また，6個のベンゼン環をもつ縮環芳香族化合物であるジベンゾクリセンは，PCBMと組み合わせて2.3％の変換効率を示した[14]。しかしながら，これらの縮環芳香族化合物の吸収波長は600 nm付近までにとどまり，より長波長の光を吸収できる低分子電子供与体の設計・開発を行う必要がある。

5.3　長波長光吸収が可能な低分子電子供与体

　長波長の光を吸収するための分子設計として有効なのは，分子内に電子供与部位と電子受容部位を組み込むことである。ローバンドギャップポリマー[15〜17]と同様に，主に電子供与部位に起因する高いHOMO，電子受容部位に起因する低いLUMOをもち，分子内での電荷移動吸収に基づく長波長光吸収が可能になる。直鎖型のオリゴチオフェンの両末端に電子供与部位としてトリアリールアミンを，電子受容部位としてジシアノアルキリデン部位をもち680 nmまでの光吸収が可能なπ電子共役系化合物が検討され，PCBMと組み合わせて1.7％の変換効率が得られている（図4）[18]。また，直鎖型オリゴチオフェンの両末端にジシアノアルキリデン部位を組み込んだアクセプター・ドナー・アクセプター（A-D-A）型の分子（図4）は750 nmまでの光吸収が可能となり，PCBMを電子受容体として用いた素子で3.7％の変換効率が達成されている[19]。

　また，テトラセンに電子供与部位と電子受容部位を組み込んだ低分子ローバンドギャップ材料も報告されている（図5）[20]。電子求引基であるジイミド基と電子供与基であるジスルフィド基を組み込んだテトラセンジイミド-ジスルフィド（TIDS）において，850 nmまでの長波長光吸収が可能になる。ジイミド部位の窒素原子上に溶解性を高める置換基を導入することで，塗布プロセスに適用することが可能になる。また，テトラセンが反応しやすい部位に付加基を組み込んでいるので，TIDSはテトラセンに比べ酸化に対して格段に安定である。

222

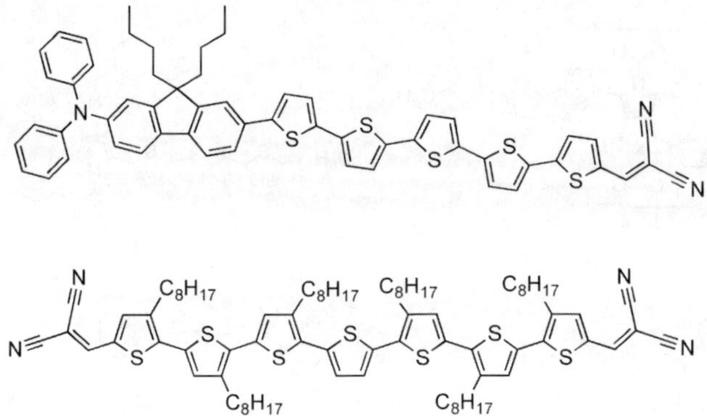

第6章 装置・応用

図4 オリゴチオフェンを用いたローバンドギャップ低分子有機半導体

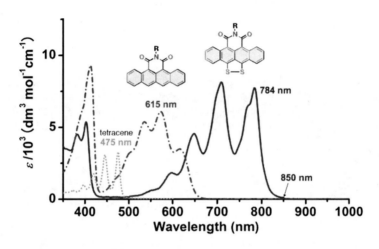

図5 テトラセンジイミドジスルフィド

　ジケトピロロピロール（DPP）において，電子供与部位を組み込むことで電荷移動遷移に基づく長波長吸収が可能になる（図6）。合成の簡便性，官能基の導入しやすさから数多くの電子供与部位との組み合わせが検討され，低分子ローバンドギャップ電子供与体が合成された。また，DPPは潜在顔料（後述）[21]としての適用も可能な色素である。DPPの両末端にオリゴチオフェンを組み込んだ分子や電子供与体の両末端にDPPを組み込んだ分子において，PCBMや［70］PCBMを電子受容体として用いて2.3から4.4％の変換効率が達成されている[22〜25]。

　その他，ボロンジピリン（BODIPY）[26,27]，スクアレイン（squaraine）[28,29]，メロシアニン[30]，ポルフィリン・フタロシアニン[31〜33]などの有機色素が検討されており（図7），最高3ないし4％程度の変換効率が得られている。また，ジチエニルベンゾセレニアチアゾールを電子供与体，ペリレンジイミド誘導体を電子受容体とした低分子塗布型有機薄膜太陽電池において3.9％の変換効

223

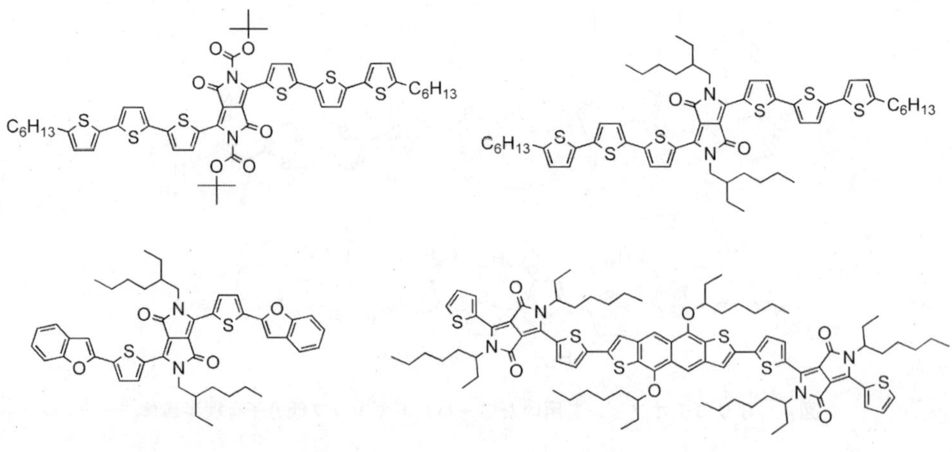

有機デバイスのための塗布技術

図6　ジケトピロロピロール誘導体

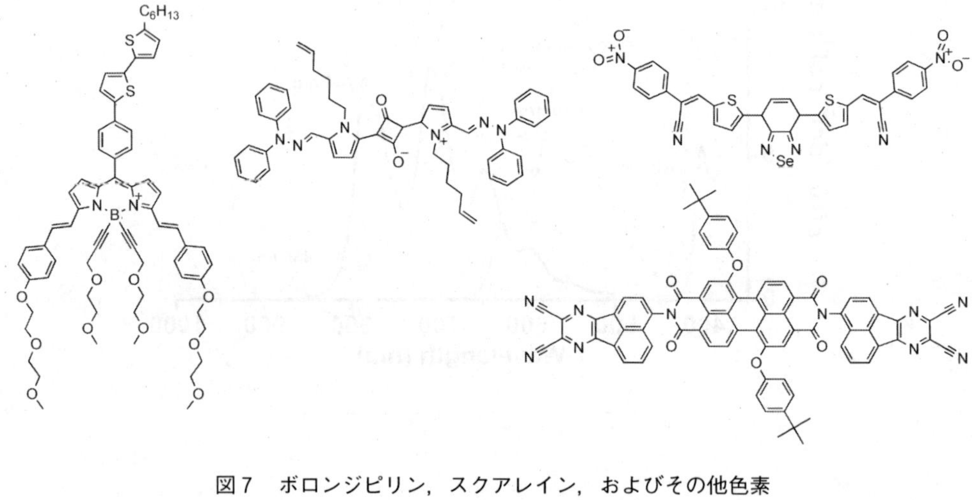

図7　ボロンジピリン，スクアレイン，およびその他色素

率が得られている。この素子は，フラーレン誘導体でない化合物を電子受容体として用いた有機薄膜太陽電池であることも特筆すべき点である。

5.4　塗布変換型有機薄膜太陽電池

　アルキル鎖を増やすなど溶解性を上げるための分子設計を行うと有機半導体のπ電子共役系の重なりの度合いが低下し，電荷移動度が低下する傾向にある。溶解性と半導体特性のトレードオフを解決する一つのアイデアとして，潜在顔料という考え方がある[21]。潜在顔料においては，可溶性の前駆体分子内にπスタッキングを妨げ，かつ熱や光により脱離可能な部位がある。そのため熱や光により分子変換を行うと，溶媒に不溶であるが高い電荷輸送特性をもつ有機半導体分子

224

第6章　装置・応用

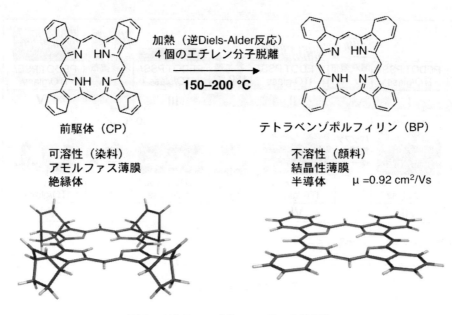

図8　テトラベンゾポルフィリンの熱転換

が得られる。

愛媛大学の小野らにより開発されたテトラベンゾポルフィリンの前駆体（CP，図8）は，有機溶媒に可溶であり，溶液塗布により成膜が可能である[34]。この薄膜を150～200℃に加熱すると，逆Diels-Alder反応により4個のエチレン分子が脱離し，有機溶媒に不溶なテトラベンゾポルフィリン（BP）の結晶性薄膜を与える。三菱化学の荒牧らによりこの半導体特性が調べられ，最高 $0.92\,\mathrm{cm^2/Vs}$ の正孔移動度を示すことが明らかになっている[35]。

電子供与体として導電性高分子よりも安定な材料であるテトラベンゾポルフィリン（BP），電子受容体としてフラーレン誘導体SIMEF（シリルメチルフラーレン）[36]を用い，溶液塗布プロセスで，p-i-n型の三層構造をもつ有機薄膜太陽電池が作製されている[37]。素子作成の手順は以下の通りである（図9）。ガラス/ITO/PEDOT：PSS基板上に（I），テトラベンゾポルフィリンの可溶性前駆体（CP）の溶液を塗布し（II），180℃でCPを熱転換してBP膜のp層を形成する（III）。続いて，CPとSIMEFの混合物を溶液塗布し（IV），180℃に加熱しBPとSIMEFからなるi層を形成する（V）。最後にSIMEFを溶液塗布し，65℃から180℃にアニールすることによりn層を形成し（VI），p-i-n型三層構造をもつ有機薄膜太陽電池を作製する（VII）。

i層の中の構造が，SIMEFをトルエンで洗い流して得られる構造（VIII）を走査型電子顕微鏡により観察することで調べられている。全体の約60％の領域において，BPは高さ約65 nm，幅約25 nmの柱状結晶を形成し，それがp層のBPから立ち上がる構造（図10：column/canyon構造と呼んでいる）を形作っている。SIMEFをトルエンで洗い流す前は，柱と柱の隙間にSIMEFが充填されていたことになる。このような相分離構造では，電子供与体（BP）と電子受容体（SIMEF）

有機デバイスのための塗布技術

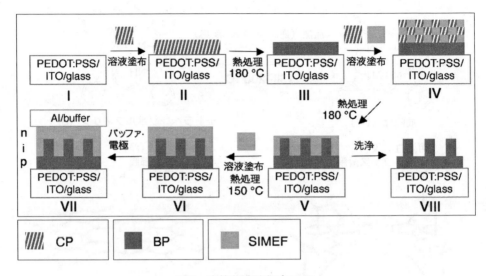

図9　有機薄膜形成プロセス

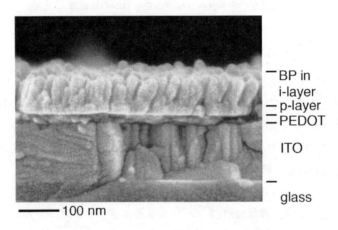

図10　テトラベンゾポルフィリンのカラム構造

の二種類の接触界面の面積が広く，光電変換にとって理想的である。180℃におけるi層の熱処理において，150℃でSIMEFがBPより先に結晶化することが，この構造の形成を誘起していると考えられている。通常の有機半導体の励起子拡散長は10から15 nmであり，励起子が電子供与体と電子受容体の界面に到達して電子と正孔が生成するので，ここでみられる幅約25 nmの柱状結晶をもつcolumn/canyon構造は，光の吸収により生成した励起子を電荷（電子・正孔）へと変換するのに最適な構造であると考えられる。また，電荷が輸送される経路がバルクヘテロ接合に比べて明確で，電荷の再結合も起こりにくいと考えられる。

　この塗布変換型有機薄膜太陽電池において，5.2％の変換効率が得られている（開放電圧 V_{OC} =

第6章 装置・応用

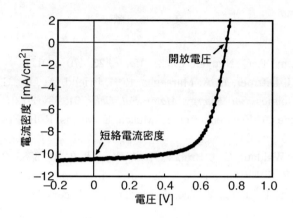

図11 BPとSIMEFを用いた熱変換型素子の光電変換特性

0.75 V；短絡電流密度J_{SC} = 10.5 mA/cm^2；フィルファクターFF = 0.65）（図11）。テトラベンゾポルフィリンは有機薄膜太陽電池に用いられる代表的な共役系高分子であるP3HTよりも光照射下における空気酸化に対して安定であることがわかっており，本節で紹介したプロセスは，塗布により安定な低分子有機薄膜太陽電池を作製する方法として有力なアイデアを提供している。

5.5 おわりに

本節で紹介したように，ここ5年間で低分子塗布型有機薄膜太陽電池のエネルギー変換効率は大きく向上した。長波長の光を吸収するための分子設計指針はほぼ確立しており，今後さらに様々な種類の低分子電子供与体が登場してくると予測できる。高効率な有機薄膜太陽電池を実現するためには，このような低分子材料に高い電荷輸送特性をもたせ，膜厚を厚くすることを可能にし，素子における光吸収量を増大させる必要がある。しかしながら長波長光吸収が可能で吸光度の高い低分子材料は，一般に大きなπ共役系の広がりをもち，溶解度はあまり良くなく，溶解度を上げようと嵩高い置換基を導入すると電荷輸送特性が低下する懸念がでてくる。光吸収特性と電荷輸送特性を高く保ちながら，塗布プロセスに必要な溶解性を上手に付与することが肝要となる。そのような光吸収特性，電荷輸送特性，溶解性に優れる低分子材料の合成が実現できれば，低分子材料はもともと安定性に比較的優れるため，安定で高効率な有機薄膜太陽電池の実現が可能になると考えられる。

有機デバイスのための塗布技術

文　　献

1) B. Walker, C. Kim, T.-Q. Nguyen, *Chem. Mater.*, **23**, 470 (2011)

2) K. Petritsch, J. J. Dittmer, E. A. Marseglia, R. H. Friend, A. Lux, G. G. Rozenberg, S. C. Moratti, A. B. Holmes, *Sol. Energy. Mater. Sol. Cells*, **61**, 63 (2000)

3) L. Schmidt-Mende, A. Fechtenkotter, K. Mullen, E. Moons, R. H. Friend, J. D. MacKenzie, *Science*, **293**, 1119 (2001)

4) P. Schilinsky, C. Waldauf, C. J. Brabec, *Appl. Phys. Lett.*, **81**, 3885 (2002)

5) F. Padinger, F. R. S. Rittberger, N. S. Sariciftci, *Adv. Funct. Mater.*, **13**, 85 (2003)

6) G. Li, V. Shrotriya, J. Huang, Y. Yao, T. Moriarty, K. Emery, Y. Yang, *Nat. Mater.*, **4**, 864 (2005)

7) M. Reyes-Reyes, K. Kim, D. L. Carroll, *Appl. Phys. Lett.*, **87**, 83506 (2005)

8) Y. Kim, S. Cook, S. M. Tuladhar, S. A. Choulis, J. Nelson, J. R. Durrant, D. D. C. Bradley, M. Giles, I. McCulloch, C.-S. Ha, M. Ree, *Nat. Mater.*, **5**, 197 (2006)

9) J. Roncali, P. Frere, P. Blanchard, R. De Bettignies, M. Turbiez, S. Roquet, P. Leriche, Y. Nicolas, *Thin Sol. Films*, **511**, 567 (2006)

10) X. Sun, Y. Zhou, W. Wu, Y. Liu, W. Tian, G. Yu, W. Qiu, S. Chen, D. Zhu, *J. Phys. Chem. B*, **110**, 7702 (2006)

11) N. Kopidakis, W. J. Mitchell, J. Lagemaat, D. S. Ginley, G. Rumbles, S. Shaheen, W. L. Rance, *Appl. Phys. Lett.*, **89**, 103524 (2006)

12) C.-Q. Ma, M. Fonrodona, M. C. Schikora, M. M. Wienk, R. A. J. Janssen, P. Baurle, *Adv. Funct. Mater.*, **18**, 3323 (2008)

13) L. Valentini, D. Bagnis, A. Marrocchi, M. Seri, A. Taticchi, J. M. Kenny, *Chem. Mater.*, **20**, 32 (2008)

14) K. N. Winzenberg, P. Kemppinen, G. Fanchini, M. Bown, G. E. Collis, C. M. Forsyth, K. Hegedus, T. B. Singh, S. E. Watkins, *Chem. Mater.*, **21**, 5701 (2009)

15) D. Mülbacher, M. Scharber, M. Morana, Z. Zhu, D. Waller, R. Gaudiana, C. Brabec, *Adv. Mater.*, **18**, 2884 (2006)

16) J. Peet, J. Y. Kim, N. E. Coates, W. L. Ma, D. Moses, A. J. Heeger, G. C. Bazan, *Nat. Mater.*, **6**, 497 (2007)

17) J. Hou, H.-Y. Chen, S. Zhang, G. Li, Y. Yang, *J. Am. Chem. Soc.*, **130**, 16144 (2008)

18) W. Zhang, S. C. Tse, J. Lu, Y. Tao, M. S. Wong, *J. Mater. Chem.*, **20**, 2182 (2010)

19) B. Yin, L. Yang, Y. Liu, Y. Chen, Q. Qi, F. Zhang, S. Yin, *Appl. Phys. Lett.*, **97**, 023303 (2010)

20) T. Okamoto, T. Suzuki, H. Tanaka, D. Hashizume, Y. Matsuo, *Chem. Asian J.*, **7**, 105 (2012)

21) J. S. Zambounis, Z. Hao, A. Iqbal, *Nature*, **388**, 131 (1997)

22) M. Tantiwiwat, A. B. Tamayo, N. Luu, X.-D. Dang, T.-Q. Nguyen, *J. Phys. Chem. C*, **2**, 17402 (2008)

23) A. B. Tamayo, X.-D. Dang, B. Walker, J. H. Seo, T. Kent, T.-Q. Nguyen, *Appl. Phys. Lett.*,

94, 103301 (2009)

24) B. Walker, A. B. Tamayo, X. D. Dang, P. Zalar, J. H. Seo, A. Garcia, M. Tantiwiwat, T.-Q. Nguyen, *Adv. Funct. Mater.*, **19**, 3063 (2009)

25) S. Loser, C. J. Bruns, H. Miyauchi, R. P. Ortiz, A. Facchitti, S. I. Stupp, T. J. Marks, *J. Am. Chem. Soc.*, **133**, 8142 (2011)

26) T. Rousseau, A. Cravino, E. Ripaud, P. Leriche, S. Rihn, A. De Nicola, R. Ziessel, J. Roncali, *Chem. Commun.*, **46**, 5082 (2010)

27) Y. Hayashi, N. Obata, M. Tamaru, S. Yamaguchi, Y. Matsuo, A. Saeki, S. Seki, H. Shinokubo, *Org. Lett.*, in press

28) D. Bagnis, L. Beverina, H. Huang, F. Silvestri, Y. Yao, H. Yan, G. A. Pagani, T. J. Marks, A. Facchetti, *J. Am. Chem. Soc.*, **132**, 4074 (2010)

29) G. Wei, S. Wang, K. Sun, M. E. Thompson, S. R. Forrest, *Adv. Energy. Mater.*, **1**, 184 (2011)

30) H. Bürckstümmer, E. V. Tulyakova, M. Deppisch, M. R. Lenze, N. M. Kronenberg, M. Gsänger, M. Stolte, K. Meerholz, F. Würthner, *Angew. Chem. Int. Ed.*, **50**, 11628 (2011)

31) Q. Sun, L. Dai, X. Zhou, L. Li, Q. Li, *Appl. Phys. Lett.*, **91**, 253505 (2007)

32) T. Oku, T. Noma, A. Suzuki, K. Kikuchi, S. Kikuchi, *J. Phys. Chem. Solids.*, **71**, 551 (2010)

33) M. K. R. Fischer, I. López-Duarte, M. M. Wienk, M. V. Martínez-Díaz, R. A. J. Janssen, P. Bäuerle, T. Toress, *J. Am. Chem. Soc.*, **131**, 8669 (2009)

34) S. Ito, T. Murashima, H. Uno, N. Ono, *Chem. Commun.*, 1661 (1998)

35) S. Aramaki, Y. Sakai, N. Ono, *Appl. Phys. Lett.*, **84**, 2085 (2004)

36) Y. Matsuo, A. Iwashita, Y. Abe, C. -Z. Li, M. Hashiguchi, E. Nakamura, *J. Am. Chem. Soc.*, **130**, 15429 (2008)

37) Y. Matsuo, Y. Sato, T. Niinomi, I. Soga, H. Tanaka, E. Nakamura, *J. Am. Chem. Soc.*, **131**, 16048 (2009)

6 単層カーボンナノチューブを用いたタッチパネル用透明導電フィルム

花輪 大[*1], Shane Cho[*2]

6.1 はじめに

FPD（Flat Panel Display），太陽光発電，タッチパネルなど，様々な用途で透明導電材料として使われているセラミック系列のITOの代替として，代表的な材料である銀（Ag），カーボンナノチューブ（CNT），導電性高分子がそれぞれの特性に応じた開発が進められている[1]。その他の透明電極材料としてはZnO, AlドープZnO（AZO）などのセラミック系と，グラフェンなどのナノカーボン材料があるが，セラミック系の透明導電材料は高導電度の長所があり，ITOと同一の工程が使用できるため，主に大面積を必要とする太陽光発電用電極及びLCDで使われている。グラフェンの場合には試作品として高い可能性を見せているが，まだ生産性及び価格の問題を克服しておらず，量産材料と呼ぶには早いと判断している。そこで，本節ではタッチパネル用の透明導電性フィルムを生産することにおいて，商業的な段階に参入した材料と比較しながら，単層カーボンナノチューブを用いた透明導電フィルムを主に扱うこととする。

6.2 代表的なタッチパネル用ITOフィルムまたはコーティング代替材料の特徴

タッチパネルに使われるITOフィルムはその特性及び規格が比較的に定型化されている状態で，基本的に達成すべきの規格は下記の通りである。

① 透明性及び色調：透明性が高ければ高いほど良い。これは高解像度AMOLED及びLCDに要求される明るさを実現するための電力の消耗量と密接な関係がある。よって使われる透明導電フィルムの数を減らすか，既存に使われている層の機能を結合する方式で発光部と一部層を共有するIn-cell 及びOn-cell方式などの開発も結局このような問題を克服するための努力と関連がある。

② 導電性：2010年までも，ある程度は市場を維持すると予測されていた抵抗膜式タッチパネル（約500 Ω/□）はその応用分野が急激に減っており，一方で携帯及びタブレット端末などで急激に需要を伸ばしている静電容量方式タッチパネルは動作の容易性のため，初期の300 Ω/□から最近200 Ω/□まで徐々に高導電性を要求している。しかし最近では，従来とは異なる方式のICを利用し，低導電（高抵抗）でも作動できるようにするなど，このような画一化された技術基準を変えるための努力も継続されている。

③ 容易な製造工程：ITOの短所とされていた部分が高い製造コスト及び設備投資であった。代替材料の開発は，材料自体のコストが高くても工程の容易性や低製造コストを通じて短所を克服しようとする努力があるが，まだ最適の方法には落ち着いていない。これはタッチパネル用の透明導電フィルムに量産規模で採用された材料がまだないことを示している。

[*1] Masaru Hanawa 巴工業㈱ 化学品本部 化成品部第二課 主事

[*2] Shane Cho KH Chemicals Co., Ltd. Technical Marketing Director

第6章 装置・応用

④ 耐久性：代替材料が初期に持っていた問題は，基本的な性能及び可能性については認められていた一方で，耐久性が劣ることであった。銀（Ag）の場合は酸化による導電性低下や，磨耗による剥離現象などがあり，導電性高分子の場合は高分子の熱膨張及び紫外線によるクラックなどが，CNTの場合は広い比表面積による水などの不純物の吸着などが劣化の原因の一つとして指摘されてきた。しかし，最近数年間のコーティング，バインダー技術の発展により耐久性の問題は徐々に解決されており，むしろITOフィルムによって標準化された評価方法，及びユーザーの新材料に対する経験の欠如が大きな参入障壁と考えられる。

6.2.1 銀（Ag）

銀（Ag）は大きく分けてCambrios（米）などのナノワイヤタイプと東レ，トダ・シーマナノテクノロジーなどのナノインクタイプがあり，これはナノレベルでの形状で区分できる（写真1）。透明導電材料として銀（Ag）を利用することにおいて，一番の長所は高い導電性である。他の代替材料では達成しにくい10 Ω/□以下の領域が実現でき，インク状態での湿式コーティングが可能で，パターニングも比較的容易であり，電子材料メーカーが今まで取り扱ってきた経験のある材料という点にも魅力がある。

しかし原料自体の価格は安い反面，ナノ材料化する過程で発生する費用が高く，透明導電材料の価格にまで影響を与える場合がある。また，酸素や水への曝露によって酸化し，導電性が低下する，素材自体が透明ではないので空いている空間と銀（Ag）が存在するところの厚さの差によるヘイズ問題，及び表面平滑性問題，そしてナノ状態で磨耗される場合に発生するナノ金属の環境有害性など，既存の材料にはない短所に対する補完が実用化の段階で行われている。

タッチパネル用の透明導電フィルム用材料としては，導電性という長所が積極的に活用できる分野ではないので他の材料と比べて大きな優位性を持ってはいないが，最近のパターニング技術と融合した自家合成方式，オーバーコーティング液の開発など，費用を節減して短所を補完する技術開発で実用化に挑んでいる。

6.2.2 導電性高分子（Conductive Polymer）

導電性高分子の場合，導電性の限界を克服したPoly 3,4-ethylenedioxythiophene/poly styrenesul-

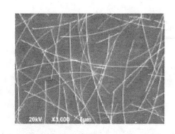 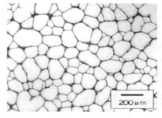 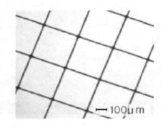

写真1　各社のAg系透明導電膜[2]

有機デバイスのための塗布技術

fonate（PEDOT/PSS）の登場により，フィルムに湿式コーティングに比較的容易で適した特性を実現しながら，パターニングしにくい点や熱膨張などの耐久性問題の克服のための努力を継続し，タッチパネル用透明導電フィルム市場への参入を試みている。スマートフォン用のタッチパネルの場合，要求される耐久寿命がそれほど長くなく，高温と紫外線への曝露が比較的少ないなどの理由で透明導電性フィルムを採用しており，導電性高分子の短所が目立たない分野で主に使われている帯電防止用途以外にも，高級電子材料市場へも参入できる分野だと言える。

6.2.3　カーボンナノチューブ（Carbon nanotube）

透明導電性フィルムに使われるカーボンナノチューブの種類は単層カーボンナノチューブ（SWCNT）と二層カーボンナノチューブ（DWCNT）が代表的である。カーボンナノチューブは安価での大量生産が可能なのか，という問題提起が2000年代の初めごろからあった。Hipco Processなどの大量生産で生産されたSWCNTは直径が小さく導電特性が落ちるなどの問題があり，現在はほとんどの透明導電フィルム用のSWCNTはARC Discharge方式で生産されたものが検討されている。KH Chemicals（韓国）で生産されるSWCNTは大量生産の長所と共に，透明導電性フィルムに用いた場合，導電性及び透過率に優れており，実用化の可能性を高めている（写真2，3）。

初期の透明導電フィルム関連の研究は，応用製品開発が最も盛んだったアメリカでEikosとUnidymによって遂行され[3,4]，スマートフォンの開発が活発になった2009年以前にもタッチパネル用のITOフィルムの代替用フィルムの試作品を展示し，特許ライセンス事業を展開していた。商業レベルでの実用化事例が今までない理由としては，2009年以降の高機能，高透過率を追求するスマートフォン用透明導電フィルムの傾向に導電性及び耐久性などの主要性能が対応できなかったことと，機器メーカーらの選好度，耐久性の問題解決が必要な点などを推定している。

最近では，このような高機能を実現するための様々な要素技術が，従来の限界を克服している。KH Chemicalsでは2011年下半期にSWCNTを利用した全光透過率約90％，シート抵抗約250Ω/□を

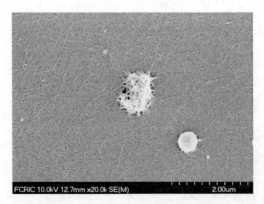

写真2　KH Chemicals SWCNTフィルムのSEM写真
　　　白い塊状物質は不純物と推定

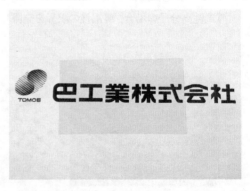

写真3　KH Chemicals社製SWCNTを用いた透明導電フィルム外観

第6章 装置・応用

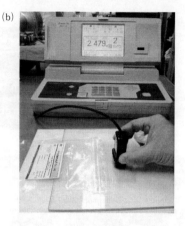

写真4　KH Chemicals社製SWCNTを用いた透明導電フィルム
(a)全光透過率約90％，(b)シート抵抗約250 Ω/□（協力　日本電色工業㈱，㈱常光ジェットミル事業部）

達成した試作品フィルムを評価用サンプルとしてユーザーに提供している（写真4）。東レはDWCNTを利用し全光透過率89〜93％，シート抵抗300〜2,000 Ω/□の製品を，2011年9月の「東レ先端材料シンポジウム2011」にて銀ナノワイヤ，ITO製品と共に披露した。Eikos及びUnidymもシート抵抗400 Ω/□，全光透過率91〜92％の製品を以前に発表したことがある。このような基本的な特性を実現したフィルムは，モジュールでの耐久性の強化などの常用化テストに入っていて，SWCNTの大量生産及び分散技術の発展で，ITOや他の代替材料と比較してコスト及び性能での競争力を強めている。

角田はSWCNTフィルムの接着性問題の解決のためにUV硬化樹脂を利用して転写フィルムを実現して紹介したことがあり，他の導電性材料と比べた特徴を要約した結果からヘイズ，色調，耐環境性，資源安定性においてSWCNT/DWCNTフィルムが有利であることを言及し，パターニング，価格，導電性において改善が行われている状況についても説明した[5]。

6.3　単層カーボンナノチューブ（Single-walled carbonnanotube, SWCNT）の基本特性
6.3.1　概要

2000年代の初めごろから研究が本格化され，今では広く知られるにいたったカーボンナノチューブの基本的な特性をもう一度要約してみることとする。アスペクト比が高く，単繊維では10,000 S/cm（銅線の1,000倍）の高い導電性を持っているフィラータイプの導電性材料である。しかしながら，単繊維状態でのナノチューブの優れた長所は，実際の使用時に十分現れない場合がほとんどであり，このような特性を導き出すのがカーボンナノチューブの応用には不可欠である。このような特性を応用段階で最大限に導き出す核心技術が分散及びコーティング技術だと言える。

ITO代替材料としての開発の初期から，曲げ及び折れによる導電性の低下が発生しない透明導

有機デバイスのための塗布技術

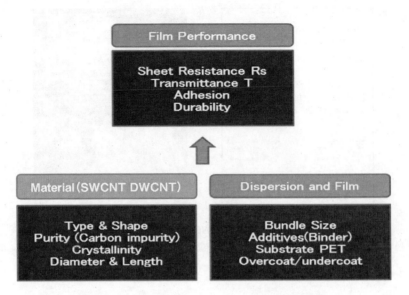

図1　CNT透明導電性フィルムの必要特性及び変数

電性フィルムの可能性を提示して注目されてきた。優秀な耐環境性及びフレキシブルディバイスに応用できる柔軟性という長所を活かし，タッチパネル用の透明導電フィルム材料として開発が継続されている。事業展開に積極的な韓国のSangbo，Topnanosysなどの企業は単層カーボンナノチューブ透明導電フィルムの実用化のための評価を継続しており，中国市場を優先に考えていると発表している。またこれらの企業は2011年からロールtoロール生産を準備していると知られている（図1）[6]。

カーボンナノチューブ透明導電性フィルムのコーティング方法は，初期に実験室で試みられていたバーコーティング，ディップコーティング，スプレーコーティング，そしてインクジェットコーティング方法のみならず，大量生産のためのロールtoロールコートからスロットダイ，グラビア方式など様々なコーティングヘッドによる量産ができることを検証した[7]。

6.3.2　パターニング

カーボンナノチューブ透明導電フィルムを静電容量方式のタッチパネルに応用するためにはパターン形成が必要であり，一番知られている方法はレーザーパターニングである。酸素プラズマによるパターニングを取り扱っている論文もあり[8]，科学的に安定しているカーボンナノチューブの特性が逆説的にパターニング方法を制限する要素として作用する。

Eikosでは2000年代中ごろにレーザーパターニングによる結果を発表し，レーザー関連設備の性能が改善され汎用化されたことによって，時間及び費用に対する負担も徐々に軽減されている状況である。

パターニングに対するもう一つのアプローチが印刷方法であり，以前からEikosなどが論文などを通じて発表されたことがある。初期のトライはインクジェットを使ってパターンを印刷した

ものであったが，インクジェットに使われるインクに要求される物性を満足させるのがむずかしく，現在は他の方法も試みられている[9]。

基本的にはほとんどのSWCNTインクは安定性の問題によってインクジェット方式に中長期に使うには不適合であり，インクジェットプリンターのノズルに適合する粘度及び粒度の幅が狭い。一番大きな問題は，SWCNTインクはコーティングの厚さによって必要な導電性を調節する特性を持っているが，インクジェット方式では必要なコーティングの厚さに合わせるために何回かのプリンティングが必要で，これに所要される時間が長かった点である。これはもちろん産業用のインクジェットプリンターの発展によって解決されているが，現在はフィルムコーティングとパターニングを同時に解決でき，さらに大量生産も可能なグラビアコーティング方式などが重点的に研究されている。

このような導電性材料を，印刷によって平板に電極を形成する技術をプリンテッドエレクトロニクスと言い，ロールtoロールによる生産が可能で生産性が極大化できる方法を様々な企業がOLED，RFIDアンテナ，タッチパネルのパターンなどに応用しようとする努力をしているが，適合するインクの開発及び装備の設計が同時に進行しなければならず，概念の導入時期に比べて実用化は遅れている。

6.3.3 添加剤及び後処理

単層または二層のカーボンナノチューブでタッチパネル用の透明導電性フィルムを実現することにおいて，すでに使われているITO透明導電フィルムの品質検査基準に合わせることは重要である。これはモジュール工程以降の全ての工程が，既存材料であるITOフィルムに合わせられており，特に高温高湿テスト，高温テストなどの耐久性検証要素が導電性高分子，シルバーナノワイヤ，カーボンナノチューブなどのITO代替材料の性能に悪影響を与えるため，透明導電フィルムの開発にはこのような短所を補完するコーティング方法及び添加剤の開発が必須である。幸いに2011年からはこのような問題を克服した透明導電フィルムサンプルを各企業が披露している状況である。

様々な論文で後処理及びドーピングの方法として提示された方法の一つは，硝酸による分散剤の除去方法である。硝酸がドーパントとして作用し導電性を増加させるという理論があるが，ほとんどの論文で硝酸のドープ効果と，分散剤の除去による単層カーボンナノチューブ間の接触抵抗低減による導電性改善効果を区分しなかった。韓国のSungkyunkwan大学の李・ヨンヒ教授の研究チームは，ドーピング効果自体は無視できる程度であるとの論文を発表したこともある[10]。

品質が良く，長繊維の単層カーボンナノチューブの場合には，接着性向上のためのバインダーを用いなくてもPETフィルムに良好に密着されるという結果を表す透明導電フィルムサンプルが，写真3のようにKH Chemicalsによって提示された。しかし一般的な光学等級のPETフィルムの場合には，表面が平坦でSWCNTとPETフィルムの間の接触面積が少なく，密着性が落ちることで知られており，今後ガラスの表面に透明導電膜を形成するためにも接着性を高くするバインダーは必須で考慮しなければならない事項と見える（写真5）。

有機デバイスのための塗布技術

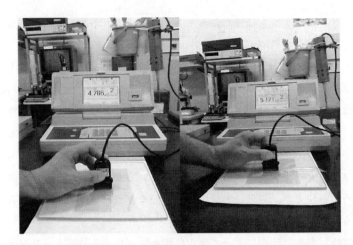

写真5 テープ剥離テスト（簡易試験）前後のSWCNT透明導電フィルム
　　　（バインダーなし）の導電性の変化
塗工後（左）とテープ剥離後（右）でのシート抵抗の変化は極めて小さい。
(協力　㈱常光ジェットミル事業部)

　このような添加剤は，分散液中に含まれて一液型で使われるのが一番簡便な方法だと言えるが，実際の適用上においては様々な変数が作用するのでオーバーコートまたはアンダーコートで使われるか，分散液の安定化のため使用時に添加されるなど様々な使用方法が存在する。

6.3.4　その他
　SWCNT透明導電性フィルムの特性を最も活用できる分野は，現在開発が進行しているフレキシブルディスプレー関連になると予測されるが，最近では工程及び使用時におけるナノマテリアルの危険性が比較的安定しているという結果が出ながら，製造及び廃棄過程においての論難に対応している過程と考えられる[11]。

6.4　最近のタッチパネルの開発
　タッチパネルは2010年以来，モバイル機器の中心として生産量が増加しており，タブレット端末の登場で大型化する傾向である。タッチパネルはパネル，コントローラIC，ドライバSWの三つの構成要素を持っており，抵抗膜，静電容量，赤外線そして超音波方式が四つの基本方式があるが，モバイル端末機器においては費用的な側面を考慮し，抵抗膜方式及び静電容量方式が主に使われている。
　参考としてこのタッチパネルの下層には表示パネルがあり，代表的なものでは三星のAMOLED，Appleの高解像度LCD（Retina）などがある。
　2011年には面積基準でタブレット端末のタッチパネル使用量がスマートフォンを上回る可能性があるくらいに大型化している。2011年には63％，2014年には86％が静電容量方式を採択すると

第6章 装置・応用

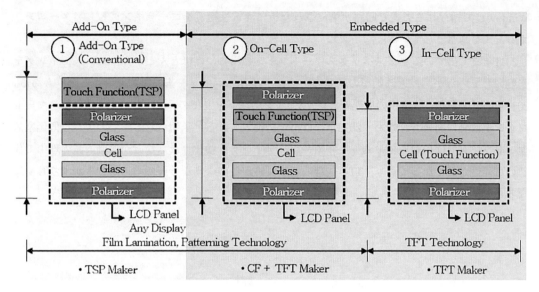

図2　Add-on typeとOn-cell，In-cellタッチパネル
（Display Search 2010）

予想されるほど，静電容量方式のタッチパネル需要が急激に増加しており，同じ静電容量方式でも市場の成長及び高解像度化の要求など，市場が多様化されることによって様々に分化されている状況である。既存の2枚のフィルムを使った方式から，ガラスにコーティングをしたタッチパネルがすでに実現されており，透明定電圧式タッチパネル以外に映像モジュール上に搭載するか映像モジュール内に挿入するOn-cell，In-cellのモデルも2012年には発売されると予想している[12]（図2）。

したがって，透明導電性フィルムを用いる従来方式のタッチパネルは，高解像度が要求される高級スマートフォンをはじめとした変化を経験しており，ドライバICを製造する業者の市場支配力が強化されている。ドライバICの開発においても様々な動きがあり，これはzero bezelなど，これまでの市場の要求と関連のある技術もある一方で，600Ω/□以上で動作する静電容量方式のタッチパネルなど，従来の概念を変えることができる開発もある。このような高いシート抵抗で動作する製品の場合，SWCNT及びDWCNTの短所の導電度を補完し，コーティングの厚さが薄くなることによって高透過率や使用材料の節減など，複合的な効果が期待できる。

6.5　新規材料の対応方向

タッチパネルが既存のフィルムを使う方式からガラスコーティングまたは低価型スマートフォンのためのPC板にコーティングする方式へ進化したことにより，既存のロールtoロールによるフィルムの大量生産を目指していた新規材料のコーティング及びパターニングの方式も変化している。各企業は固有の生産工程を持っているが，一般的に韓国ではDPW（Direct Patterned

Window）で知られる方式で回路が構成された板に導電性物質をコーティングし，パターニングする方式を基本としている。

　2011年まで出ているハイスペックスマートフォンの場合にはほとんどがガラスコーティングを基盤にしているが，最近低価型の開発のためにポリカーボネート基板などを用いる試みもある。2011年の下半期からは市場の成熟と共に，3.5インチ以下を主なターゲットにする低価型スマートフォンが活発に開発され始め，2012年には市場に投入されると予想される。このような低価型スマートフォンではITOを使ったフィルムやコーティング，強化ガラスなどが原価節減の理由で代替の可能性が高くなっており，ITO代替の新規材料がこのような分野での市場参入がより容易になるとの見通しである。

文　　　献

1)　David S. Hecht *et al.*, *Adv. Matel.*, **23**, 1482-1513 （2011）
2)　長谷伊通, *Monthly 'DISPLAY'*, TechnoTimes of Japan, **16**(1), 11 （2010）
3)　Eikos社のホームページ www.eikos.com
4)　Unidym社のホームページ www.unidym.com
5)　Yuzo Sumita, Electric Journal 第579回 Technical Seminar 発表資料 （2010）
6)　Sangbo（SBK）, Topnanosys Press release （2011）
7)　KH Chemicals Nanotech2011展示会 発表内容 （2011）
8)　Ashkan Behnam *et al.*, *J. Vac. Sci. Technol.*, **B25**(2), 348-354 （2007）
9)　Toba社のホームページ www.toba.kr NanotechKorea 2011 展示会発表 （2011）
10)　Hong-Zhang Geng *et al.*, *J. AM. Chem. Soc.*, **129**, 7758-7759 （2007）
11)　Risk Assessment of Manufactured Nanomaterials Final Report NEDO Project "Research and Development Nanoparticle Characterization Methods" （P06041）
12)　Displaybank "Touch Screen panel technical target and industrial issue" （2010）

有機デバイスのための塗布技術　　《普及版》（B1262）

2012 年 4 月 2 日　初　版　第 1 刷発行
2018 年 11 月 9 日　普及版　第 1 刷発行

監　修　　竹谷純一　　　　　　　　　　Printed in Japan
発行者　　辻　賢司
発行所　　株式会社シーエムシー出版
　　　　　東京都千代田区神田錦町 1-17-1
　　　　　電話 03 (3293) 7066
　　　　　大阪市中央区内平野町 1-3-12
　　　　　電話 06 (4794) 8234
　　　　　http://www.cmcbooks.co.jp/

〔印刷　㈱遊文舎〕　　　　　　　　　　　Ⓒ J. Takeya, 2018

落丁・乱丁本はお取替えいたします。

本書の内容の一部あるいは全部を無断で複写（コピー）することは，法律
で認められた場合を除き，著作者および出版社の権利の侵害になります。

ISBN978-4-7813-1299-6 C3054 ¥4800E